U0255868

网络安全态势感知

提取、理解和预测

杜嘉薇 周颖 郭荣华 索国伟 编著

图书在版编目（CIP）数据

网络安全态势感知：提取、理解和预测 / 杜嘉薇等编著．—北京：机械工业出版社，2018.7（2023.7 重印）
（网络空间安全技术丛书）

ISBN 978-7-111-60375-7

I. 网… II. 杜… III. 计算机网络 - 网络安全 - 研究 IV. TP393.08

中国版本图书馆 CIP 数据核字（2018）第 138240 号

网络安全态势感知：提取、理解和预测

出版发行：机械工业出版社（北京市西城区百万庄大街 22 号 邮政编码：100037）
责任编辑：佘 洁　　责任校对：殷 虹
印 刷：北京建宏印刷有限公司　　版 次：2023 年 7 月第 1 版第 6 次印刷
开 本：186mm×240mm 1/16　　印 张：18.5
书 号：ISBN 978-7-111-60375-7　　定 价：69.00 元

客服电话：（010）88361066 68326294

前　言

网络安全既涉及国家安全也涉及经济安全，目前世界各国每天都在进行着大量隐蔽的较量，网络安全的重要性不容忽视。5年前，我因偶然机遇进入网络空间安全领域，通过各种活动和项目实践见证了国家对网络安全重视程度的不断提升。这期间先后研究过威胁建模、信息安全风险评估与控制、流量检测和安全测试等领域，在持续学习和实践的同时，也与国内许多专家学者和企事业单位频繁接触，深感安全人员不能只关注具体点而忽略整体面。花大价钱购置一大批盒式设备“堆”在网络中的时代已经一去不复返，这只能带来虚假的安全感。安全的“短板效应”和“木桶理论”决定了我们必须以全局整体的视角去看待它，而且这种整体视角是基于动态博弈的暂时平衡。

网络安全的哲学已经从“努力防住”转变为“防范终将失效”，从“发现并修补漏洞”转变为“持续过程监控”，也就是说，无论你在网络和系统中投入多少，入侵者仍可能获胜。基于这个哲学前提，我们能做的就是在入侵者实现目标前尽可能地发现、识别并做出响应，及时分析情况和通报事件的发生，并以最小代价减轻入侵者的破坏，只要入侵者的目标未能达成即是相对安全的。网络安全态势感知就是这种思路的典型体现，通过获取海量数据与事件，直观、动态、全面、细粒度地提取各类网络攻击行为，并对其进行理解、分析、预测以及可视化，从而实现态势感知。它有助于安全团队发现传统安全平台和设备未能监测到的事件，将网络上似乎无关的事件关联起来，从而更有效地排查安全事件并做出响应。

虽然网络安全态势感知的概念早在若干年前就已被提及，但由于当时的技术和认知水平，其发展是有限的。随着时间的推移，以及数据量和数据形态的改变，老问题发生了新变化，需要我们重新审视它。尤其是近几年来，随着大数据技术的迅猛发展、数据处理和分析方法的不断创新，以大数据为平台框架进行安全分析（即数据驱动安全）逐渐成为热点。新技术的驱动给网络安全带来许多新的挑战，也迫使我们重新思考。只有不断更新知识，创造性地发现问题、研究问题和解决问题，才能跟上信息化时代的脚步。正如《人类简史》中所写：“人类近500年的科学革命意义重大，它并不是‘知识的革命’，而是‘无知的革命’。真正让科学革命起步的伟大发现，就是发现‘人类对于最重要的问题其实毫无所知’……现代科学愿意承认自己的无知，就让它比所有先前的知识体系更具活力、更有弹性，也更有求知欲。这一点大幅提升了人类理解世界如何运作的能力，以及创造新科技的能力。”

读者对象

本书的读者对象主要包括：

- 网络安全领域的技术爱好者和学生
- 网络运维管理、信息安全领域的从业人员
- 网络空间安全等相关专业的本科生及研究生
- 期望在网络安全领域就业的技术人员
- 网络安全态势感知领域的研究人员

本书结构

本书分为四个部分：基础知识、态势提取、态势理解和态势预测。每章都会重点讨论相关理论、工具、技术和核心领域流程。我们将尽可能用通俗易懂的方式进行阐述，让新手和安全专家都能从中获得一些启发。本书所构建的框架和理论基于集体研究、经验以及合著者的观点，对于不同的话题和场景所给出的结论可能与他人不同。这是因为网络安全态势感知更多地是一门实践活动，不同人的认知和理解难以趋同，这也是完全正常的现象。

本书的内容框架如下：

第一部分：基础知识
　第 1 章：开启网络安全态势感知的旅程
　第 2 章：大数据平台和技术
第二部分：态势提取
　第 3 章：网络安全数据范围
　第 4 章：网络安全数据采集
　第 5 章：网络安全数据预处理
第三部分：态势理解
　第 6 章：网络安全检测与分析
　第 7 章：网络安全态势指标构建
　第 8 章：网络安全态势评估
　第 9 章：网络安全态势可视化
第四部分：态势预测
　第 10 章：典型的网络安全态势预测方法
　第 11 章：网络安全态势智能预测
　第 12 章：其他

本书涉及的网络安全态势感知主题众多，我们希望书中各章涵盖的内容能够具有一定的参考价值；同时希望读者能够获得愉悦且充沛的阅读体验，就如同我们在字斟句酌数易其稿、亲历从最开始寥寥数页的章节意向到成稿付梓形成手头这本书的过程中体会到的一样。

致谢

写书的过程是漫长而艰辛的！我有个习惯，就是无论在何种环境下都会不断告诫自己："人不能贪图安逸，总要有一个目标，时不时给自己一些挑战，做一些有难度的事情。"从设定这样一个目标到谋划这件事情，再到搭建书的整体框架，对每个章节进行布局，完成初稿、中间修改和定稿的整个过程中，是心中的信念让我克服了人固有的惰性并坚持了下来。

当然，本书之所以能完成，离不开许多朋友直接或间接的帮助，我也想借此机会感谢他们。

感谢父母，在你们的影响下成长，使我成为一个独特的人。作为子女所能做的是，传承他们赋予的性格并分享他们给予的爱。

感谢我的家庭和可爱的女儿，家人给我的爱是浓厚的，对我非常重要，他们在生活中对我的关心和支持，让我有动力完成各种艰难的挑战。

感谢单位的领导和同事，他们给予我充分的信任和支持以开展这方面的研究和实践，并对我的研究工作提出了诸多宝贵意见和建议。

杜嘉薇

目　录

第二部分 态势提取

第一部分

基础知识

第1章

开启网络安全态势感知的旅程

我们的生活样式就像一幅油画，从近看，看不出所以然来，要欣赏它的美，就非站远一点不可。

——亚瑟·叔本华，德国哲学家

1.1 引言

网络空间实在太宽泛，包罗万象，而且已经发展得异常复杂，远超人类直觉所能感知的范围，每天流经网络上的比特数比全世界所有海滩上的沙子还要多。过去的十年间，我们目睹了计算能力的指数级增长和各种计算设备的爆炸式应用，IT基础设施正在发生深刻变化，虚拟化技术、软件定义网络、移动互联网技术逐渐从概念走向实际应用，云计算的兴起、BYOD[⊖]的普及改变了传统的数据中心架构和人们的工作方式，使得传统的网络边界变得模糊甚至消失，这给传统的、以安全边界为核心的防护思想和安全产品带来了巨大的挑战。与此同时，非法利用和破坏信息系统也发展成为有组织的犯罪行为和敌对国家的活动。网络攻击的实施者不再是个人，而是有着明确政治、经济利益目的的“黑产”组织、国家机构等，攻击的手段和工具也日新月异（“零日漏洞”已成为网络空间地下黑市的抢手货）。网络空间威胁已经呈现出集团化、工具化、流程化的趋势，这给传统的以检测为核心的防御手段带来了巨大挑战。

过去，人们更多地依靠安全分析员的经验和安全工具来感知和分析网络的安全状态，然而，安全分析员所拥有的知识量有限，各种安全工具也都有短板。现如今，面对网络空间安全形势所带来的挑战，在强大的计算机和数据分析平台的支持下，我们希望网络安全态势感知能改变这一局面。借助新型网络安全态势感知技术，可更全面地了解当前网络安

⊖ BYOD（Bring Your Own Device）指不受时间、地点、人员、网络环境等限制，携带自己的设备办公，这些设备包括个人计算机、手机、平板电脑等。

全状态，预测其发展趋势并做出有效规划和响应，更高效、更科学地检验和支撑人的直觉观点，保护如今日益庞大和复杂的基础设施系统。

网络安全态势感知本质上就是获取并理解大量网络安全数据，判断当前整体安全状态并预测短期未来趋势。总体而言，其可分为三个阶段：态势提取、态势理解和态势预测。其中，态势提取至少包含通过收集相关的信息素材，对当前状态进行识别和确认；态势理解至少包含了解攻击造成的影响、攻击者的行为意图以及当前态势发生的原因和方式；态势预测则包含跟踪态势的演化方式，以及评估当前态势的发展趋势，预测攻击者将来可能采取的行动路径。虽然我们的理想状况是可以在没有人工干预的情况下进行自动化感知和防御，但目前的技术发展还未能达到如此智能化的水平。也许，随着新技术的发展和人工智能的革新，未来有一天真的能够实现这个愿景。但在目前，我们所研究的网络安全态势感知系统仍是硬件设备、计算软件和人类思维决策的共同组成体。

本书试图提供当今网络安全态势感知中重要主题的概览。每一章都将着重阐述网络安全态势感知的某个方面，并讨论网络安全人员进行态势感知所采用的理论、方法和技术。尽管每个主题都可以作为一个方向扩展出丰富的内容，甚至写出一本书，但我们仍然只是对它们进行概述，这样做的目的是想为读者进一步深造提供一个良好的起点，希望本书能够激起读者进一步探究网络安全态势感知领域的兴趣。

本章将带领读者开启通往网络安全态势感知世界的旅程，我们将从网络安全简史谈起，然后引入核心术语和相关模型，从宏观上介绍网络安全态势感知的产生背景和基础知识。同样不能忽视的是各国在网络安全领域进行的认知和实践活动，因此本章还会谈到我国网络安全态势感知相关的政策和发展历程，以及以美国为代表的先进国家在网络安全方面的实践经验，最后给出一些系统建设方面的意见和建议。

1.2　网络安全简史

不了解过去就难以理解未来。在探讨网络安全态势感知这一主题之前，先来看一下网络安全的简缩版发展史。

1.2.1　计算机网络

计算机网络从 20 世纪 60 年代发展至今，已经形成从小型的办公局域网络到全球性广域网的规模，对现代人类的生产、经济、生活等方方面面都产生了巨大的影响。1962 年，由美国国防部（DOD）资助、国防部高级研究计划局（ARPA）主持研究建立了数据包交换计算机网络 ARPANET。ARPANET 利用租用的通信线路，将美国加州大学洛杉矶分校、加州大学圣巴巴拉分校、斯坦福大学和犹他大学四个节点的计算机连接起来，构成了专门完成主机间通信任务的通信子网。该网络采用分组交换技术传送信息，这种技术能够保证四所大学间的网络不会因为某条线路被切断，而影响其他线路间的通信。当时的人们根本想不到，20 年后计算机网络在现代信息社会中会扮演如此重要的角色。ARPANET 已从最初四个节点发展成为横跨全世界一百多个国家和地区，挂接数万个网络、数千万台计算机、数亿用户的互联网（Internet）[⊖]。由 ARPANET 发展而来的 Internet，是目前全世界最大的国际型计算机互联网络，目前仍在快速发展中。

1.2.2 恶意代码

网络的发展给人们带来了诸多便利和好处，然而也带来了恶意行为的肆虐，这就是下面要讲的恶意代码。北京邮电大学的杨义先教授说："如果说普通代码是佛，那么恶意代码就是魔。佛与魔除了分别代表正义与邪恶之外，其他本领其实都不相上下。"从恶意代码的作恶能力来看，只有你想不到的，没有它做不到的。

对于 2010 年席卷全球工业界的"震网"病毒事件，相信读者多少有所耳闻。这是一款专门定向攻击真实世界中基础（能源）设施的"蠕虫"病毒，该病毒具有超强的破坏性和自我复制能力，已感染全球超过 45000 个网络，曾造成伊朗核电站 1/5 的离心机报废、约 3 万终端被感染、监控录像被篡改、放射性物质被泄漏，危害不亚于切尔诺贝利核电站事故。这款病毒以其强大的破坏性，使得伊朗被迫关闭核电站，让美国不废一兵一卒就将其工业控制系统摧毁。该恶意代码能够成功的关键是它同时调用了几个所谓的"零日漏洞"，即新发现的还未被人恶意利用过的软件缺陷，这几个漏洞分别是 RPC 远程执行漏洞、快捷方式文件解析漏洞、打印机后台程序服务漏洞、内核模式驱动程序漏洞和任务计划程序漏洞[⊖]。然而，更加可怕的是，"震网"病毒的历史使命并未结束，它还能够进入多种工业控制软件并夺取一系列核心生产设备的控制权，攻击电力、运输、石油、化工、汽车等重要工业和民用基础设施。这还只是影响力较大的病毒之一，事实上，全球每天都在上演着各式各样的恶意代码进行破坏的"戏码"。

为什么恶意代码有如此大的破坏力呢？因为计算机由硬件和软件两部分组成，前者决定了它的"体力"，后者决定了它的"智力"。软件不过就是指令和数据的集合，表现形式是代码。人类把做"好事"的代码称为善意代码，把做"坏事"的代码称为恶意代码，但从计算机角度看，它们都是代码，没有任何区别。在信息时代到处都有计算机的身影，它可以大至一间屋子（如超算中心），小到一个微型器件（如嵌入式芯片），并与人们的生活密切相关。凡是计算机能做的事情，即（善意）代码可做的"善事"，也都可以由恶意代码转

⊖ 该词的出现始于 1982 年美国国防部信息系统局和高级研究计划局发布的传输控制协议 / 互联网协议（TCP/IP）。

⊖ 如果你想了解这些漏洞是怎样协同分工以完成目标的，详见百度百科的"震网病毒"。

换成“恶事”，从而影响人们的工作生活，这就是恶意代码“邪恶无边”的原因。而且从制造难度上看，恶意代码比善意代码更容易编写，因为普遍的规律是“败事容易成事难”。恶意代码以其制造的容易性、破坏的强大性，已经形成了一个个“黑色部落”，演化出了一个庞大的“家族”。这个“家族”里比较典型的有四种：病毒、僵尸网络、木马、蠕虫（简称为“毒僵木蠕”）。此外，还有后门、下载器、间谍软件、内核套件、勒索软件等其他类型。

1. 病毒

病毒（这里指计算机病毒），从其名字就可以感受到它的威力，就像生物病毒一样，感染者非病即死。世界上第一款病毒雏形出现在 20 世纪 60 年代初的美国贝尔实验室里，三个年轻的程序员编写了一个名为“磁芯大战”的游戏，游戏中可通过复制自身来摆脱对方的控制。20 世纪 70 年代，美国作家雷恩在其出版的《 P1 的青春》一书中构思了一种能够自我复制的计算机程序，并第一次称之为计算机病毒。1983 年 11 月，在国际计算机安全学术研讨会上美国计算机专家首次将病毒程序在 vax/750 计算机上进行了实验，世界上第一个计算机病毒就这样出现了。但真正意义上在世界上流行的第一个病毒出现在 20 世纪 80 年代后期，在巴基斯坦，两个以编程为生的兄弟为了打击那些盗版软件的使用者，设计出了一款名为“巴基斯坦智囊”的病毒，该病毒在全世界广为传播。虽然其形状不像生物病毒，但在行为特征方面，计算机病毒比生物病毒有过之而无不及，都具有感染性、传播性、隐蔽性、可激发性等破坏性，而且还能自我繁殖、互相传染和激活再生。按照感染策略，病毒可分为非常驻型病毒和常驻型病毒。顾名思义，前者短暂停留，一旦摸清被攻击者的情况就快速展开感染、复制、繁殖；后者则长期隐藏在受害者体内，一旦时机成熟就会像癌细胞一样不断分裂，复制自身，消耗系统资源，不断作恶。当然，与生物分类的多样性类似，病毒还有其他许多分类方法，在此不一一列举，你只需要知道它的基本行为特征和破坏力就够了。

2. 僵尸网络

僵尸网络，听上去也是一个让人犯怵的名字。攻击者通过各种途径传播僵尸程序（虽然本质上是病毒，但它只是充当了一个攻击平台的角色）以感染互联网上的大量主机，而被感染的主机通过一个控制信道接收攻击者的指令，组成一个受控的“僵尸网络”，众多计算机就在不知不觉中成为被人利用的一种工具。“僵尸网络”是一种由引擎驱动的恶意因特网行为，常与之一起出现的词还有 DDoS（ Distributed Denial of Service，分布式拒绝服务攻击），后者是利用服务请求来耗尽被攻击网络的系统资源，从而使被攻击网络无法处理合法用户的请求。DDoS 形式多样，但最常见的是流量溢出，它可以消耗大量带宽，却不消耗应用程序资源。正是“僵尸网络”的兴起，使得 DDoS 迅速壮大和普及，因为“僵尸网络”为 DDoS 提供了所需的“火力”带宽和计算机以及管理攻击所需的基础架构。发现“僵尸网络”是非常困难的，因为黑客通常远程、隐蔽地控制分散在网络上的“僵尸主机”，这些主机的用户往往并不知情。因此，“僵尸网络”是目前互联网上黑客最青睐的作案工具之一。而对于上网用户来说，感染“僵尸病毒”则十分容易，因为网络上各种有趣的小游戏、小广告都在吸引着网友。

3. 木马

木马也称木马病毒，名字来源于古希腊传说（《荷马史诗》中“木马计”的故事），但它与一般的病毒不同，它不会自我繁殖，也不会刻意感染其他文件，而是通过将自身伪装起来以吸引用户下载执行。正如它的全名“特洛伊木马”，意思是“害人的礼物”，比喻在敌方阵营里埋下伏兵，等待命令开始行动。攻击者通过特定的木马程序控制另一台计算机，等到合适的时机，攻击者在控制端发出命令，于是隐藏的木马程序就开始进行破坏性行动了，比如窃取文件、修改注册表和计算机配置、复制、移动、删除等。从行为模式上看，木马程序与普通的远程控制软件相似，但后者进行维护、升级或遥控等正当行动，而木马程序则从事着非法活动，且因有着很好的隐蔽性而不容易被发现。也正因为木马程序的隐蔽性，普通杀毒软件难以发现它的行踪，而且它一旦启动就很难被阻止。它会将自己加载到核心软件中，当系统启用时就自动运行。木马的种类也是异常繁多，挂载在不同应用上就表现出不同的功能，不一而足。

4. 蠕虫

蠕虫也是一种病毒，其利用网络进行复制和传播。最初的蠕虫病毒定义源于在 DOS 环境下，该病毒发作时会在屏幕上出现一条类似虫子的东西，胡乱吞吃屏幕上的字母并将其改形。蠕虫病毒是自包含的程序，它能将自身功能的拷贝或自身的某些部分传播到其他计算机系统中。与普通病毒不同的是，蠕虫不需要将其自身附着在宿主程序上就能干坏事。蠕虫主要包括主机蠕虫和网络蠕虫，前者完全包含在其运行的主机中，并且通过网络将自身拷贝到其他计算机终端。一旦完成拷贝动作就会自毁，而让其“克隆物”继续作恶，因此在任何时刻都只有一个“蠕虫拷贝”在运行。蠕虫会“游荡”在互联网中，尝试一个又一个漏洞，直到找到合适的漏洞进而损害计算机，假如成功的话，它会将自己写入计算机，然后开始再次复制。比如近几年来危害很大的“尼姆亚”病毒就是蠕虫病毒的一种，感染该病毒的邮件即使在不手工打开附件的情况下，也会激活病毒。著名的“红色代码”也是蠕虫病毒，其利用微软 IIS 服务器软件的远程缓存区溢出漏洞来传播。SQL 蠕虫王病毒则是利用微软数据库的一个漏洞进行大肆攻击。与传统病毒不同的是，许多新的蠕虫病毒是利用当前最新的编程语言与编程技术实现的，易于修改以产生新的变种，从而逃避反病毒软件的搜索。

1.2.3　漏洞利用

漏洞利用是采用一组恶意软件的集合进行攻击的技术，这些恶意程序中包含数据或可执行代码，能够在本地或远程计算机上运行。它旨在攻击含有漏洞的特定版本软件，一旦用户使用该版本软件打开恶意目标或网站，都会遭受漏洞利用。大多数时候，网络攻击者实施漏洞利用的第一步就是允许权限提升，一旦通过特定漏洞获得访问权，即会从攻击者的服务器载入其他恶意软件，从而执行各种恶意行为，如盗取个人数据，或者将被攻击主机作为“僵尸网络”的一部分以发送垃圾邮件或实施 DDoS 攻击等。

浏览器、Flash、Java 和 Microsoft 办公软件都属于最容易遭受攻击的软件类型，因为这些软件使用相当普及，无论是安全专家还是网络黑客都喜欢对它们进行研究，因此这些软件的开发者不得不定期发布补丁以修复漏洞。如果每次都能及时打上补丁那是再好不过了，但实际上却常常无法如愿，这就给漏洞利用提供了机会。除了利用已知漏洞，还有很多目前未知的漏洞，即所谓的“零日漏洞”，网络攻击者一旦发现后也会大肆利用，而软件供应商则在漏洞被利用后才能了解问题所在并着手解决。即使对于小心谨慎且勤于打补丁的用户而言，漏洞利用同样会构成威胁。这是因为网络犯罪分子很好地利用了发现漏洞和发布修复补丁之间的时间差，在这段“真空时间”内，漏洞利用几乎可以为所欲为，对几乎所有互联网用户的安全构成威胁。

漏洞利用常常采用集群方式，因此其首先需要对被攻击系统进行检测以确定漏洞类型，一旦确定漏洞类型就可以使用相对应的漏洞利用工具。漏洞利用工具还会广泛使用代码混淆以防止被检测出来，同时还对 URL 进行加密，来防范安全人员将其彻底根除。比较有名的漏洞利用工具有：① Angler，最复杂的漏洞利用工具之一，也是速度最快的漏洞利用工具之一，该工具在开始检测反病毒软件和虚拟机后就会彻底改变整个“战局”，并同时部署加密的木马文件，Angler 还能并入最新发布的零日漏洞，同时其恶意软件无需对受害人硬盘进行读写，而是从内存中直接运行；② Neutrino，一款俄罗斯黑客编写的漏洞利用工具，内含大量 Java 漏洞利用；③ Nuclear Pack，通过 Java 和 Adobe PDF 的漏洞利用以及 dropping Caphaw[⊖]实施攻击；④ Blackhole Kit，2012 年最广为流行的网页威胁，将存在于类似 Firefox、Chrome、Internet Explorer 和 Safari 浏览器的旧版本内的漏洞作为攻击目标，同时攻击范围还包括像 Adobe Flash、Adobe Acrobat 和 Java 这样的流行插件，一旦受害者被诱骗或重新定向至某个登录页面，该工具就会根据被攻击主机上的漏洞类型，采用漏洞利用技术载入各种有针对性的恶意程序。

1.2.4　高级持续性威胁

高级持续性威胁（Advanced Persistent Threat，APT）无疑是近几年来最常见的网络安全词汇之一。APT 如今已被看成一个以商业和政治为目的的网络犯罪类别，它不仅需要长期的经营和策划，并且具备高度的隐蔽性，不追求短期收益，更关注长期步步为营的系统

⊖ 著名的网银木马病毒。

入侵。如同它的名字，APT 攻击相对于其他普通攻击形式更为高级、更为先进、更为持久。其高级性体现于在发动攻击之前要对攻击对象的业务流程和目标系统进行精确的收集，在信息收集过程中，它会主动挖掘被攻击对象受信系统和应用程序的漏洞，利用这些漏洞组建攻击者所需的网络。其持久性则体现在整个收集信息、挖掘漏洞并利用漏洞攻击的过程可能非常漫长，少则几个月，多则几年，这些发动 APT 攻击的黑客往往不是为了在短时间内获利，而是把被控主机当成跳板，持续搜索，直到彻底掌握所针对的人、事、物，所以这种攻击模式类似一种“恶意网络间谍”的行为。一旦某政府部门或企业组织被 APT 攻击者盯上，被入侵只是时间早晚的问题，因为 APT 攻击者会采用如社会工程学、各种网络攻击技术、漏洞挖掘技术、恶意代码技术等来进行持久渗透，直到成功。APT 攻击是当前网络安全界的热点也是难点问题，如果你想了解更多内容，则可以查阅相关报道、书籍和文献资料。

1.2.5　网络安全设施

有网络攻击就一定有网络防御。曾经有一款蠕虫病毒的出现改变了互联网界对安全的认识，那就是 1988 年 11 月 Morris 蠕虫病毒的发布，其引起了羽翼未满的互联网对安全性的广泛关注，该病毒还推进了第一种网络安全设施——防火墙的发展。下面就来介绍几种重要的网络安全设施。

1. 防火墙

自存在网络互联以来，防火墙就是保护网络安全所使用的最流行和最重要的工具之一。防火墙是一种采用隔离技术的网络安全系统（可以是硬件形式也可是软件形式），常常部署在内部网与外部网、专用网与公共网之间，以保护内部网络免受非法用户的侵入。防火墙的核心工作原理就是包过滤机制[⊖]，通过在两个网络通信时执行一种访问控制策略，允许你“同意”的人和数据进入你的网络，同时将你“不同意”的人和数据拒之门外，最大限度地阻止网络中黑客的访问。

在 20 世纪 80 年代，最早的防火墙几乎与路由器同时出现，第一代防火墙主要基于包过滤技术，是依附于路由器的包过滤功能实现的，随着网络安全重要性和对性能要求的提升，防火墙才逐渐发展成为一个具有独立结构和专门功能的设备。到了 1989 年，贝尔实验室推出了第二代防火墙，即电路层防火墙。到 20 世纪 90 年代初开始推出第三代防火墙，即应用层防火墙（又称代理防火墙）。1992 年，USC（南加州大学）信息科学院的 Bob

⊖ 为了辨别网络中哪些包可以通过、哪些不能通过，人们设计了多种方式，如包过滤、应用层网关、电路层网关等，但基于性能、价格、易用性等因素，现在最为普及的是包过滤方式。包过滤方式的防火墙可根据接收方 IP 地址、发送方 IP 地址、接收方端口号、发送方端口号、控制位等信息来判断是否允许某个包通过。

Braden 开发出了基于动态包过滤的技术，后来演变为目前所说的状态监视技术，1994 年市面上出现了第四代防火墙，即以色列的 Check Point 公司推出的基于该技术的商业化产品，它是具有安全操作系统的防火墙。到了 1998 年，NAI 公司推出了自适应代理技术并在其产品中实现，给代理类型的防火墙赋予了全新的意义，可以称之为第五代防火墙。虽然经历了升级换代，但防火墙的基本功能仍是根据包的起点和终点来判断是否允许其通过，而这种方式并不能筛选出所有具有风险的包，因为防火墙只关心包的起点和终点，对于包中含有的恶意内容，防火墙无法发现。这也是防火墙的局限所在。

2. 入侵检测系统

入侵检测系统（Intrusion Detection System，IDS）是一种对网络传输进行即时监视，在发现可疑传输时发出警报或者采取主动反应措施的网络安全系统，对各种事件进行分析并从中发现违反安全策略的行为是其核心功能。与其他网络安全设施的不同之处在于，IDS 是一种积极主动的安全防护技术。IDS 最早出现在 1980 年 4 月，20 世纪 80 年代中期 IDS 逐渐发展成为入侵检测专家系统。1990 年，根据信息来源的不同，IDS 分化为基于网络的 IDS 和基于主机的 IDS，后来又出现了分布式 IDS。

根据检测方法和安全策略的差异，IDS 分为异常入侵检测和误用入侵检测，前者通过建立正常行为模型来阻挡不符合该模型的行为入侵；后者则是建立不可接受的行为模型，凡是符合该模型的即被断定为入侵。这两种策略各有长短，前者漏报率低、误报率高，后者则误报率低、漏报率高。从技术手段上，IDS 可分成基于标志和基于异常情况的入侵检测，前者通过选取并定义违背安全策略的事件的特征来判别攻击，重在维护一个特征知识库；后者思路同异常入侵检测，先定义一组正常情况数值以比对是否符合正常，进而阻挡恶意攻击。

不同于防火墙，IDS 是一个监听设备，不需要跨接在任何链路上，无需网络流量流经即可工作。IDS 一般部署在所有关注流量必须流经的链路上，也就是来自高危网络区域的访问流量和需要进行统计、监视的网络报文所经过的链路。在现实中，IDS 在网络中的位置一般选择在尽可能靠近攻击源或者尽可能靠近受保护资源的位置，如服务器区域的交换机上。与防火墙一样，入侵检测系统也有它的局限性：由于当代网络发展迅速，网络传输速率大大提升，IDS 工作负担越来越重，对攻击活动检测的可靠性较低，且由于模式识别技术的不完善，IDS 的虚警率高也是一大问题。

3. 反病毒软件

在 1.2.2 节中我们谈到了几种典型的恶意代码，为了检测并采取行动来解除或删除一切已知的病毒、木马等恶意代码，人们制造了反病毒软件。反病毒软件通常集成监控识别、病毒扫描和清除、自动升级等功能，有的还具有数据恢复的功能，是计算机防御系统的重要组成部分。1987年，在第一个PC病毒出现之后的几个月内，就已经有公司成立和销售反病毒软件，并导致了一场竞赛。早期的反病毒软件有两种基本形态，一是扫描器，二是校验和检查器。扫描器是一种用于对可执行文件进行搜索的程序，目的是寻找已被识别的病毒中已知的字符串。病毒编写者采用了多种方法来防止病毒被扫描出来，比如利用多态化技术或对代码进行加密，这使得扫描器时常难以识别病毒。校验和检查器是将系统中所有授权的可执行程序及其原始版本的校验和信息保存至一个列表中，通常校验和是采用散列函数计算得出的，对这些校验和进行检查以识别恶意程序。随着网络攻击的商业化，恶意代码的编写者有越来越好的工具并接受过越来越专业的培训，很多新的恶意代码在初次使用时都不会被当前的反病毒软件识别出来，因为编写者对其进行了完全测试。从效果上看，在21世纪的头几年反病毒软件可以检测几乎所有病毒，而到了2007年，典型的反病毒软件只能检测三分之一的病毒与其他攻击工具。尽管反病毒软件也在不断地提升杀毒能力，但在智能识别未知病毒和降低系统资源占用方面，反病毒软件仍有待进一步改进。

4. 统一威胁管理平台

众多的网络安全防御设施使得大型组织有时难以抉择，于是出现了一种集多种安全功能于一体和防范多种威胁的产品，即统一威胁管理平台（简称UTM平台）。UTM平台在具备单一管理面板的单一设施上组合了多种不同的安全功能，如防火墙、IDS、邮件过滤、代理和VPN（虚拟专用网）、DLP（数据丢失防护）等，虽然每种安全功能不如单一安全设备强大，但胜在功能齐全，界面单一。UTM平台的优势显而易见，即减少了安全设备的种类，可以统一部署，简化了管理和修补流程，且费用相对购买多台设备要低得多。2012年，据Gartner公司报告称，UTM平台的市场规模超过10亿美元，在诸多网络安全公司处于困境时，UTM市场能达到两位数的增长率还是能说明一些问题的。早期采用UTM技术的大多是小型公司，后来随着其性能提升，越来越多的大型组织开始采用UTM技术来保护自身网络安全。然而，UTM平台功能的多样性和供货商的单一也恰恰是其缺陷所在：每种功能可能都不强大，单一供货商更多依赖一家供货商提供安全解决方案来满足所有安全性要求，而这唯一的一家供货商不一定在所有方面都能做到领先，容易导致对威胁的识别能力不如采用混合供应商的组织。

1.3　网络安全态势感知

1.3.1　为什么需要态势感知

如果盘点2017年网络安全领域的热点词汇，“态势感知”必定算一个。因为全球的网络安全形势非常严峻，单就中国而言，截止2016年底，仅360公司累计监测到的针对中国境内目标发动攻击的APT组织至少有36个，最近仍处于活跃状态的APT组织至少有 13 个，这些组织的攻击目标涵盖政府机关、高校、科研机构以及国家关键基础设施所涉及的诸多行业和企业。当今网络攻击已经不再局限于传统的僵尸网络、木马和病毒，而是使用零日威胁、变形多态等高级逃避技术、多步骤攻击、APT 攻击等新型攻击手段。2017 年爆发的 WannaCry 勒索蠕虫⊖，更让我们看到了“网络武器”民用化之后可能造成的巨大灾害。

面对新的网络安全形势，传统安全体系遭遇了瓶颈，需要进一步提升安全运营水平，同时积极地开展主动防御能力建设。从现实中的网络安全建设来看，多年来我们一直偏重于架构安全，如漏洞管理、系统加固、安全域划分等，虽然取得了一定的成果，也研发出了大量产品，但这些大多是被动防御能力的建设，而且也遇到了发展瓶颈。大部分组织部署了各类流量监测系统、IDS、防火墙、终端监控系统、UTM 等网络监控和防护设备，这些设备在运行过程中虽然也产生了大量含有有用信息的数据，如包数据、会话数据、日志、告警等，并在一定程度上反映了网络安全状态。但由于彼此间缺乏有效协作，无法进行组合式深度分析，也缺少多角度全景呈现，因此难以实现对网络整体安全态势的全面、准确、细粒度的展现。

人们逐渐接受了“没有攻不破的网络和系统”以及“世界上只有两种组织，一种是已经被攻陷的，一种是还不知道已经被攻陷的”这个现实。同时也意识到，传统的通过简单地购买更多安全设备的被动防护战略已经不能使安全能力有更多提升，且难以适应当前的网络安全形势，需要在进一步提升安全运营水平的同时积极地开展主动防御能力的建设，采用更加积极的对抗措施来应对各种变化。于是，在之前建立了一定自动化防护能力的基础上，人们开始增加对基于非特征检测技术的能力的投入，以及以持续监测和事件响应分析能力为核心的自适应安全架构建设；并通过对事件的深度分析，建立预测预警，有针对性地改善安全体系，最终达到有效检测、防御新型攻击威胁的目的。

也正是因为这些现实的问题，习近平总书记 2016 年 4 月 19 日在网络安全和信息化工作座谈会上的讲话中明确指出“建设全天候全方位感知网络安全态势”。这个要求恰恰对态势感知的建设目标做出了准确描述：“全天候”是时间维度，贯穿过去、现在和未来；“全方位”是内容维度，要求检测分析的对象覆盖面广（至少包括网络流量、终端行为、内容载荷三个方面）、有深度。通过对多源异构网络安全数据和事件的获取、理解、分析和评判，客观反映网络中发生的攻防行为，从时间和空间两个维度，从 OSI 1 ～ 7 层整体角度从更高的层次直观、动态、全面、准确、细粒度地感知各类网络攻击行为，进而提升主动防御能力，这正是态势感知的意义所在。

⊖ 又称为 Wanna Decryptor，一种“蠕虫式”的勒索病毒软件，由不法分子利用美国国家安全局（NSA）泄露的“EternalBlue”（永恒之蓝）进行传播。据统计，100 多个国家和地区超过 10 万台计算机遭到了该病毒的攻击、感染，影响金融、能源、医疗等众多行业，造成了严重的危机管理问题。

1.3.2　态势感知的定义

现代意义上的态势感知（Situation Awareness，SA）研究也来自于战争的需要，其在二战后美国空军对提升飞行员空战能力的人因（Human Factor）工程学研究过程中被提出来，是为提升空战能力、分析空战环境信息、快速判断当前及未来形势，以做出正确反应而进行的研究探索，至今仍然是军事科学领域的重要研究课题。后来态势感知渐渐被信息技术领域所采用，属于人工智能范畴。

对“态势感知”一词的定义和解释众多，这里我们重点介绍几个典型的定义。

2004年9月出版的《美军野战手册》将态势感知定义为：“对当前态势的认识和理解，能帮助作战空间中友好的、竞争的和其他性质的行动进行及时、相关和准确的评价，其目的是帮助进行决策。态势感知是对信息的洞察能力和技巧，以快速确定发展中的众多事件的背景及事件相关性。”

Endsley博士对态势感知的定义是：“态势感知即认知大量的时间和空间中的环境要素，理解它们的意义，并预测它们在不久的将来的状态，以实现决策优势。”Endsley博士认为态势感知大体上有三个层面，即“认知、理解和预测”，这三个层面又与广为人知的OODA（观察、判断、决策和行动）环有着紧密的关联。

而Alberts博士对态势感知的描述是这样的：“态势感知描述的是对特定时间点、整个战斗空间或其中一部分的状态的感知。在某些情况下，已发生事件的发展轨迹信息和对当前态势的发展预测是关注的重点。态势由任务和任务约束条件、相关力量的能力和意图、关键的环境特性等部分构成。”其中，他认为感知存在于认知领域，感知是先前知识（和观点）与当前对现实的认知之间复杂的相互作用的结果。如对某个战场态势，人人都有不同的感知。他还认为，理解是指具有充足的知识，能判断出态势可能引发的后果；以及对态势具有充分的感知能力，能预测未来的事件发展模式。因此，态势感知关注的是对过去和现在态势的认识。

Endsley和Alberts对态势感知定义的区别在于，Endsley将预测作为感知的一部分，而Alberts则将感知与理解（预测）区分开[⊖]。这也是目前对态势感知定义认识的一个主要分歧，部分人认为预测就是态势感知的一部分，而另一部分人则认为预测与态势感知是两件事。本书比较认可前一种看法，因为仅仅判断当前状态是不足以支撑决策的，只有对短期未来进行某种程度的预见和评估（无论准确率有多高，都要努力预测），才能更好地为决策提供支持。时间是贯穿态势感知的基线，用过去的经验和知识来分析和理解当前形势并预测可

⊖ 由于Alberts定义的“理解”与Endsley定义的“预测”都是对当前态势的未来发展进行预测，因此我们可把这两个概念等同起来。

能的前景，为决策者提供行动支持，由行动结果进而对环境产生影响，更新态势，再重新进行感知，进一步决策和行动，这形成了一个循环上升的过程。

总之，态势感知的核心部分可以理解为一个渐进明晰的过程，借鉴人工智能领域的黑板系统（Blackboard System）[1]，通过态势要素提取，获得必要的数据，然后通过数据分析进行态势理解，进而实现对未来短期时间内的态势预测，实现一个动态、准实时系统。因此，态势感知是指对一定时间和空间内环境因素的提取、理解和对未来短期的预测。

1.3.3 网络安全态势感知的定义

随着网络空间的迅猛发展，对网络空间所产生的海量非结构化数据、结构化数据和敏捷数据所蕴藏的深层信息进行态势觉察、态势理解和态势预测显得尤为必要，网络空间态势感知由此应运而生。所谓网络空间态势，是指由各种网络设备运行状况、网络行为以及用户行为等因素所构成的整个网络当前状态和变化趋势。虽然根据不同的应用领域，网络空间态势可分为安全态势、拓扑态势和传输态势等，但目前关于网络空间态势的研究大多是围绕网络的安全态势展开的。

在20世纪90年代末，态势感知才被引入信息技术安全领域，并首先用于对下一代入侵检测系统的研究，出现了网络安全态势感知的概念。“网络安全态势感知”是指在大规模网络环境中，对能够引起网络态势发生变化的安全要素进行获取、理解、显示，以及预测最近的发展趋势。在“网络安全态势感知”中，“态”指的是从全局角度看到的现状，包括组织自身的威胁状态和整体的安全环境，需要基于检测尽可能地发现攻击事件或攻击线索，同时需要对涉及的报警等信息做进一步的分析，弄清是否为真实的攻击，以及攻击的类型和性质、可能的影响范围和危害、缓解或清除的方法等，从而确定是否可以进入处置流程；“势”则指的是未来的状态，需要对现阶段所面临的攻击事件有深入的了解，弄清是已知威胁还是未知威胁，以及攻击者的行动意图、攻击者的技战术水平及特点等[2]，从而预测组织未来的安全状态。

不同于实体态势感知系统（主要依赖于特定的硬件传感器和信号处理技术），网络安全态势感知系统更依赖于防火墙、入侵检测系统、反病毒系统、日志文件系统、恶意软件检测程序等网络安全设施，这些安全传感器会生成比原始数据包更为抽象的事件数据，而且

---

[1] “黑板”是一个存放问题求解状态数据的全局存储结构，由输入数据、部分解、备选方案、最终解和控制数据等对象组成。黑板系统作为分布式人工智能系统的先驱，是一种问题求解模型，是组织推理、控制状态数据和问题求解之领域知识的概念框架。

[2] 有时还需要通过信息和威胁情报共享，对同行业或相似部门的相关信息进行了解，才能够快速预测未来的安全状态以及需要防御的重点。

网络安全态势感知系统的演变速度比实体态势感知快若干个数量级。值得注意的是，网络安全态势可以在多个抽象层次获得，低层次和高层次都能获取原始数据，并通过一定的处理手段将这些数据转换成更为抽象的信息。获取较低抽象层次的网络安全态势的方法目前主要包括入侵检测与告警关联、使用攻击图进行漏洞分析、因果关系分析、取证分析（入侵的反向追踪）、信息流分析、攻击趋势分析和入侵响应等。获取较高抽象层次的网络安全态势则更多依靠人工分析，费时、费力且容易出错。尽管大数据、人工智能和机器学习的出现和快速发展对态势感知获取高抽象层次信息起到一定的推动作用，但目前网络安全态势感知的自动化程度仍较低。

总的来说，网络安全态势感知应该是一种基于环境的动态、整体地洞悉安全风险的能力，是以安全大数据为基础，从全局视角提升对安全威胁的发现识别、理解分析、响应处置能力的一种方式，最终是为决策和行动服务，是安全能力的落地。

1.3.4　网络安全态势感知参考模型

1. Endsley 的概念模型

1988 年，Endsley 博士首次明确提出态势感知的定义，即态势感知是指“在一定的时空范围内认知、理解环境因素，并且对未来的发展趋势进行预测”，该定义的概念模型如图 1.1 所示。该模型更多地应用于传统的态势感知在航空领域对人为因素的考虑，后来才逐渐引入网络安全领域。

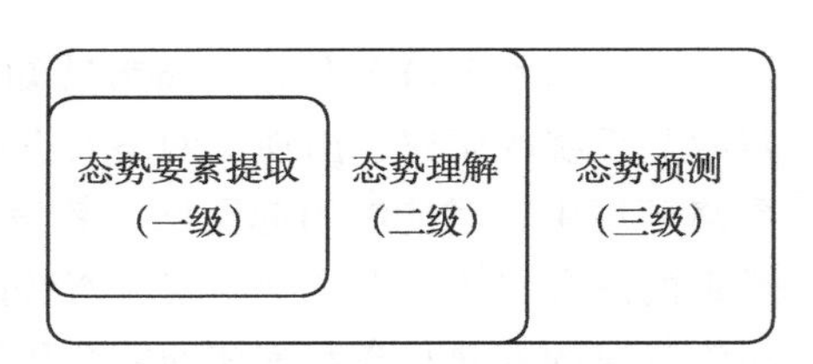

图 1.1　态势感知的概念模型

Endsley 的模型从人的认知角度出发，由核心态势感知和影响态势感知的要素两部分组成。核心态势感知部分包括态势要素提取、对当前态势的理解、对未来态势的预测、决策以及行动措施等。影响态势感知的要素分为系统要素和个体要素，实现态势感知需要依靠各影响要素提供的服务。Endsley 的概念模型是一个被广泛接受的通用理论模型，其对于网络安全态势感知的总体框架如图 1.2 所示。

2. JDL 的数据融合模型

态势感知涉及数据融合（Data Fusion）。数据融合是指将来自多个信息源的数据收集起来，进行关联、组合，提升数据的有效性和精确度。可以看出，数据融合的研究与态势感知在很多方面都是相似的。目前，网络安全态势感知的参考模型多是基于美国的军事机构 JDL（Joint Directors of Laboratories）给出的数据融合模型衍生出来的。图 1.3 展示了一个典型的安全态势感知模型。

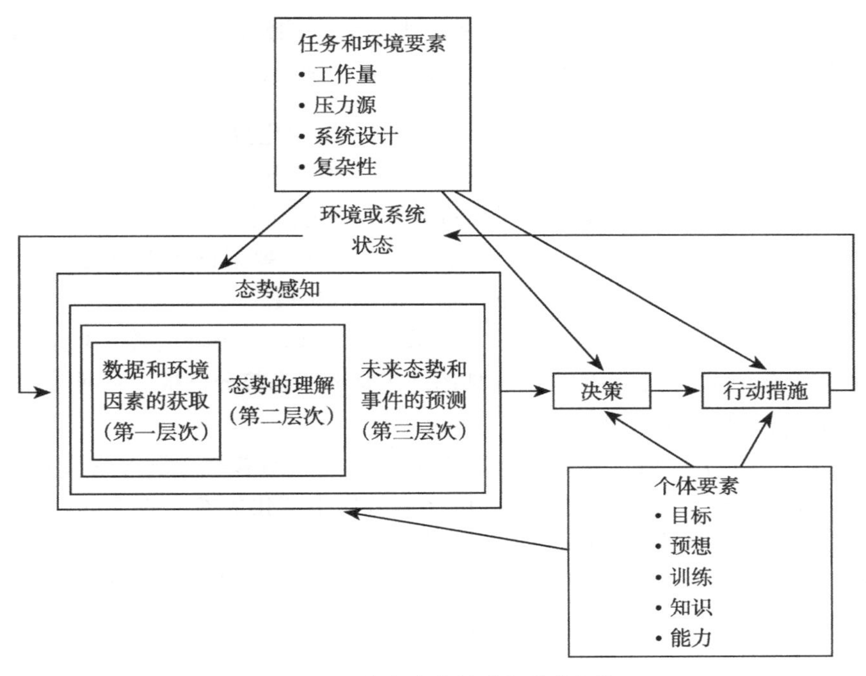

图 1.2　网络安全态势感知总体框架

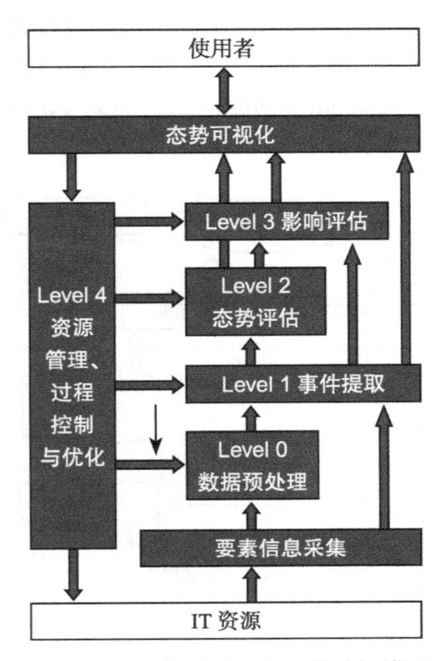

图 1.3　一个典型的安全态势感知模型

在这个基于人机交互的模型中，态势感知的实现被分为 5 个级别（阶段），首先是对 IT

资源进行要素信息采集，然后经过不同级别的处理及其不断反馈，最终通过态势可视化实现人机交互与网络安全态势显示。其中 5 个处理级别分别是：

- Level 0——数据预处理：海量非结构化数据、结构化数据和敏捷数据可选的预处理级别，通过态势要素获取，获得必要的数据；对于部分不够规整的数据进行海量数据预处理，如用户分布式处理、杂质过滤、数据清洗等。
- Level 1——事件提取：是指在大规模网络环境中，要素信息采集后的事件标准化、事件标准修订、形成事件，以及事件基本特征的扩展。
- Level 2——态势评估：将多个信息源的数据收集起来，进行关联、组合、数据融合、关键数据的解析；分析出的态势评估的结果是形成态势分析报告和网络综合态势图，为网络管理员提供辅助决策信息。
- Level 3——影响评估：它将当前态势映射到未来，对参与者设想或预测行为、变化趋势的影响进行评估，对能够引起网络态势发生变化的安全要素进行获取、理解、显示以及预测最近的发展趋势，并对态势变化的影响进行评估。
- Level 4——资源管理、过程控制与优化：通过建立一定的优化指标，对整个融合过程进行实时监控与评价，实现相关资源的最优分配。

3. Bass 的功能模型

1999 年，Bass 等指出“下一代网络入侵检测系统应该融合从大量的异构分布式网络传感器采集的数据，实现网络空间的态势感知”，并且参考基于数据融合的 JDL 模型，提出了基于多传感器数据融合的网络态势感知的功能模型，如图 1.4 所示。

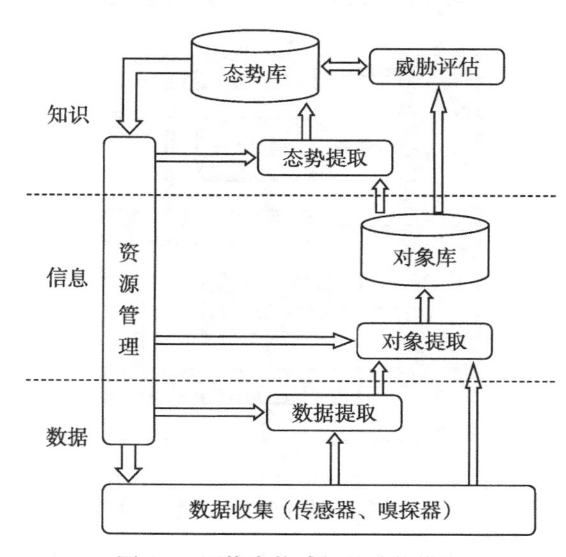

图 1.4　网络态势感知的功能模型

4. 总结

Endsley、JDL 以及 Bass 为网络安全态势感知的研究奠定了基础。基于 Endsley 态势感知的概念模型、JDL 的数据融合模型和 Bass 的功能模型，后来的研究者们又陆续提出了十几种网络安全态势感知的模型，对于不同的模型，其组成部分名称可能不同，但功能基本都是一致的。对于基于网络安全态势感知的功能，本书将其研究内容归结为 3 个方面：

- 网络安全态势要素的提取。
- 网络安全态势的理解（也称为评估）。
- 网络安全态势的预测。

本书的主体组织结构也是按照这三个部分来划分的，后面章节将对这三个方面进行详细说明。

1.3.5　网络安全态势感知的周期

网络安全态势感知的周期主要包括三个不同的阶段：提取、理解和预测。如图 1.5 所示。

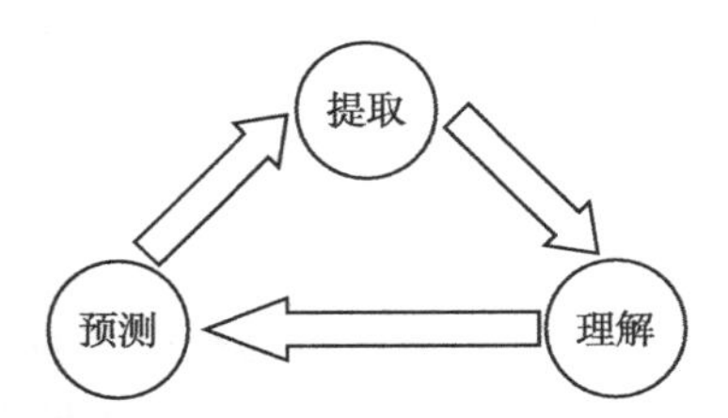

图 1.5　网络安全态势感知的周期

1. 提取

根据态势感知的定义，态势感知始于提取，提取环境内相关要素的状态、属性和动态等信息，并将信息归入各种可理解的表现方式，为理解和预测提供素材。准确、全面地提取网络中的安全态势要素是网络安全态势感知研究的基础。然而由于网络已经发展成一个庞大的非线性复杂系统，具有很强的灵活性，使得网络安全态势要素的提取并不那么轻松。目前网络的安全态势要素主要包括静态的配置信息、动态的运行信息以及网络的流量信息等。其中，静态的配置信息包括网络的拓扑信息、脆弱性信息和状态信息等基本环境配置信息；动态的运行信息包括通过各种防护措施的日志采集和分析技术获取的威胁信息等基本运行信息。提取的方法可以是通过提取某种角度的态势要素（比如脆弱性、日志报警信息、蜜罐搜集的信息）来评估网络的安全态势，也可以是从多个角度分层次描述网络安全态势（比如建立层次化的指标体系）。从目前的研究来看，从单一角度提取态势要素必然无法全面表征态势信息，存在一定局限性，而多角度分层次描述态势的方法则需要着重考虑各指标因素之间的关联性，不然会导致信息融合处理存在较大难度。在本书的第 3 ～ 5 章，将对态势提取涉及的一些重要主题进行详细阐述。

2. 理解

对态势的理解包括人们组合、解读、存储和保留信息的过程。因此，态势理解过程不仅包括认识或注意到信息，还包括对众多信息的整合，以及决定这些信息与单个主要对象的相关度，并根据这些信息进行推断或推导出与对象相关的一系列结论。通过判断对象和事件的重要程度，理解过程最终形成结构化的态势图像。此外，理解是一个动态过程，随着态势的不断变化，必须将新的信息和已有的认识结合起来，综合得出当前态势图像。

网络安全态势的理解是指在获取海量网络安全数据信息的基础上，通过解析信息之间的关联性，对其进行融合，获取宏观的网络安全态势[⊖]。其中，数据融合是网络安全态势理解的核心。网络安全态势理解摒弃了研究单一的安全事件，而是从宏观角度考虑网络整体的安全状态，以期获得网络安全的综合评估，达到辅助决策的目的。在传统的实践中，对某种或某几种网络攻击的检测和评价已经推动了网络空间大量的研究，但对于整个组织来说（尤其是决策者），从关注局部战术操作层面转向宏观战略层面，全面、深刻地认识并理解“我方”[⊜]综合安全态势将会显得更为重要。在本书的第 6 ～ 9 章，将对态势理解涉及的重点领域和融合算法进行探讨。

3. 预测

了解态势要素的状态并在变化的基础上进行某种程度的预测，是态势感知必不可少的部分。网络安全态势的预测是指根据网络安全态势的历史信息和当前状态，对网络未来一段时间的发展趋势进行预测。网络安全态势的预测是态势感知的一个基本目标。由于网络攻击的随机性和不确定性，使得以此为基础的安全态势变化呈现复杂的非线性过程，限制了传统预测模型的使用。目前，网络安全态势预测一般采用神经网络、时间序列预测法和支持向量机等方法，此外，基于因果的数据模型和模式识别也常用在网络安全态势的预测上。未来，随着人工智能和机器学习技术的助推，也许会产生更多智能的技术方法。在本书的第 10 和 11 章，将对态势预测常用方法进行介绍。

需要注意的是，网络安全态势感知的三个部分（提取、理解和预测）并非按先后顺序串行的过程，而是同步并行的过程，把它切分为三个部分是为了简化理解。各个部分都应当同时进行，并且相互触发连续的变化和不断更新，循环往复。三个部分中的各组成部分也

⊖ 有些书籍或文献也将态势理解过程称为“态势评估”。

⊜ 本书认为，掌握“我方”（内部）安全状态更多地依靠态势感知，掌握“敌方”（外部）状态更多地依靠威胁情报。

应持续地相互作用，将自身的数据 / 知识装载到其他组成部分之上。此外，任何过程中的每个步骤都应对安全人员和决策者高度可见。

1.4　我国网络安全态势感知政策和发展

1.4.1　我国网络安全态势感知政策

随着信息技术的不断发展，信息安全给安全监管部门提出了新的挑战，而且目前我国信息系统安全产业及信息安全法律法规和标准不完善，导致国内信息安全保障工作滞后于信息技术发展。

为提高国家信息安全保障能力，2015 年 1 月公安部颁布了《关于加快推进网络与信息安全信息通报机制建设的通知》（公信安 [2015]21 号）。“通知”要求建立省市两级网络与信息安全信息通报机制，积极推动专门机构建设，建立网络安全态势感知监测通报手段和信息通报预警及应急处置体系；明确要求建设网络安全态势感知监测通报平台；实现对重要网站和网上重要信息系统的安全监测、网上计算机病毒 / 木马传播监测、通报预警、应急处置、态势分析、安全事件（事故）管理、督促整改等功能，为开展相关工作提供技术保障。

2015 年 5 月 18 日，公安部在北京召开电视电话会议，专题部署国家级重要信息系统和重点网站安全执法检查工作。公安部时任副部长、中央网信办时任副主任陈智敏在会议上强调，各级公安机关要充分认识网络安全的严峻形势和加强网络安全工作的重要性、紧迫性，加强国家网络安全通报机制建设，进一步健全完善网络安全信息通报和监测预警机制建设，确保网络安全执法检查工作取得实效。

2015 年 6 月，第十二届全国人大常委会第十五次会议初次审议了《中华人民共和国网络安全法（草案）》，其中明确提出建立网络安全监测预警和信息通报制度，将网络安全监测预警和信息通报法制化。

2015 年 7 月 27 日，发布《关于组织开展网络安全态势感知与通报预警平台建设工作的通知》。

“没有网络安全就没有国家安全”。网络空间的无远弗届让网络安全风险加大，应对网络和信息安全的挑战必须要有正确的理论作指导。2016 年 4 月 19 日，习近平总书记在网络安全和信息化工作座谈会上提出，要树立正确的网络安全观，加快构建关键信息基础设施安全保障体系，全天候全方位感知网络安全态势，增强网络安全防御能力和威慑能力。

2016 年 11 月 7 日，全国人民代表大会常务委员会发布《中华人民共和国网络安全法》（下面简称《网络安全法》），从 2017 年 6 月 1 日起实施。法规中明确提出建立网络安全监测预警和信息通报制度，将网络安全监测预警和信息通报法制化。其中，第四十四、四十五、四十七和四十八条均有提及。

2016年12月15日，国务院关于印发《“十三五”国家信息化规划》的通知（国发[2016]73号）中明确提出要全天候全方位感知网络安全态势，加强网络安全态势感知、监测预警和应急处置能力建设。

随着《中华人民共和国网络安全法》和《国家网络空间安全战略》的相继出台，在我国态势感知被提升到了战略高度，众多行业、大型企业都开始倡导、建设和应用网络安全态势感知系统，以应对网络空间安全日益严峻的挑战。

1.4.2 我国网络安全态势感知的曲线发展历程

我国网络安全态势感知经历了一个曲线发展过程，可划分为萌芽、热潮、低谷、恢复和成熟等多个阶段。

- **萌芽期**：用于进行安全运维和事件管理的SOC[⊖]/SIEM[⊖]等类型的产品和技术已经发展了很多年，受限于数据的处理和安全分析能力，始终停留在对大量微观的安全事件告警的处理层面。大数据技术的出现让建立在SOC/SIEM之上、基于大数据的安全分析技术成为现实，这是网络安全态势感知的萌芽期。
- **热潮期**：网络安全行业很快兴起了对网络安全态势感知的炒作热潮，很多人认为这种技术代表了威胁对抗技术的先进生产力，并相信其能够解决大多数安全问题，突破传统安全的瓶颈，几乎所有人都对这种新技术满怀期望、充满信心。这是网络安全态势感知的热潮期。
- **低谷期**：当最初的几款网络安全态势感知产品上市后，其所呈现出的能力让大家比较失望，有的只是对SOC/SIEM产品进行改头换面，有的则沦为展示汇报的“地图炮”，用户在使用过程中发现态势感知系统并没有真正解决安全问题，其能力也不如预期的那么强大，于是对于新技术的评价降到谷底。这是网络安全态势感知的低谷期。
- **恢复和成熟期**：安全厂商和用户坚定不移地继续发展网络安全态势感知产品和技术，能够解决的问题越来越多，技术成熟度也越来越高。尤其是近两年，奇虎360、天融信、绿盟科技和安恒信息等公司的一大批优秀的网络安全态势产品和技术解决方案的出现，以及在国内众多行业和领域的成功应用，使之赢得用户越来越多的好评，

⊖ 安全管理平台/安全运行中心（Security Operations Center，SOC），比如著名的开源安全运维平台OSSIM和一些安全厂商推出的SOC产品。

⊖ 安全信息和事件管理（Security Information and Event Management，SIEM），负责从企业安全控件、主机操作系统、企业应用软件中收集安全日志数据，并进行分析和报告。

逐渐实现了安全能力的落地。这是网络安全态势感知的恢复和逐渐成熟期。

1.5　国外先进的网络安全态势感知经验

1.5.1　美国网络安全态势感知建设方式

在网络安全方面，无论是战略建设还是技术研究，美国都大幅度领先全球其他国家，因此美国在这一方面的建设思路和成熟经验可以作为借鉴。让我们一起看看美国是如何布局其国家网络安全战略和相关行动计划的。

可以从国家战略、政策法案、行动计划等方面对美国国家网络安全建设进行分析研究。美国国家网络安全建设大体上可以分成以下层次，如图 1.6 所示。

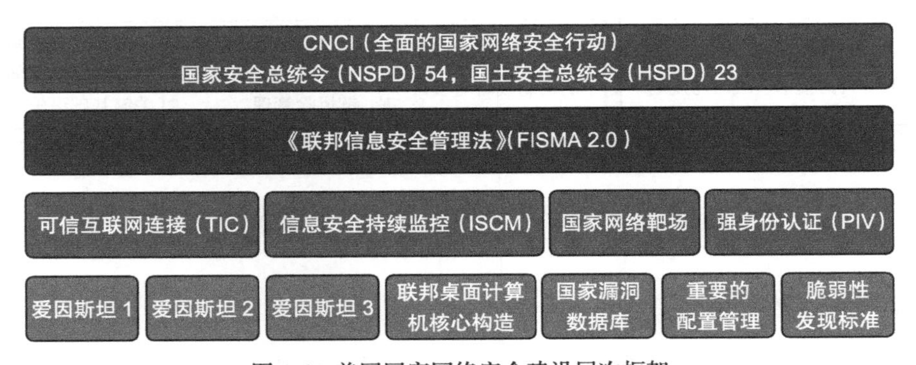

图 1.6　美国国家网络安全建设层次框架

1.5.2　美国网络安全国家战略

美国在网络安全方面的国家战略称为全面的国家网络安全行动（CNCI），如图 1.7 所示。2008 年 1 月 8 日，美国总统布什签署发布了第 54 号国家安全总统令 / 第 23 号国土安全总统令，即 CNCI。出台该计划是因为当时的布什总统认为美国网络安全需要一个国家层面的综合计划并付诸实施。该计划旨在保护美国的网络安全，防止美国遭受各种恶意或敌对的电子攻击，并能对敌方展开在线攻击。

2010 年 3 月 2 日，时任美国总统的奥巴马宣布解密其部分内容。据有关报道，CNCI 计划总投资 300 亿～ 400 亿美元，截至 2012 年年底已经投入资金 177.6 亿美元。CNCI 中包含 12 个重点领域活动，具体实施由国土安全部（DHS）、国防部（DoD）、国家情报总监办公室（ODNI）、科学和技术政策办公室（OSTP）四个机构负责。

CNCI 制定了美国网络安全相关机构建设、运营等工作的方针政策，指导了美国网络安全各项建设计划的实施，可以说 CNCI 对打造和构建美国网络空间安全具有现实和长远的战略性意义。

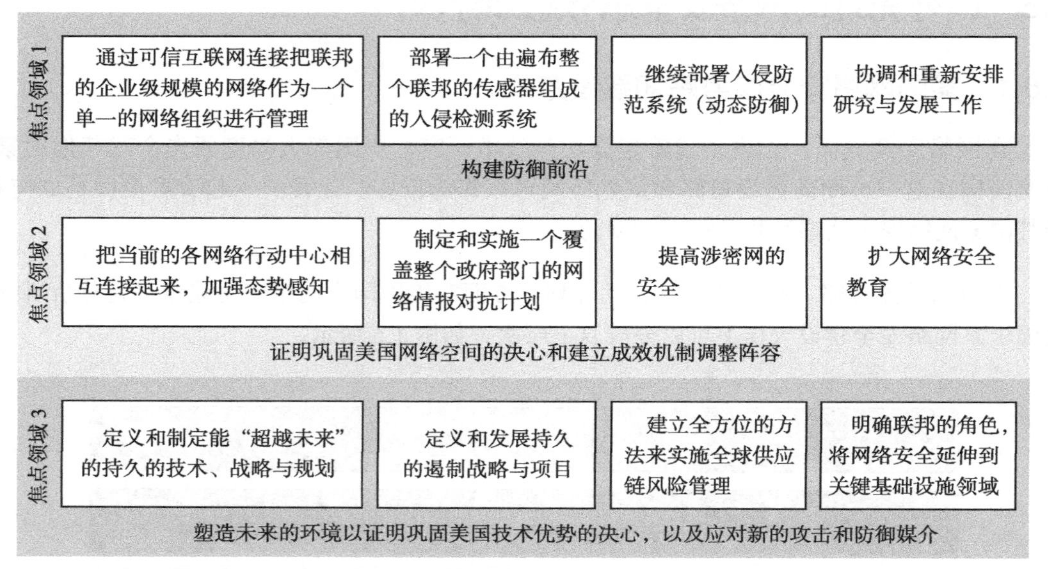

图 1.7　2008 年“全面的国家网络安全行动”(CNCI)

1.5.3　可信互联网连接

为了应对网络安全攻击，美国在 2003 年启动了爱因斯坦计划，目标是在政府网络出口部署入侵检测、NetFlow 检测、入侵防护系统来提供攻击的早期预警和防护，随后于 2007 年提出可信互联网连接（TIC）计划，目标是将联邦政府 8000 个网络出口归并为 50 个左右。出口整合后，便于进行爱因斯坦计划的统一部署，监控和防护也能做到一体化。

1. 爱因斯坦 1

爱因斯坦 1 计划始于 2003 年，系统能够自动地收集、关联、分析和共享美国联邦政府之间的计算机安全信息，从而使得各联邦机构能够接近实时地感知其网络基础设施面临的威胁，并更迅速地采取恰当的对策。通过收集参与该计划的联邦政府机构的信息，US-CERT 能够建立和增强对美国网络空间态势感知的能力。这种态势感知的能力将使得国家能够更好地识别和响应网络威胁与攻击，提高网络安全性，提升关键的电子政务服务的弹性，增强互联网的可生存性。

爱因斯坦 1 的技术本质是根据深度流检测（DFI）来进行异常行为的检测与总体趋势分析，具体地说就是基于 xFlow 数据的 DFI 技术。这里的 xFlow 最典型的一种就是 NetFlow，此外还有 sFlow、jFlow、IPFIX 等。US-CERT 通过对联邦政府机构的网络出口路由器进行流量抽取，采集这些流量的 Flow 信息并进行分析以获悉网络安全态势。

2. 爱因斯坦 2

爱因斯坦 2 计划是爱因斯坦 1 计划的增强，始于 2007 年，该系统在原来对异常行为分析的基础上增加了对恶意行为的分析能力，以期使得 US-CERT 获得更好的网络态势感知能力。同时，爱因斯坦 2 计划将配合美国政府的 TIC（可信互联网连接，旨在减少和收拢联邦政府机构分散的互联网出口）计划一起实施。

而实现该恶意行为分析能力的技术是网络入侵检测技术，爱因斯坦 2 对进出美国政府网络的 TCP/IP 通信数据包进行深度包检测（DPI）以发现恶意行为（攻击和入侵）。爱因斯坦 2 计划主要以商业的 IDS 技术为基础进行定制开发，而特征库既有商业的，也有 US-CERT 自己的开发版。爱因斯坦 2 计划中的特征库是 US-CERT 精选的，做到尽可能少。当联邦网络流量中出现恶意或可能有害的活动时，爱因斯坦 2 能够向 US-CERT 提供实时报警，并对导出数据提供关联和可视化能力。

3. 爱因斯坦 3

从 2008 年开始，美国政府启动了 CNCI，其中就包括爱因斯坦 3 计划（又称为“下一代爱因斯坦计划”）。目前，该计划披露的信息甚少。从掌握的信息看，爱因斯坦 3 计划的主要技术支撑是 IPS。

根据 CNCI 中的 TIC，提出了 TICAP（可信互联网连接访问提供商）的概念，即将为联邦政府提供网络接入的 ISP 也纳入其中，如 AT&T 公司，由 TICAP 将政府网络的流量有选择性地镜像并重定向出来，供 US-CERT 对这些流量进行入侵检测与防御分析。根据爱因斯坦 3 计划，美国国土安全部希望最终能够将 TIC 与爱因斯坦计划融合起来，使之成为联邦政府网络基础设施的基本保障。

1.5.4 信息安全持续监控

信息安全持续监控（ISCM）是对信息安全、脆弱性和威胁进行持续的评估，以支撑组织的风险管理决策。由于信息安全建设和安全防护运维的持续性，美国联邦政府越来越强烈地意识到“一次性”的安全建设不能够保证自身网络的持续安全。因此 2010 年的《联邦信息安全管理法》（Federal Information Security Management Act，又称 FISMA 2.0）要求各机构的信息安全方案中必须包含信息系统的持续监测，修复有漏洞且不合规的项目，并根据联邦要求出具报告。报告每月自动化提交，并成为政府绩效评定的重要标准。

1.5.5 可借鉴的经验

通过研究美国的安全建设可以看出，美国通过 TIC(可信互联网连接）来进行网络整合，便于统一进行高质量的安全监控和防护；利用爱因斯坦计划进行深度包检测（DPI）和深度流检测（DFI)，以提高安全态势感知能力；开展持续监控计划，针对资产、漏洞、配置实施有体系的持续监控。

从美国对爱因斯坦计划的持续投入可以看到，网络空间安全的态势感知对于国家、行业有多么重要的意义。虽然我国的信息安全技术水平较美国有较大的差距，但可以利用我国现有网络信息安全技术，同时借鉴美国成熟的建设思路和实践经验，建设适合我国的网络安全态势感知系统。

1.6 网络安全态势感知建设意见

要完成网络安全态势感知的建设目标，既需要采集多源异构的安全数据，也需要通过数据 / 事件检测分析平台进行检测分析，同时也离不开安全分析师的人工专业分析。可以说，鉴于目前的技术水平，以及人工智能还处于初级阶段，网络安全分析师是态势感知的最重要部分，是确定网络安全态势感知项目成败的关键因素。成功的网络安全态势感知系统必须考虑到人工分析的因素，引入专业的安全分析师来进行辅助分析，并通过提供好的平台工具和流程来支撑他们高效完成工作。

网络安全态势感知是综合性安全能力建设，涉及很多方面，如数据源、大数据平台、多类型检测分析引擎、可视化、资产管理、安全分析师团队建设等，是一个复杂的系统工程，不可能一次到位，其建设过程需要明确建设目标、掌控关键性因素、分阶段开展。以下是一些阶段性建设意见。

- **第一阶段**：搭建网络安全态势感知所需的基础工具和平台。主要包括多源异构数据的采集汇聚平台、数据分析处理平台、多类型检测分析引擎、态势可视化呈现以及资产管理平台等，当然还有安全管理团队的组建，这些基础性必备要素能支持一个组织内部网络的完整安全运营。这也是本书要介绍的重点内容。
- **第二阶段**：建立纵向支撑体系和情报数据共享体系。主要包括纵向恶意代码分析中心、增强的数据 / 事件分析中心、纵向威胁情报中心和一定的情报共享机制等。恶意代码分析和重大事件分析是需要高水平的安全分析师进行分析的，利用纵向的建设和集中这些资源，能够更快地提升网络整体运营水平。纵向威胁情报中心能够收集、整理并分发内部情报信息；而情报共享机制能够保障信息在行业内部以及公安、网信等部门的同步，通过内外结合，组织能够对整个行业面临的威胁有一个更精准、全面的掌控。

- **第三阶段**：建立自动化、体系化的主动动态防御能力。该阶段是最理想的也是最高境界。随着基础平台和工具的完整搭建、纵向支撑体系和情报共享体系的增强，再加入自动化配置手段和高级人工智能的分析预测能力，进而全面提升对各类安全事件体系化的主动动态防护能力，更快速、更高效地识别、处理攻击事件和恶意行为并预测未来发展趋势，真正地为组织的网络安全运营保驾护航。

最后，谈一下如何判断所建设的网络安全态势感知系统是否提升了网络安全防护效能，真正解决了安全问题，这就涉及响应处置了。我们建设网络安全态势感知系统和进行安全运维的目标是降低 MTTD/MTTR（平均检测时间 / 平均响应时间），安全人员始终在与攻击者赛跑：在攻击者进行针对性的攻击之前，完成防御策略的调整，阻断或者迟滞其攻击；在已经潜入内部的攻击者盗取数据、造成破坏之前，识别和发现它，并立即评估可能造成的损失范围和程度，及时响应和处置，避免造成真正的损失。因此，高效、及时的处置动作完成后才算完成闭环，才算真正解决了安全问题。态势感知必须与响应处置结合，这样才能有效提升网络安全防护效能，从而实现安全落地。当然这中间少不了安全人员的判断，关于安全人员方面的内容我们将在最后一章进行详细讨论。

第2章

大数据平台和技术

21世纪的竞争是数据的竞争，谁掌握数据，谁就掌握未来。

——马云，阿里巴巴创始人

2.1 引言

随着互联网、移动互联网和物联网的发展，谁也无法否认我们已经切实地迎来了一个海量数据的时代。数据的价值为越来越多的人所认识，它已经成为一种新的经济资产，被看作“新世纪的矿产与石油”，为整个社会带来了全新的创业方向、商业模式和投资机会。从2012年开始，“大数据”（Big Data）就已经成为关注度最高的关键词之一，而且以稳固的状态不断发展至今。在大数据时代，组织和企业会更多地依靠数据分析，而非经验和直觉来制定决策，充分挖掘和使用数据的价值将为组织和企业带来强大的竞争力。从目前来看，针对大数据处理的需求主要集中在以下几个方面：如何收集如此类型繁多的数据？如何存储体量如此巨大的数据？如何在大数据中找出有价值的信息？如何保证大数据的分析速度以及有效展示大数据的分析结果？

而随着网络空间高速发展，大规模网络所引发的安全运行保障的复杂度激增，主要体现在安全数据量巨大、安全事件被割裂、安全的整体状况难以描述等方面。随着Hadoop、NoSQL等技术的兴起和成熟，大数据自身所拥有的大容量（Volume）存储、支持多种数据类型（Variety）和处理速度快（Velocity）三大特性恰巧可以用于大规模网络的安全态势感知。如果说在过去网络安全态势感知系统的结构和流程从某种程度上类似于SOC，那么随着大数据技术的成熟、应用与推广，网络安全态势感知技术逐渐有了新的发展方向，其业务架构和处理流程发生了本质变化，大数据技术特有的海量存储、并行计算、高效查询等特点为大规模网络安全态势感知的关键技术创造了突破的机遇。首先，多种类型数据格式可以使网络安全态势感知获取更多类型的数据。再者，海量存储和快速处理可以为高速网络流量的深度安全分析提供技术支持，为高智能模型算法提供计算资源。此外，在对异常行为进行识别的过程中，大数据可以采用更小的匹配粒度和更长的匹配时间来对未知行为进行离群度分析。

本章将以大数据的技术和应用为出发点，对网络安全态势感知涉及的大数据平台框架和关键技术进行统一的梳理，为读者开展网络安全态势感知、搭建所需的大数据平台提供指引。

2.2 大数据基础

2.2.1 大数据的定义和特点

“大数据”概念最早出现在 1980 年，由著名的未来学家阿尔文 · 托夫勒在其著作《第三次浪潮》中所提出。2009 年美国互联网数据中心证实大数据时代的来临，而在今天，我们已经能充分感受到大数据的魅力和影响力。在过去，我们常用的存储单位是 MB 和 GB，如今我们已经逐渐迈入 PB 甚至是 EB 的时代。关于大数据的确切定义，目前尚无统一公认的说法。比如，全球领先的管理咨询公司麦肯锡给出的大数据定义是：“一种规模大到在获取、存储、管理、分析方面大大超出了传统数据库软件工具能力范围的数据集合，具有海量的数据规模、快速的数据流转、多样的数据类型和价值密度低四大特征。”除了麦肯锡提出的四大特征⊖之外，IBM 公司增加了一个真实性（Veracity）特征。著名研究机构 Gartner 给出的定义是：“大数据是需要新处理模式才能具有更强的决策力、洞察发现力和流程优化能力来适应海量、高增长率和多样化的信息资产。”在维克托 · 迈尔 · 舍恩伯格和肯尼斯 · 库克耶编写的《大数据时代》中指出：“大数据是指不用传统的随机分析法（即抽样调查）这样的捷径，而是采用所有数据进行分析处理。”全球最大的数据中心 IDC 则侧重从技术角度说明其概念：“大数据处理技术代表了新一代的技术架构，这种架构通过高速获取数据并对其进行分析和挖掘，从海量且形式各异的数据源中更有效地抽取出富含价值的信息。”

综合各种观点，简单来说，所谓**大数据**就是现有的一般技术难以管理的大量数据的集合。比如，目前关系型数据库无法进行管理的具有复杂结构的数据，或者量太大导致查询时间超出允许范围的庞大数据。大数据技术的战略意义不仅在于掌握庞大的数据信息，而在于对这些含有意义的数据进行专业化处理。换言之，如果把大数据比作一种产业，那么这种产业实现盈利的关键就在于提高对数据的“加工能力”，通过“加工”实现数据的“增值”。从具备“4V”特征的大量数据中挖掘出高价值知识和洞见，是各界对于大数据的一个共识。

⊖ 大数据特征：Volume（大量）、Velocity（高速）、Variety（多样）、Value（低价值密度）。

2.2.2 大数据关键技术

当谈到大数据时，往往并非指数据本身，而是数据和大数据技术的结合。大数据技术是指伴随着大数据的采集、存储、分析和应用的相关技术，是一系列使用非传统工具来对海量结构化和非结构化数据进行处理，从而获得分析和预测结果的一系列数据处理和分析技术。

从数据分析流程的角度，可以把大数据技术分为以下几个层面：

- **数据采集与预处理**：利用 ETL[1]工具将分布的、异构数据源中的数据，如关系数据、平面数据文件等，抽取到临时中间层后进行清洗、转换、集成，最后加载到数据仓库或者数据集市中，成为联机分析处理、数据挖掘的基础；也可利用日志采集工具（如 Flume、Kafka 等）把实时采集的数据作为流计算系统的输入，进行实时处理分析。
- **数据存储与管理**：利用分布式文件系统、数据仓库、关系数据库、NoSQL 数据库、云数据库等，实现对结构化和非结构化海量数据的存储和管理。
- **数据处理与分析**：利用分布式并行编程模型和计算框架，结合机器学习和数据挖掘算法，实现对海量数据的处理和分析。
- **数据可视化呈现**：采用可视化工具，对数据分析结果进行可视化呈现，帮助人们更好地理解数据和分析数据。

我们在本章后面的部分也将按照这个分类方法，对网络安全态势感知大数据平台可以用到的大数据技术进行编排和组织。

2.2.3 大数据计算模式

针对不同类型的数据，大数据计算模式也不同，一般来说可分为以下四种：

- **批处理计算**：批处理计算是最常见的一类数据处理方式，主要用于对大规模数据[2]进行批量的处理，其代表产品有我们熟知的 MapReduce 和 Spark 等。前者将复杂的、运行在大规模集群上的并行计算过程高度抽象成两个函数——Map 和 Reduce，方便对海量数据集进行分布式计算工作；后者则采用内存分布数据集，用内存替代 HDFS 或磁盘来存储中间结果，计算速度要快很多。
- **流式计算**：如果说批处理计算是传统的计算方式，流式计算则是近年来兴起的、发展非常迅猛的计算方式。流式数据是随时间分布和数量上无限的一系列动态数据集

[1] ETL，是英文 Extract-Transform-Load 的缩写，用来描述将数据从来源端经过抽取（extract）、转换（transform）、加载（load）至目的端的过程，是构建数据仓库的重要一环，但其对象不限于数据仓库。

[2] 大规模数据：在容量上至少大于 1TB 的数据集。

合体，数据价值随时间流逝而降低，必须采用实时计算方式给出响应。流式计算就可以实时处理多源、连续到达的流式数据，并实时分析处理。目前市面上已出现很多流式计算框架和平台，如开源的 Storm、S4、Spark Streaming，商用的 Streams、StreamBase 等，以及一些互联网公司为支持自身业务所开发的如 Facebook 的 Puma、百度的 DStream 以及淘宝的银河流数据处理平台等。

- **交互式查询计算**：主要用于对超大规模数据的存储管理和查询分析，提供实时或准实时的响应。所谓超大规模数据，其比大规模数据的量还要庞大，多以 PB 级计量，如谷歌公司的系统存有 PB 级数据，为了对其数据进行快速查询，谷歌开发了 Dremel 实时查询系统，用于对只读嵌套数据的分析，能在几秒内完成对万亿张表的聚合查询；Cloudera 公司参考 Dremel 系统开发了一套叫 Impala 的实时查询引擎，能快速查询存储在 Hadoop 的 HDFS 和 HBase 中的 PB 级超大规模数据。此外，类似产品还有 Cassandra、Hive 等。
- **图计算**：图计算是以“图论”为基础的对现实世界的一种“图”结构的抽象表达，以及在这种数据结构上的计算模式。由于互联网中信息很多都是以大规模图或网络的形式呈现的，许多非图结构的数据也常被转换成图模型后再处理，不适合用批计算和流式计算来处理，因此出现了针对大型图的计算手段和相关平台。市面上常见的图计算产品有 Pregel、GraphX、Giraph 以及 PowerGraph 等。

这四种计算模式的服务对象和代表产品如表 2.1 所示。

表 2.1　大数据计算模式及代表产品

大数据计算模式	服务对象	代表产品
批处理计算	大规模数据的批量处理	MapReduce、Spark 等
流式计算	流式数据的实时计算	Storm、Flume、S4、Spark Streaming、Streams、DStream、Puma、银河流数据处理平台等
交互式查询计算	大规模数据的存储管理和查询分析	Hive、Dremel、Cassandra、Impala 等
图计算	大规模图结构数据的处理	GraphX、Giraph、Pregel、PowerGraph、Hama、GoldenOrb 等

2.3　大数据应用场景

大数据理论和技术再先进、处理手段再高效，倘若没有应用场景的驱动，其价值也难以变现。只有明确了业务应用场景，再探讨相宜的大数据平台如何搭建、采取何种大数据技术才会有意义。换句话说，大数据唯有解决业务场景应用才有价值，才能“接地气”。目前的大数据行业已经处于泡沫褪去的飞速成长阶段，成长必有坎坷，主要的市场瓶颈在于数据源和数据应用场景两个方面。数据源的获取对于某些组织来说，代价大且周期漫长，不可一蹴而就；而在应用场景方面，无论是组织还是个人的应用都还没有相对成熟的模式，仍处于不断探索、经验累积的阶段。

关于“应用场景”，我们可以用这样的结构来描述它：“在某某时间（when）、某某地点（where）周围出现了某些事物时（with what），特定类型的用户（who）萌发了某种欲望（desire），会想到通过某种手段（method）来满足欲望。”当前，中国大数据产业仅数据营销领域产值每年已超过1000亿元，但整体而言仍处于初级发展阶段，大数据应用的行业不断拓宽，深度日益加强，应用的重心从数据营销向行业领域扩展，万亿元行业大数据应用市场已经拉开帷幕。从行业上看，大数据在数据营销、金融、电信、房地产、政府、制造、农业、工业、安全、医疗健康、教育、零售、影视、人才、旅游、体育、环境、交通等领域得到了广泛的应用。例如：政府利用大数据来反恐，电子商务方面利用大数据来推荐可能会购买的产品，工业方面利用大数据来进行设备的诊断，农业方面利用大数据来选种育苗，城市管理方面利用大数据来进行城市规划、人口统计，媒体娱乐方面利用大数据来预测票房、推荐歌曲，网络安全方面利用大数据来进行网络监控等。

我们在将大数据应用到某种应用场景之前，需要结合行业特点，从时间、空间、人员、行为等方面剖析具体要解决的问题，分析可以采用哪些大数据应用方法（技术原理、产品和实现方法），以及通过大数据技术能取得的成效。

2.4　大数据主流平台框架

虽然大数据的出现大幅提升了人们对数据的认知，但事实上人类在数据收集、整理和分析上已经有着悠久的历史。从人工统计分析到计算机，再到今天的分布式计算平台，数据处理速度飞速提高的背后是整体架构的不断演进。当今，大数据计算平台最流行的莫过于Hadoop、Spark和Storm这三种⊖，虽然Hadoop是主流，然而Spark和Storm这两个后起之秀也正以迅猛之势快速发展。让我们一起看看这三个平台及其相互间的关系。

2.4.1　Hadoop

Hadoop是Apache软件基金会下的一个开源分布式计算平台，为用户提供了系统底层细节透明的分布式基础架构。Hadoop采用Java语言开发，具有良好的跨平台性，并且可部署在廉价的计算机集群中，在业内应用非常广泛，是大数据的代名词，也是分布式计算架构的鼻祖。几乎所有主流厂商都围绕Hadoop进行开发和提供服务，如谷歌、百度、思科、华为、阿里巴巴、微软都支持Hadoop。它将一个大型的任务切割成多个部分给多台计算机，让每台计算机处理其中的一部分。这种运行在分布式计算存储的架构所带来的好处不言而喻。

⊖　它们已成为Apache软件基金会最重要的三大开源分布式计算系统。

- 在硬盘存储层面，Hadoop 的数据处理工作借助 HDFS，将架构下每一台计算机中的硬盘资源汇聚起来，无论是存储计算还是调用，都可以视为一块硬盘使用，就像计算机中的 C 盘、D 盘。
- 在资源管理层面，Hadoop 使用集群管理和调度软件 YARN，相当于计算机的 Windows 操作系统，进行资源的调度管理。
- 在计算处理层面，Hadoop 利用 MapReduce 计算框架进行计算编程，将复杂的、运行在大规模集群上的并行计算过程高度抽象成两个函数——Map 和 Reduce。

经过多年的发展，Hadoop 生态系统不断完善和成熟，除了核心的 HDFS、YARN 和 MapReduce 之外，还包括 ZooKeeper、HBase、Hive、Pig、Mathout、Flume、Sqoop、Ambari 等功能组件。如图 2.1 所示。

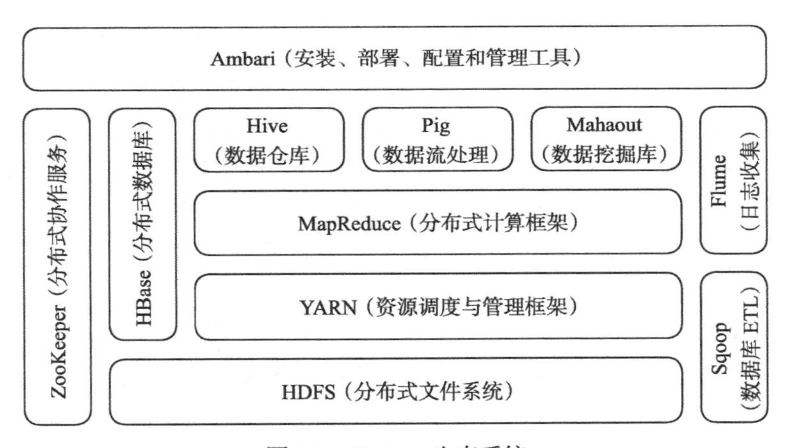

图 2.1　Hadoop 生态系统

作为一种对大量数据进行分布式处理的软件框架，Hadoop 具有以下几方面特点：

- 高可靠性。采用冗余数据存储方式，即使某副本发生故障，其他的仍能正常提供服务。
- 高效性。采用分布式存储和分布式处理两大核心技术，能高效处理 PB 级数据。
- 成本低。采用廉价计算机集群，成本低，普通用户很容易搭建。
- 可扩展性。可高效稳定运行在廉价的计算机集群上，扩展到数以千计的计算机节点上。
- 支持多种编程语言。虽然是 Java 开发的，但也可使用其他语言编写，比如 C 和 C++。

这种架构大幅提升了计算存储性能，降低计算平台的硬件投入成本。然而，任何事物都不是完美的。Hadoop 的缺点在于，由于计算过程放在硬盘上，受制于硬件条件限制，数据的吞吐和处理速度明显不如使用内存快，尤其是在使用 Hadoop 进行迭代计算[1]时，非常耗资源，且在开发过程中需要编写不少相对底层的代码，不够高效。

2.4.2 Spark

为了解决处理速度和实时性问题，出现了 Spark 和 Storm 平台框架。我们先来看一下 Spark。Spark 也是 Apache 软件基金会下的开源项目，用 Scala 语言编写的，用于对大规模数据的快速处理，它与 Hadoop 相比最大的优点就是“快”，当初设计目标也是如此。为了使程序运行更快，Spark 提供了内存计算[2]，减少了迭代计算时的 I/O 开销。Spark 不但具备 Hadoop MapReduce 的优点，而且解决了其存在的缺陷，逐渐成为当今大数据领域最热门的大数据计算平台。

作为大数据框架的后起之秀，Spark 具有更加高效和快速的计算能力，其特点主要有：

- 速度快。采用先进的有向无环图执行引擎，以支持循环数据流与内存计算，基于内存的执行速度比 Hadoop MapReduce 快上百倍，基于磁盘的执行速度也较之快十倍。
- 通用性。提供体系化的技术栈，包括 SQL 查询、流式计算、机器学习和图算法等组件，这些组件可无缝整合在同一应用中，足以应对复杂计算。
- 易用性。支持 Scala、Java、Python 和 R 等编程语言，API 设计简洁，用户上手快，且支持交互式编程。
- 运行模式多样。Spark 可运行在独立的集群模式中，或运行在 Hadoop 中，也可运行在 Amazon EC2 等云环境中，并且可以访问 HDFS、Cassandra、HBase、Hive 等多种数据源。

我们知道大数据计算模式主要有四种，除了图计算这种特殊类型，其他三种足以应付大部分应用场景，因为实际应用中大数据处理主要就是这三种：复杂的批量数据处理、基于历史数据的交互式查询和基于实时数据流的数据处理。Hadoop MapReduce 主要用于批处理计算，Hive 和 Impala 用于交互式查询，Storm 主要用于流式数据处理。以上都只能针对某一种应用，但如果同时存在三种应用需求，Spark 就比较合适了。因为 Spark 的设计理念就是“一个软件栈满足不同应用场景”，它有一套完整的生态系统，既能提供内存计算框架，也可支持多种类型计算（能同时支持批处理、流式计算和交互式查询），提供一站式大数据解决方案。此外，Spark 还能很好地与 Hadoop 生态系统兼容，Hadoop 应用程序可以非常容易地迁移到 Spark 平台上。

---

[1] 迭代运算用得比较多的地方如数据挖掘和机器学习运算。

[2] 内存计算：计算数据、中间结果直接放到内存中，而非硬盘等存储介质，可以减少 I/O 开销，带来更高的迭代运算效率。

除了数据存储需借助 Hadoop 的 HDFS 或 Amazon S3 之外，其主要功能组件包括 Spark Core（基本通用功能，可进行复杂的批处理计算）、Spark SQL（支持基于历史数据的交互式查询计算）、Spark Streaming（支持实时流式计算）、MLlib（提供常用机器学习算法，支持基于历史数据的数据挖掘）和 GraphX（支持图计算）等，如图 2.2 所示。

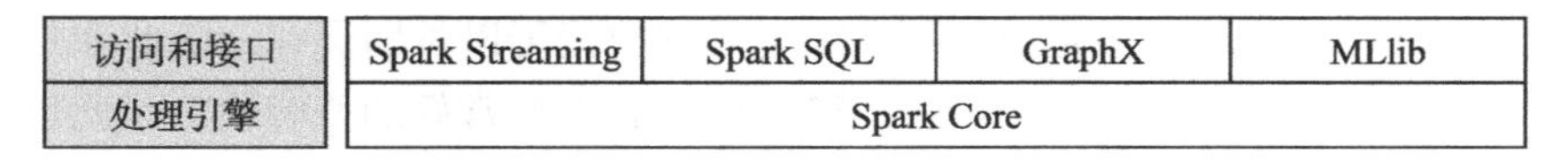

图 2.2　Spark 生态系统

尽管 Spark 有很多优点，但它并不能完全替代 Hadoop，而是主要替代 MapReduce 计算模型。在实际应用中，Spark 常与 Hadoop 结合使用，它可以借助 YARN 来实现资源调度管理，借助 HDFS 实现分布式存储。此外，比起 Hadoop 可以用大量廉价计算机集群进行分布式存储计算（成本低），Spark 对硬件要求较高，成本也相对高一些。

2.4.3　Storm

另一个著名的开源大数据计算框架 Storm 主要用于实时的流式数据处理，它与 Spark 最大的区别在于“实时性”的差异：Spark 是“准实时”的，它先收集一段时间的数据再进行统一处理，好比看网页统计票数，每隔一段时间刷新一次；而 Storm 则是“完全实时”的，来一条数据就立刻处理一条，源源不断地流入。但 Storm 的缺点在于，无论是离线批处理、高延迟批处理，还是交互式查询，它都不如 Spark 框架。不同的机制决定了二者所适用的场景不同，比如炒股，股价的变化不是按秒计算的，因此适合采用计算延迟度为秒级的 Spark 框架⊖；而在高频交易中，高频获利与否往往就在 1ms 之间，就比较适合采用实时计算延迟度的 Storm 框架。

虽然 Storm 是 Twitter 开发的一个开源分布式实时计算系统，但是它已成为 Apache 的孵化项目，发展势头也很迅猛。Storm 对于实时计算的意义类似于 Hadoop 对于批处理的意义，可以简单、高效、可靠地处理流式数据并支持多种编程语言，它能与多种数据库系统进行整合，从而开发出更强大的实时计算系统。

作为一个实时处理流式数据的计算框架，Storm 的特点如下：

- 整合性。Storm 可方便地与消息队列系统（如 Kafka）和数据库系统进行整合。
- 可扩展性。Storm 的并行特性使其可以运行在分布式集群中。
- 简易的 API。Storm 的 API 在使用上既简单又方便。
- 可靠的消息处理。Storm 保证每个消息都能完整处理。

⊖ Spark Streaming 扩展了 Spark 处理大规模流式数据的能力，但它无法像 Storm 实现毫秒级的流式计算。

- 容错性。Storm 可以自动进行故障节点的重启，以及节点故障时任务的重新分配。
- 支持多种编程语言。Storm 支持使用各种编程语言来定义任务。

就像目前云计算市场中风头最劲的混合云一样，越来越多的组织和个人采用混合式大数据平台架构，因为每种架构都有其自身的优缺点。比如 Hadoop，其数据处理速度和难易度都远不如 Spark 和 Storm，但是由于硬盘断电后其数据可以长期保存，因此在处理需要长期存储的数据时还需要借助于它。不过由于 Hadoop 具有非常好的兼容性，因此也非常容易同 Spark 和 Storm 相结合使用，从而满足不同组织和个人的差异化需求。考虑到网络安全态势所应用的场景，即大部分是复杂批量数据处理（日志事件）和基于历史数据的交互式查询以及数据挖掘，对准实时流式数据处理也会有一部分需求（如会话流的检测分析），建议其大数据平台采用 Hadoop 和 Spark 相结合的建设模式。

2.5　大数据生态链的网络安全态势感知应用架构

结合网络安全态势感知的常见应用需求，我们从大数据生态链中选取了一些重要技术和实现方法。用于支撑网络安全态势感知的大数据平台可采用如图 2.3 所示的架构模式。

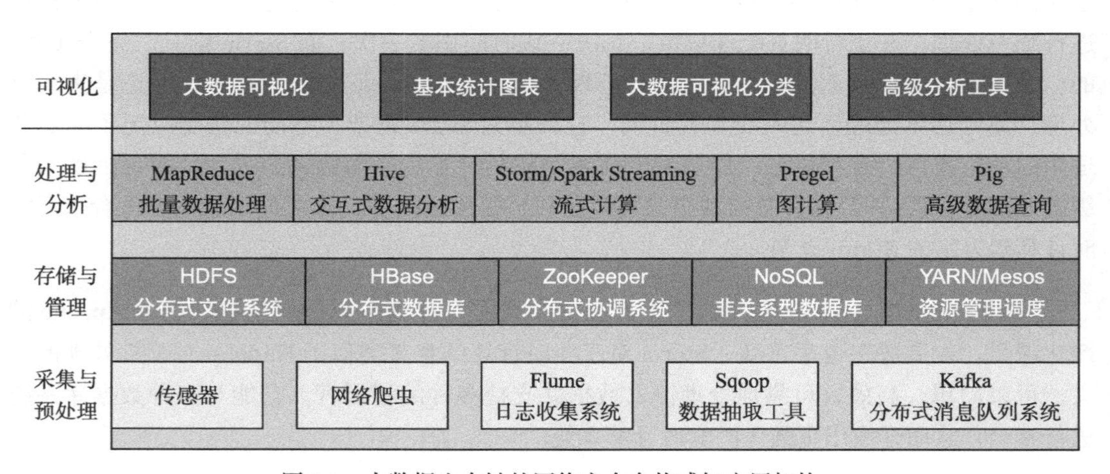

图 2.3　大数据生态链的网络安全态势感知应用架构

2.6　大数据采集与预处理技术

大数据的核心就是从大量数据中挖掘出价值，而我们的首要工作就是要明确有哪些数据以及怎样采集。

在计算机信息系统中，一般按照形态的不同可将数据分为结构化数据和非结构化数据[1]。结构化数据的特点是结构固定，每个字段都有特定的语义和长度，可用二维表结构来逻辑表达实现，网络安全领域常见的这类数据包括报警、事件日志、运维数据、摘要分析结构化描述记录以及各种相关的信息数据库。非结构化数据是数据结构不规则或不完整的数据，其特点是格式非常多样，不方便用二维逻辑表来表现，需要先对数据进行格式转换或信息提取，网络安全领域常见的这类数据包括各类办公文档、文本、报表、HTML、XML、声音、图像文件等。

在大数据应用中，按照应用场景计算需求的不同[2]可将大数据分为静态数据和动态数据（流式数据）。静态数据就像水库里的水一样，看上去静止不动，很多数据仓库系统存储的就是这类数据；这些数据一般来自不同数据源，利用 ETL 工具加载到数据仓库中，也一般不会更新，技术人员可利用数据挖掘和 OLAP[3]分析工具从这些静态数据中发现价值。动态数据也就是流式数据，是一组顺序、大量、快速、连续到达的数据序列，被视为一个随时间延续而无限增长的动态数据集合。它像流水一样，不是一次过来而是一点一点“流”过来，处理流式数据时也是一点一点处理，因为如果全部收到数据后再处理会有较大延迟，消耗大量内存，如对 PM2.5 的监测，因为需要实时显示空气质量情况，监测系统会对数据源源不断地回传并进行实时分析，预判空气质量变化趋势。

在网络安全态势感知的应用中，按照数据来源和特点可以将数据分为四类。一是环境业务类数据，主要包括被感知环境中的各类资产和属性；二是网络层面数据，主要包括包捕获数据、会话或流数据、包字符串数据；三是主机层面日志数据，包括各种系统、应用所产生的日志数据等；四是告警数据，通常来自 IDS、防火墙等安全设备或软件的报警信息。当然，如果对网络安全态势感知涉及的重要数据进行罗列，大致可以包括以下类型：完整内容数据、提取内容数据、会话数据、统计数据、元数据、日志数据和告警数据等，这些内容将在第 3 章进行详细介绍。

对于不同类型、不同来源的数据，我们采用的数据采集方法也是不尽相同的。总的来说可分为主动式采集和被动式采集[4]。其中与网络安全态势感知大数据平台关联性较强的技术和方法主要有以下几种，稍后会依次进行介绍：

---

[1] 有些分类方法还会增加一个半结构化数据类型，它介于结构化数据和非结构化数据之间，一般是自描述的结构化数据，但结构变化很大，无法简单地建立一个表与它对应，但也不能按照非结构化数据处理，在网络安全应用方面这类数据有指纹记录、建模数据等。

[2] 2.2.3 节介绍了大数据的四种计算模式，也可粗粒度地归为两类：批量计算和实时计算，这是最常见的大数据计算应用模式。一般批量计算对应的是静态数据，实时计算对应的是流式数据。

[3] OLAP：英文全称为 On-Line-Analytical Processing（联机分析处理），是一种软件技术，它使分析人员能够迅速、一致、交互地从各个方面观察信息，以达到深入理解数据的目的。

[4] 第 4 章会对主动式数据采集方法和被动式数据采集方法作详细说明。

- 传感器
- 网络爬虫
- 日志收集系统
- 数据抽取工具
- 分布式消息队列系统

2.6.1 传感器

传感器（Sensor）俗称探针，以软件和硬件[一]的形式安装在网络中，用于采集和发送数据，以及监控网段内各类资产的信息，它工作在网卡的嗅探模式。比较常见的情况是，一个传感器是由代理和插件所共同构成的具有网络行为监控功能的组合。传感器的功能主要包括数据采集、入侵检测、漏洞扫描、异常检测、协议识别等。

根据放置的位置不同，可将传感器分为内置型和外置型。前者一般部署在路由器、交换机等网络设备中以直接采集数据，大部分现代企业级路由器和交换机都能配置成传感器[二]，并可以通过网络将所采集的数据导出来，当然也可以将许多开源的工具软件安装在硬件服务器上并配置成传感器。后者即各种网络设备已经部署完毕，无法移动原有网络，需要外置部署，往往与线缆、网络分路器、汇聚 LAN 交换机和探针服务器配合使用[三]。

根据网络规模的大小及其所面临的威胁类型，传感器有着不同的作用和类型，如表 2.2 所示。

表 2.2 传感器类型

第一种传感器	采集	适合轻量化部署
第二种传感器	采集 + 检测	常见、优先推荐类型
第三种传感器	采集 + 检测 + 分析	适合硬件资源有限的小型组织

有的传感器只需将采集到的数据记录在磁盘上，有时会基于已采集的数据再生成其他数据，这种类型的传感器功能简单，属于轻量化的传感器，通常没有额外安装的插件。有的传感器则不仅需要采集数据，还需要执行检测任务[四]，当需要分析数据时会把数据“拉”到分析设备上进行，而非在传感器上，这种传感器最为常见，即带有一定检测能力的传感器。还有一种类型的传感器，其功能十分强大，集采集、检测和分析理解于一身，这种传

[一] 传感器往往需要服务器级别硬件，对 CPU、内存、磁盘存储空间、网络接口卡以及负载平衡都需要仔细考量。

[二] Cisco、华为、Juniper 等厂商制造的设备都可以。

[三] 传感器通过网络分路器获取网络线路上各接口的数据，并发送给探针服务器进行检测处理，最后统一送给网络安全态势感知平台进行分析。

[四] 例如运行一个类似 IDS 的程序，对记录到磁盘上的 PCAP 数据进行实时或准实时的入侵检测。

感器除了配备采集和检测工具之外，还会安装一些分析插件，其好处是节约硬件资源，但缺点是容易因为对数据进行了不恰当的处理而导致一些重要数据的损失。毕竟机器的分析能力有限，还是需要一些人工辅助，才能更好地进行网络安全态势感知。

在这三种类型的传感器中，第二种传感器最为常见，也是优先推荐的类型。因为仅仅采集数据的传感器的功能确实过于单一有限，而集采集、检测和分析于一体的传感器又容易造成数据的缺失和分析能力的受限。兼具采集和检测功能是传感器较为有效且合理的功能设置，更安全且更有保障，对数据进行检测后再提交给网络安全态势感知平台，也方便网络安全态势感知平台以及安全管理人员进行进一步的深度分析理解。

由于传感器主要负责截取网络安全数据，因此需要具有较好的数据转发能力和较高的容量。为了对数据进行检测和解析处理，传感器还应具备一定的端口检测能力，对于一些高级的传感器还可增加自动学习并识别高层次协议的能力，即协议智能识别能力。总之，根据我们的实际需要，选择并设计合适的传感器进行数据采集。

2.6.2 网络爬虫

随着互联网的迅速发展，产生了大量的信息，如何获取并利用这些海量信息成为一个重要问题，网络爬虫于是应运而生。网络爬虫（Web Crawler）又常称为网页蜘蛛、网络机器人、网络铲，它是一种按照一定规则自动抓取万维网信息的程序或者脚本。其行为一般是先“爬”到对应的网页上，再把需要的信息“铲”下来，它比普通的网络搜索引擎（比如百度、谷歌）更具有针对性、更精准，能定向抓取相关网页资源。当然，其也可以作为搜索引擎抓取系统的重要组成部分。

1. 网络爬虫的工作原理

简单的网络爬虫能够从一个或若干个网页的 URL（统一资源定位符）开始，获得初始网页上的 URL，在抓取网页的过程中不断从当前页面上抽取新的 URL 放入队列，直到满足一定停止条件。复杂一些的网络爬虫能够根据一定的网页分析算法，过滤与主题无关的链接，只保留有用的链接，并将其放入等待抓取的 URL 队列中，然后根据一定的搜索策略从队列中选择下一步要抓取的网页 URL 并重复上述过程，直到达到系统的某一条件时停止。所有被网络爬虫抓取的网页将会被系统存储，并进行一定的分析、过滤，最后建立索引，以便之后的查询和检索。一个通用的网络爬虫工作流程框架如图 2.4 所示。

- 首先选取一部分种子 URL。
- 然后将这些 URL 放入待抓取 URL 队列中。
- 从待抓取 URL 队列中取出待抓取的 URL，解析其 DNS，获得主机 IP，将 URL 对应的网页下载下来，存储到已下载网页库中，并将这些 URL 放入已抓取 URL 队列。

- 分析已抓取到的网页内容中的其他 URL，再将这些 URL 放入待抓取 URL 队列中，进入下一个循环过程。

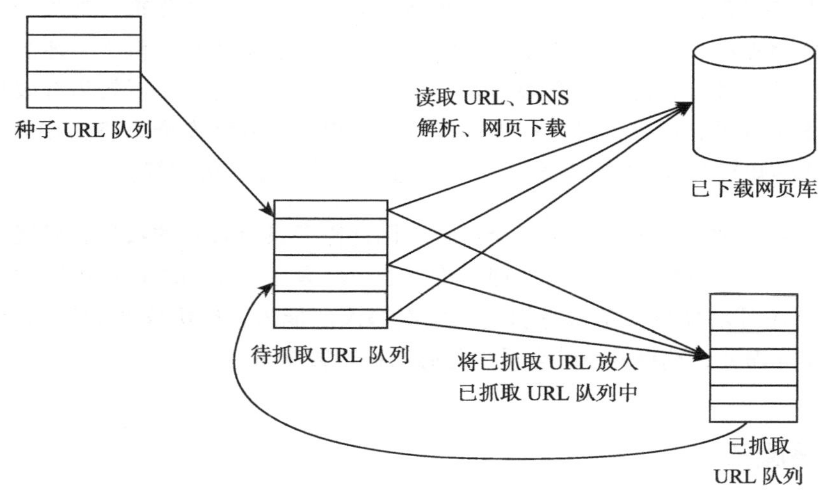

图 2.4 网络爬虫工作流程

2. 网络爬虫的类型结构

网络爬虫已逐渐成为人们主动获取万维网上信息的重要方式，其种类多样、可编程性强。按照系统结构和实现技术，网络爬虫大致可分为以下几种类型：通用网络爬虫、聚焦网络爬虫、增量式网络爬虫、深层网络爬虫等。在现实中，抓取系统往往是一个分布式的三层结构，最底层分布在不同地理位置的数据中心，在每个数据中心有若干台抓取服务器，而每台抓取服务器上可以部署若干套爬虫程序。对于一个数据中心的不同抓取服务器，其协同工作方式大致有主从式和对等式两种，可根据实际需要进行选择。

3. 网络爬虫的爬取和更新策略

在网络爬虫系统中，待抓取 URL 队列是很重要的一部分。如何对 URL 进行排序是一个重要的问题，这也就是我们要介绍的网络爬虫的爬取策略，因为它决定了抓取页面的顺序。比较常见的爬取策略有深度优先遍历策略、宽度优先遍历策略、反向链接数策略、大站优先策略、OPIC 策略以及 PartialPageRank 策略等。对于何时更新以前已经下载过的页面，也有相应的网页更新策略，常见的有历史参考策略、用户体验策略和聚类抽样策略等。

总的来说，网络爬虫技术还是比较成熟的，Python 提供了很多很好的类库，用 Python 实现一个简单的爬虫程序并不难，且所需的代码量非常少。读者若是感兴趣可以自己试试写一个爬虫程序，在这里推荐《Python网络数据采集》一书供参考。

2.6.3 日志收集系统

网络安全数据中有相当一大部分是各种设备、系统和应用中所产生的日志数据，它们往往隐藏了许多有用信息。在过去，因为采集分析手段的缺失，这些日志常常存储一段时间就被清理了。而随着大数据技术的成熟，日志的价值重新得到重视。如何将分布在各个设备、系统和应用中的日志数据收集起来进行高效的汇总？我们会用到一些高性能的分布式日志收集系统，如Flume、Facebook Scribe、Apache Chuwwka等，这里重点介绍Flume。

1. Flume的产生背景

Flume是Cloudera⊖提供的一个高可用、高可靠、分布式海量日志采集、聚合和传输的系统。设计Flume的宗旨是向Hadoop批量导入基于事件的海量数据。Flume支持在日志系统中定制各类数据发送方，用于收集数据，同时Flume具有对数据进行简单处理并写到各种数据接收方的功能。一个典型的例子就是利用Flume从一组Web服务器中收集日志文件，然后将这些文件中的日志事件转移到一个新的HDFS汇总文件中以做进一步的处理，其终点通常为HDFS。

2. Flume系统架构

Flume采用三层架构，分别为Agent（代理）、Collector（收集器）和Storage（存储器），每一层都可以水平扩展。在这三个层次中，Agent和Collector均由Master统一管理，进行统一监控和维护，并且Master可以有多个（用ZooKeeper进行管理和负载均衡），能有效地避免单点故障。Flume系统架构如图2.5所示。

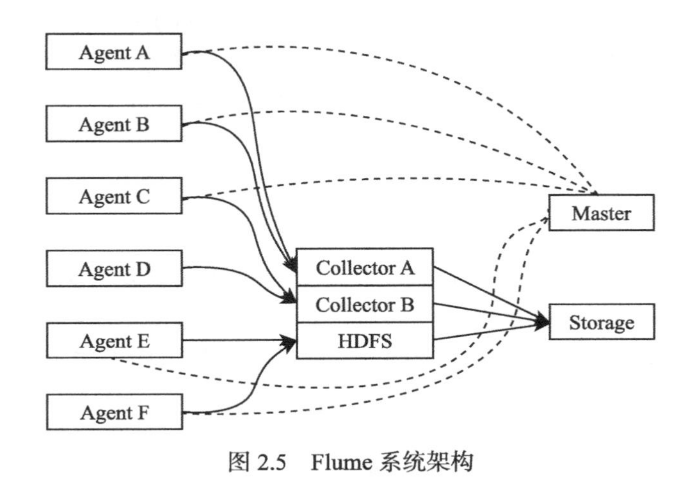

图2.5 Flume系统架构

⊖ 最初是Cloudera开发的，后来经过一定的改造和重构被纳入Apache旗下。

3. Flume 的工作原理

在使用 Flume 的时候，你需要运行 Flume 代理（Agent），因为 Flume 由一组以分布式拓扑结构相互连接的代理所组成。Flume 代理是由持续运行的 Source（数据来源）、Sink（数据目标）和 Channel（连接数据源和数据目标的渠道）所构成的 Java 进程。“代理们”是这样运作的：Source 产生事件并将其传送给 Channel，Channel 存储这些事件并转发给 Sink。这种 Source-Channel-Sink 的组合即为基本的 Flume 构件。因此，使用 Flume 的主要工作就是通过配置代理使得各个组件连接在一起。Flume 工作过程大致如图 2.6 所示。

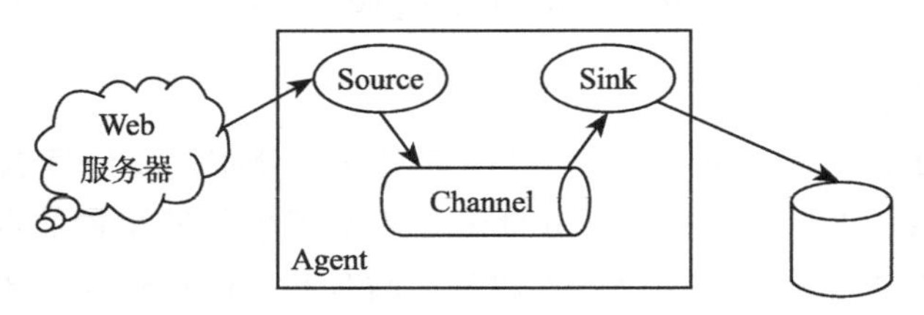

图 2.6　Flume 工作过程

在实际应用当中，可以采用多 Agent 串联（一个接一个）的方式，也可以采用多 Agent 合并（并联）的方式，此外，还可以对单一 Source 进行多种处理（即一个 Source 有多个 Channel 和 Sink），多种使用模式可任意挑选。

2.6.4　数据抽取工具

在 2.5 节中我们介绍了最为常见的大数据平台之一——Hadoop，它最大的优势就在于能够支持不同形式和不同来源的数据，并对其进行存储和解析，进而抽取出相关信息将多个数据集组成非常有用的结果。目前的实际情况是很多有价值的数据都是以结构化形式存储在许多组织的关系型数据库系统[⊖]中，如何将这些关系型数据库所存储的结构化数据抽取到 Hadoop 大数据平台中；以用于进一步的分析处理，是一项重要且有意义的工作。这里，我们要介绍一款专门用于数据抽取的工具 Sqoop。

1. Sqoop 简介

Sqoop 是 SQL-to-Hadoop 的缩写，它也是 Hadoop 生态系统中的一员，主要用于在 Hadoop 和关系型数据库（结构化存储器）之间交换数据，可以改进数据的互操作性。通过 Sqoop 可以很方便地将数据从 Oracle、MySQL 等关系型数据库中导入 Hadoop，或者将数据从 Hadoop 导出到关系型数据库中，使得传统关系型数据库和 Hadoop 之间的数据迁移变

⊖ 建立在关系模型基础上的数据库，多用二维表格表示，主流的关系型数据库有 Oracle、DB2、MySQL、PostgreSQL、Microsoft Access 等。

得非常方便。Sqoop 主要通过 JDBC 与关系型数据库进行交互，理论上，支持 JDBC 的关系型数据库都可以使用 Sqoop 与 Hadoop 进行数据交互。Sqoop 专门为大数据集而设计，支持增量更新，可以将新记录添加到最近一次导出的数据源上，或者指定上次修改的时间戳。Sqoop 已经过两个版本的发展，Sqoop1 是命令行工具，不提供 Java API，很难嵌入其他程序中，其中所有的连接器都必须掌握所有输出格式，而 Sqoop2 具有用以运行作业的服务器组件和一整套客户端，包括命令行接口、网站用户界面、Java API 等，还能使用其他执行引擎（如 Spark）。

2. Sqoop 基础组件——连接器

Sqoop 拥有一个可扩展的框架，使得它可以从（向）任何支持批量数据传输的外部存储系统中导入（导出）数据。一个 Sqoop 连接器（Connector）就是这个框架下的基础模块化组件，用于支持 Sqoop 的导入和导出。这种连接器有很多种类，比如通用的 JDBC 连接器可以连接所有支持 JDBC⊖协议的数据库，还有针对 MySQL、Oracle、DB2、Microsoft SQL Server 等关系型数据库的专用连接器。这些常用的连接器一般会内置在 Sqoop 中。还有很多针对各种数据存储器的第三方连接器可以使用，如支持企业级数据仓库如 Teradata 和 NoSQL 存储器的连接器，它们往往需要另外单独下载安装。

3. Sqoop 的工作原理

Sqoop 最重要的功能就是把数据导入 Hadoop。它通过一个 MapReduce 作业从数据库中导入一个表，这个作业从表中抽取一行行记录，然后将记录写入 HDFS 中，图 2.7 展示了 Sqoop 的导入过程。

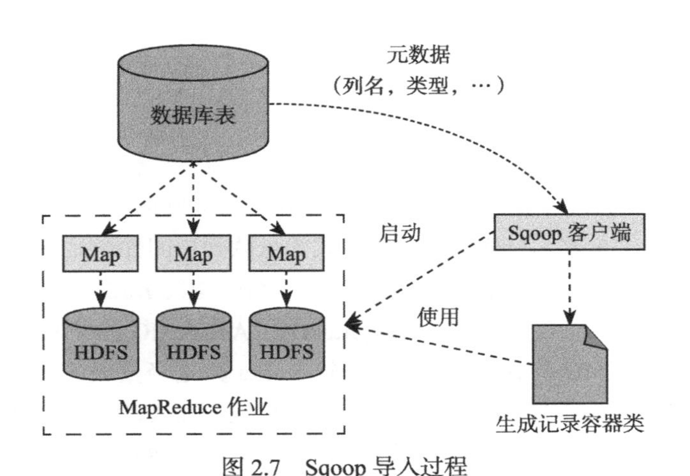

图 2.7　Sqoop 导入过程

⊖ JDBC：Java Database Connectivity。

在向 HDFS 导入数据时，最重要的是确保访问的数据源是一致的，而从数据库中并行读取数据的 Map 任务分布运行在不同的进程中，因此不可能共享同一个数据库事务。保持一致性的最好方法就是在导入时不允许运行任何对表中现有数据进行更新的进程。

Sqoop 的导出功能架构与其导入功能架构非常相似。在执行导出操作之前，Sqoop 会根据数据库连接字符串来选择一个导出方法，对于大多数系统来说，Sqoop 都会选择 JDBC；然后 Sqoop 会根据目标表的定义生成一个 Java 类（class），这个类能从文本文件中解析出记录，并且能够向表中插入类型合适的值；然后会启动一个 MapReduce 作业，从 HDFS 中读取源数据文件，使用生成的类解析出记录，并且执行选定的导出方法。图 2.8 展示了使用 MapReduce 并行执行导出的过程。

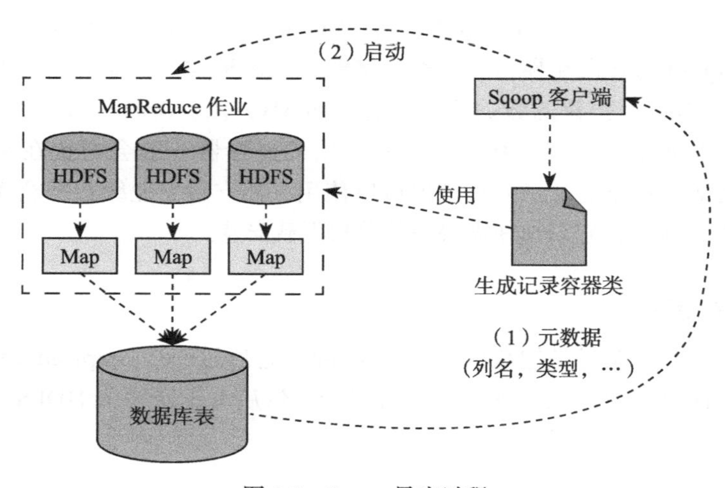

图 2.8 Sqoop 导出过程

2.6.5 分布式消息队列系统

在大规模分布式系统中常使用消息队列，它是在消息⊖传输过程中保存消息的容器或中间件，主要目的是提供消息路由、数据分发并保障消息可靠传递，为分布式系统的各个构件之间传递消息并提供承载。目前常见的分布式消息队列中间件产品有 Kafka、ActiveMQ、ZeroMQ 和 RabbitMQ 等。从性能和可扩展性上看，ZeroMQ、Kafka、RabbitMQ、ActiveMQ 依次递减。从功能种类和应用广度上看 RabbitMQ 和 ActiveMQ 强于 Kafka 和 ZeroMQ。综合比较的话，与 RabbitMQ 和 ActiveMQ 相比较 Kafka 算是轻量级系统，同时又能提供消息持久化保证（不像 ZeroMQ），性能、高可用和可扩展方面表现也很优异，平均得分最高，目前应用场景较多，也非常适合用于网络安全态势感知大数据平台，因此我们重点介绍 Kafka 消息队列中间件。

⊖ 消息：构件之间信息传递的单位，可以是简单类型，比如字符串，也可以是复杂的对象。

1. Kafka 的产生背景

在大数据系统中常常会遇到一个问题：整个大数据由各个子系统组成，数据需要在各个子系统中高性能、低延迟地不停流转。传统的企业消息系统并不适合大规模数据处理。为了既能处理在线应用（消息），也能处理离线应用（数据文件和日志），Kafka 应运而生。Kafka 是 LinkedIn 开源的分布式消息队列系统，诞生于 2010 年，具有极高的吞吐量和较强的扩展性和高可用性，主要用于处理活跃的流式数据。

最初，Kafka 被用于进行日志收集、用户行为实时收集以及机器状态监控等，后来，还可作为流式计算系统的底层构件，如 LinkedIn 的流式计算系统 Samza 就是构建在 Kafka 和 YARN 之上的。对于像 Hadoop 这样的传统日志分析系统，其能够提供离线处理日志消息的能力，但要是进行实时处理，就会有较大延迟，而通过 Hadoop 的并行加载机制加载 Kafka 消息队列系统后就能够统一线上和离线的消息，提供实时或近实时消息处理能力。总的来说，Kafka 可以起到两个作用：一是降低系统组网复杂度，二是降低编程复杂度，各个子系统不再是相互协商接口，各个子系统类似插口插在插座上，Kafka 承担高速数据总线的作用。

2. Kafka 的整体架构

Kafka 的整体架构非常简单，是显式的分布式架构，主要涉及三个角色：

- 消息生产者（Producer）：消息（Message）[㊀]和数据的生产者，产生特定主题（Topic）[㊁]的消息并传入代理服务器集群。
- 代理服务器（Broker）：也称缓存代理，是 Kafka 集群中的一台或多台服务器。

消息消费者（Consumer）：消息和数据消费者，订阅 Topic 并处理其发布的消息。

Kafka 的架构如图 2.9 所示。

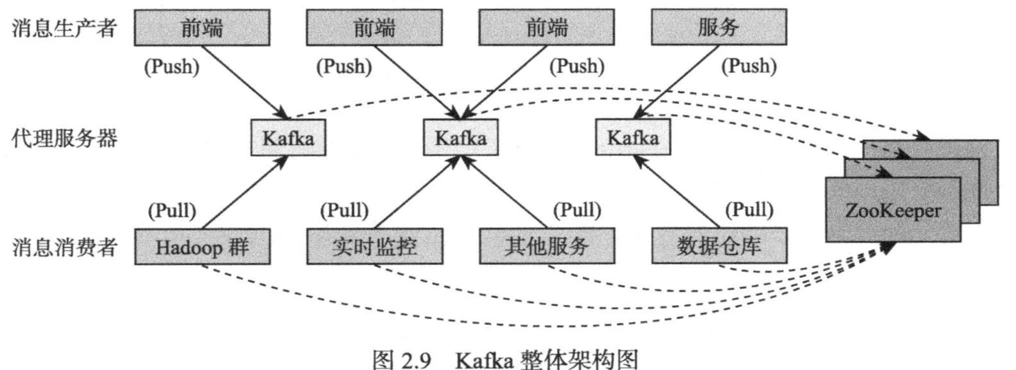

图 2.9 Kafka 整体架构图

㊀ Message（消息）是通信的基本单位，每个 Producer 可以向一个 Topic（主题）发布一些消息。

㊁ Topic 是指 Kafka 处理的消息源（Feeds of Messages）的不同类别或者种子（Feed）名，对于每个主题（Topic），Kafka 集群都会维护这一分区的日志（Log）。

其中，Producer、Broker 和 Consumer 都可以有多个。Producer 和 Consumer 实现 Kafka 注册的接口，数据从 Producer 发送到 Broker，Broker 承担一个中间缓存和分发的作用。Broker 的作用类似于缓存，是活跃的数据和离线处理系统之间的缓存，主要把数据分发注册到系统中的 Consumer。客户端和服务器端的通信是基于简单、高性能且与编程语言无关的 TCP 实现的。

3. Kafka 消息发送流程

Kafka 消息发送流程如图 2.10 所示。

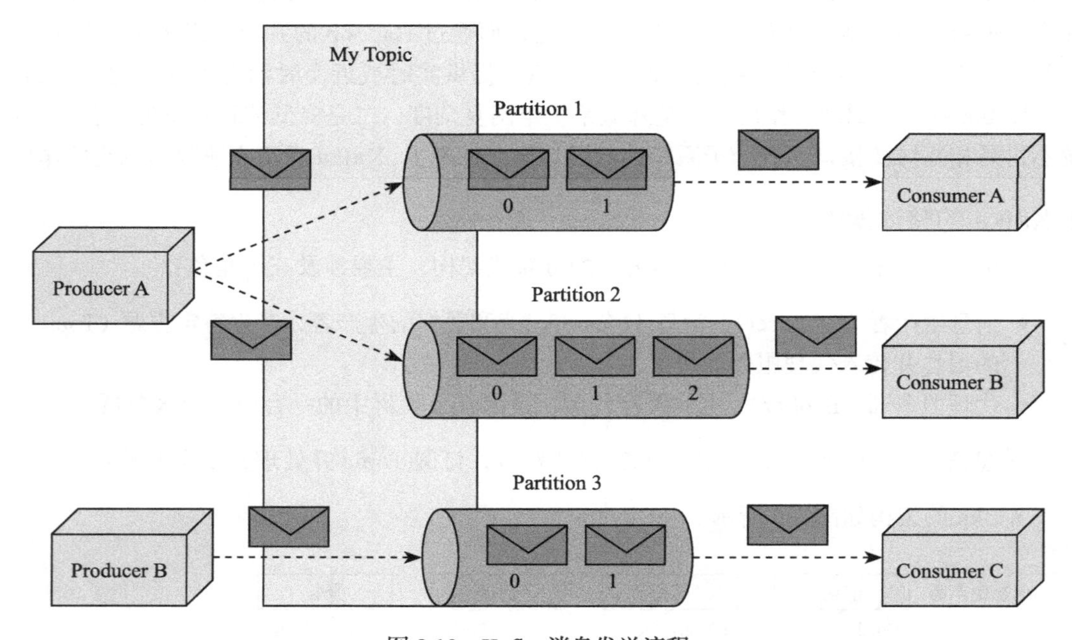

图 2.10　Kafka 消息发送流程

首先补充一个基本概念——Partition（分区），它是 Topic 物理上的分组，一个 Topic 可以分为多个 Partition，每个 Partition 是一个有序、可持续添加的队列，Partition 中的每条消息都会被分配一个有序的序列号 id，称之为 offset（偏移量），在每个 Partition 中此偏移量都是唯一的。

Kafka 消息发送的流程大致为：Producer 根据指定的分区方法（例如 Round-robin、Hash 等），将消息发布到指定 Topic 的 Partition 中；Kafka 集群接收到 Producer 发过来的消息后，将其持久化到硬盘，并保留消息指定时长（可配置），而不关注消息是否被消费；Consumer 从 Kafka 集群里 pull（拉）数据，并控制获取消息的 offset。

4. Kafka 的主要特点

Kafka 有以下几个主要特点：

- 同时为发布和订阅提供高吞吐量。据了解，Kafka 每秒可以生产约 25 万条消息（50 MB），每秒处理 55 万条消息（110 MB）。
- 可进行持久化操作。将消息持久化到磁盘，因此可用于批量消费，如 ETL 等。通过将数据持久化到硬盘以及实现多副本，从而防止数据丢失。
- 分布式系统，易于向外扩展，可以与 ZooKeeper[⊖]结合。所有的 Producer、Broker 和 Consumer 都会有多个，均为分布式的，无需停机即可扩展机器。
- 消息被处理的状态是在 Consumer 端维护，而不是由服务器端维护，当失败时能自动平衡。
- 支持在线应用和离线应用的场景。

5. Kafka 的应用场景

Kafka 的应用场景主要有以下几种：

- **消息队列**：比起大多数传统的消息系统，如 ActiveMR 或 RabbitMQ，Kafka 有更好的吞吐量、内置的分区、冗余及容错性，这使得 Kafka 成为一个很好的大规模消息处理应用的解决方案。普通的消息系统一般吞吐量相对较低，当需要更小的端到端延时的时候，可依赖于 Kafka 提供的强大的持久性保障。
- **行为跟踪**：可用于跟踪用户浏览页面、搜索及其他行为，以发布 – 订阅的模式实时地记录到对应的 Topic 中。当这些结果被订阅者拿到后，就可以做进一步的实时处理或放到 Hadoop 离线数据仓库里进行处理。
- **日志收集**：用于日志收集的开源系统有很多，如前面介绍的 Flume 等。Kafka 也能进行日志收集或者说是日志聚合[⊜]，其特别之处在于，Kafka 会忽略文件的细节，将其更清晰地抽象成一个个日志或事件的消息流，这就让 Kafka 处理过程延迟更低，更容易支持多数据源和分布式数据处理，在提供同样高效的性能的同时具有更高的耐用性。
- **数据监控和交换**：可作为操作记录的监控模块来使用，即汇集和记录一些操作信息。在很多组织的大数据生态系统中可以把 Kafka 作为数据交换枢纽，将不同类型的分布式系统（如关系数据库、NoSQL 数据库、离线批处理系统、流处理系统、图计算系统等）统一接入 Kafka，从而实现与 Hadoop 各个组件之间的不同类型数据的实时

⊖ ZooKeeper：Hadoop 子项目之一，是针对谷歌 Chubby 的一个开源实现，是一个高效和可靠的协同工作系统，提供分布式锁之类的基本服务（如统一命名服务、状态同步服务、集群管理、分布式应用配置项的管理等），用于构建分布式应用，减轻分布式应用程序所承担的协调任务。

⊜ 日志聚合一般来说是从服务器上收集日志文件，然后放到一个集中的位置（文件服务器或 HDFS）并进行处理。

高速交换，很好地解决不同系统之间的数据生成 / 消费速率不同的问题。

- **流处理**：这是最为广泛的应用场景，通过收集并保存流式数据，提供之后与之对接的 Storm 或其他流式计算框架来进行处理。很多用户会将原始 Topic 的数据进行阶段性处理、汇总和扩充，或者以其他的方式转换到新的 Topic 下再继续后续处理，Storm 和 Samza 就是非常著名的用于实现这种类型数据转换的计算框架。
- **持久性日志**：Kafka 可以为一种外部的持久性日志的分布式系统提供服务。这种日志可以在节点间备份数据，并为故障节点数据恢复提供一种重新同步的机制，Kafka 中的日志压缩功能为这种用法提供了条件。

2.7　大数据存储与管理技术

在采集和预处理之后，如何对海量数据进行存储和管理，是大数据时代必须解决的问题。存储是所有大数据组件的基础，存储的关键是把数据持久保存下来，而对支撑这些的硬件资源（服务器集群、数据中心）如何进行统一管理和资源调配以提高资源利用率，也是我们需要关注的重要方面。在本节，我们重点介绍网络安全态势感知可能会用到的几种大数据存储与管理技术，包括：

- 分布式文件系统
- 分布式数据库
- 分布式协调系统
- 非关系型数据库
- 资源管理调度

2.7.1　分布式文件系统

分布式文件系统是一种通过网络实现文件在多台主机上进行分布式存储的文件系统，一般采用客户端 / 服务器模式，客户端以特定的通信协议通过网络与服务器建立连接，提出文件访问请求，客户端和服务器可以通过设置访问权来限制请求方对底层数据存储块的访问。目前应用较为广泛的分布式文件系统主要包括谷歌开发的 GFS 和 Hadoop 项目里的 HDFS，后者是模仿 GFS 开发的开源系统，整体架构与 GFS 大致相同，在各个应用场合被广泛使用，下面将对其进行详细介绍。

1. HDFS 的产生背景

HDFS（Hadoop Distributed File System）是 Hadoop 中的大规模分布式文件系统，也是该项目的两大核心之一，为解决海量数据的高效存储而生，具有处理超大数据、流式处理、可以运行在廉价商用服务器上等诸多优点。HDFS 的设计目标就是要运行在廉价的大型服务器集群上，因此其在设计上就将硬件故障作为一种常态来考虑，保证在部分硬件发生故障的情况下整个文件系统的可用性和可靠性，具有很好的容错能力，并且兼容廉价的硬件设备，可以较低的成本利用现有机器实现大流量和大数据量的读写。HDFS 能够实现以流的形式访问文件系统中的数据，在访问应用程序数据时可以有很高的吞吐率㊀，因此对于超大数据集的应用程序来说，选择 HDFS 作为底层数据存储是较好的选择。

2. HDFS 的整体架构

HDFS 采用了典型的主 / 从（Master/Slave）架构模型，一个 HDFS 集群中包括一个名称节点（NameNode）和若干个数据节点（DataNode）。其整体架构如图 2.11 所示。

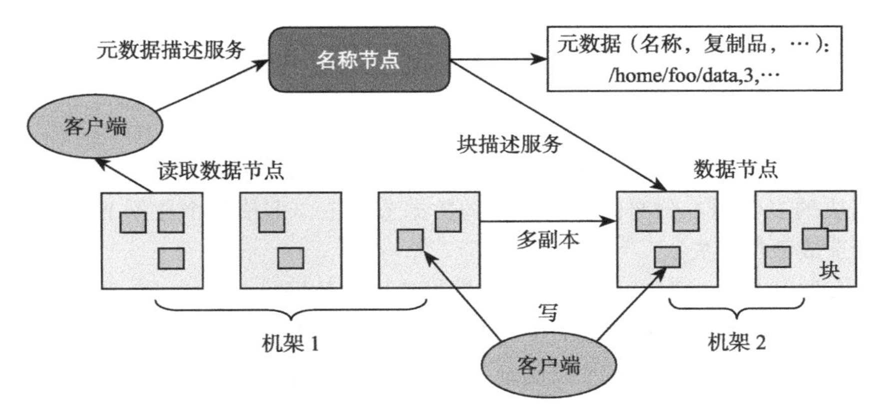

图 2.11　HDFS 整体架构

HDFS 的命名空间包含目录、文件和块（Block）㊁。命名空间支持对 HDFS 中的目录、文件和块做类似文件系统的创建、修改和删除等基本操作㊂。在当前的 HDFS 体系结构中，整个 HDFS 集群中只有一个命名空间，并且只有唯一一个名称节点，它作为中心服务器是整个文件系统的管理节点，维护着整个文件系统的文件目录树、文件 / 目录的元数据（Metadata）㊃和每个文件对应的数据块列表，还接收用户的操作请求。

㊀ HDFS 适合存储大文件并为之提供高吞吐量的顺序读 / 写访问，不太适合大量随机读的应用场景，也不适合存储大量小文件等应用场景。

㊁ 一个文件的长度大小是 size，从文件的 0 偏移开始，按照固定的大小，对文件进行顺序划分并编号，划分好的每一个块称一个 Block。HDFS 默认一个 Block 大小是 64MB。在 HDFS 中的文件会被拆分成多个块，每个块作为独立的单元进行存储，其好处是：支持大规模文件存储、简化系统设计以及更适合数据备份。

㊂ HDFS 使用的是传统的分级文件体系，用户可以像使用普通文件系统一样创建、删除目录和文件，也可在目录之间转移文件、重命名文件等。但是，HDFS 不具有磁盘配额和文件访问权限等功能，也不支持文件的硬连接和软连接（快捷方式）。

㊃ 元数据：又称中介数据、中继数据，是描述数据的数据，主要是用于描述数据属性的信息，如指示存储位置、历史数据、资源查找、文件记录等功能。

集群中的数据节点一般是一个节点运行一个数据节点进程，提供真实文件数据的存储服务，负责处理文件系统客户端的读/写请求，在名称节点的统一调度下进行数据块的创建、复制和删除等操作。每个数据节点会周期性地向名称节点发送“心跳”信息，报告自己的状态，没有按时发送“心跳”信息的数据节点会认为出现宕机，而名称节点不会再给它分配任何I/O请求。此外，多副本一般情况默认是三个，可以通过hdfs-site.xml的dfs.replication属性进行设置。

这种采用一个名称节点管理所有元数据的架构设计大大简化了分布式文件系统的结构，可以保证数据不会脱离名称节点的控制，同时用户数据也永远不会经过名称节点，减轻了中心服务器的负担，提高了数据管理效率。

3. HDFS的存储原理

HDFS的存储主要包括以下几种机制和策略：

- 数据的冗余存储：上面提到过，HDFS采用多副本方式对数据进行冗余存储，将一个数据块的多个副本分布保存到不同的数据节点上，即使某个数据节点出现故障，也不会造成数据损失。
- 数据存取策略：主要包括数据存放、数据读取和数据复制。HDFS采用了以Rack（机架）为基础的数据存放策略，一个集群包含多个机架，不同机架之间可进行数据通信；HDFS提供了一个API以确定一个数据节点所属的机架ID，客户端也可以调用API获取自己所属的机架ID；HDFS的数据复制采用流水线复制方式，多个数据节点形成一条数据复制的流水线，大大提高了数据复制效率。
- 数据容错处理：HDFS将硬件出错视为常态，因此在设计上具有较高的容错性。保存元数据信息的名称节点会定时把元数据同步存储到其他文件系统，HDFS 2.0还增加了第二名称节点（Secondary Namenode）作为备份，防止主名称节点数据丢失。每个数据节点会定期向名称节点发送自己的状态信息，以便名称节点动态调整资源分配。当客户端读取数据时，会采用MD5和SHA1对数据块进行校验，以保证读取的是正确的数据。

4. HDFS的部署和使用

HDFS采用Java语言开发，任何支持JVM（Java Virtual Machine）的机器都可以部署为名称节点和数据节点，一般情况下，建议选择一台性能高的机器作为名称节点，其他的作为数据节点。当然，一台机器也可以既作为名称节点，也作为数据节点，但不建议这样做。由于所有的HDFS都是基于TCP/IP进行数据通信的，所以客户端通过一个可配置的端口向名称节点发起TCP连接，并采用客户端协议与名称节点进行交互，名称节点和数据节点之间使用数据节点协议进行交互，客户端与数据节点之间则通过RPC（Remote Procedure

Call）来实现。用户通过客户端对 HDFS 进行操作和使用，客户端在 HDFS 部署时就有，可以进行打开、读 / 写等操作，并且提供类似 Shell 的命令行方式来访问 HDFS 中的数据，此外，HDFS 也提供了 Java API，作为应用程序访问文件系统的客户端编程接口。

5. HDFS 的优缺点

HDFS 与 MapReduce 共同成为 Hadoop 的核心组成部分，HDFS 在设计上采用了多种机制保证其硬件容错能力，总体而言，HDFS 有以下优点：

- 简单的文件模型：HDFS 采用了“一次写入、多次读取”的简单文件模型，文件一旦完成写入，关闭后就无法再次写入，只能被读取。
- 流式数据访问：HDFS 是为了满足批量数据处理要求而设计的，为了提高数据吞吐率，HDFS 提供了流式方式来访问文件系统数据。
- 大数据集处理能力：HDFS 支持对海量数据的存储和读写，其中的文件往往可以达到 GB 甚至 TB 级别，一个数百台服务器组成的集群可以支持千万级别这样的文件。
- 兼容廉价的硬件设备：由于运行在廉价的大型服务器集群上，在数百甚至数千台廉价服务器中存储数据经常会出现某些节点失效的情况，为此 HDFS 设计了快速检测硬件故障和进行自动恢复的机制，可以实现持续监控、错误检查、容错处理和自动恢复，从而使得在硬件出错的情况下也能实现数据的完整性。
- 强大的跨平台兼容性：由于 Hadoop 项目大都采用 Java 语言实现，因此与 Hadoop 一样，HDFS 具有良好的跨平台兼容性，支持 JVM 的机器都可以运行 HDFS。

尽管拥有优良的特性，由于特殊的设计，HDFS 也难免具有一些应用局限性，主要包括以下缺陷：

- 无法高效存储大量小文件：HDFS 处理的数据单位是块（一般来说是 64MB），采用名称节点来管理元数据，对于文件大小小于 64MB 的小文件，HDFS 无法高效存储和处理，过多的小文件会严重影响系统扩展性，大大增加线程管理开销。
- 不适合低延迟数据访问：HDFS 主要是面向大规模数据批量处理而设计的，采用流式数据读取，具有很高的数据吞吐率，但这也意味着较高的延迟，因此，HDFS 不适合用在需要较低延迟的应用场合⊖。
- 不支持多用户写入及任意修改文件：HDFS 只允许一个文件有一个写入者，不允许多个用户对同一文件执行写操作，而且只允许对文件执行追加操作，不能执行随机写操作。

⊖ 所谓“低延迟”，一般为延迟数十毫秒。对于低延时要求的应用程序而言，HBase 是一个更好的选择。

2.7.2　分布式数据库

从 20 世纪 70 年代至今，关系数据库已经发展成为一种非常成熟稳定的数据库管理系统，通常具备面向磁盘的存储和索引结构、多线程访问、基于锁的同步访问、基于日志的恢复和事务机制等功能。然而，随着 Web 2.0 应用的不断发展，传统关系数据已无法满足大数据时代的需求，无论是在数据的高并发性、高扩展性，还是高可用性等方面，都显得力不从心，于是以 HBase 为代表的分布式数据库出现了，有效弥补了传统关系数据库的不足，在大数据时代得到了广泛使用。

1. HBase 简介

HBase 是一个提供高可靠、高性能、可伸缩、实时读写、分布式的列式数据库，主要用于存储非结构化的松散数据。HBase 与传统关系数据库的一个重要区别在于，它采用基于列的存储，而后者采用基于行的存储。HBase 具有良好的横向扩展能力，可以通过不断增加廉价的商用服务器从而提高存储能力⊖，也可以处理非常庞大的表。在低延时要求上，HBase 要比 HDFS 更胜一筹。

HBase 也是 Hadoop 子项目之一，是对谷歌 BigTable 的开源实现。它位于结构化存储层，HDFS 为 HBase 提供了高可靠性的底层存储支持，Hadoop MapReduce 为 HBase 提供了高性能的计算能力，ZooKeeper 为 HBase 提供了稳定服务和故障转移机制。此外，Pig 和 Hive 还为 HBase 提供了高层语言支持，使得在 HBase 上进行数据统计处理变得非常简单。Sqoop 则为 HBase 提供了方便的关系数据库数据导入功能，使得传统数据库数据向 HBase 中迁移变得非常方便。HBase 在 Hadoop 生态系统中的位置如图 2.12 所示。

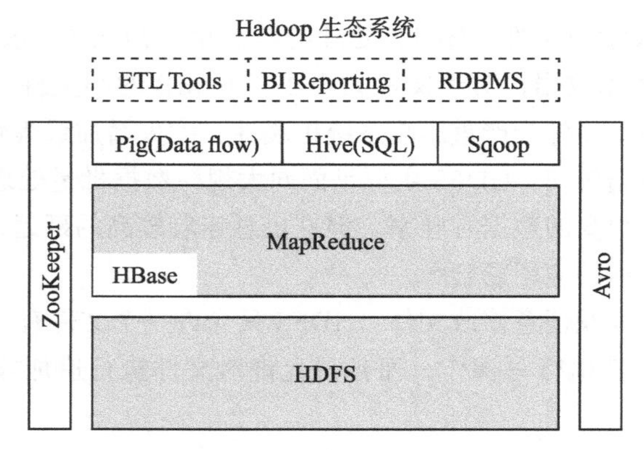

图 2.12　Hadoop 生态系统中 HBase 与其他部分的关系

⊖ 这也是 HDFS 的特点。

2. HBase 数据模型

就像关系型数据库的数据模型是二维表，HBase 数据模型是一个稀疏的、多维度的、排序的映射表，表由行（Row）和列（Column）组成，列划分为若干个列族（Column Family）。它主要采用以下概念：

- 行键（RowKey）：与 NoSQL 数据库一样，用来检索表中每条记录的“主键”，方便快速查找，可以是任意字符串（最大长度是 64KB），保存为字节数组（Byte Array）。
- 列族（Column Family）：基本的访问控制单元，拥有一个名称，包含一个或者多个相关列。每个列都属于某一个列族，列族是表的一部分，而列不是，必须在使用表之前定义，列名都以列族作为前缀。
- 单元格（Value Cell）：在 HBase 表中通过行和列族确定一个单元格。单元格中存储的数据没有数据类型，总被视为字节数组 byte[]。每个单元格都保存着同一份数据的多个版本。
- 时间戳（Timestamp）：版本通过时间戳来索引。时间戳的类型是 64 位整型。时间戳可以由 HBase 在数据写入时自动赋值，此时时间戳是精确到毫秒的当前系统时间。时间戳也可以由客户显式赋值。

图 2.13 是 HBase 的数据模型构造图。

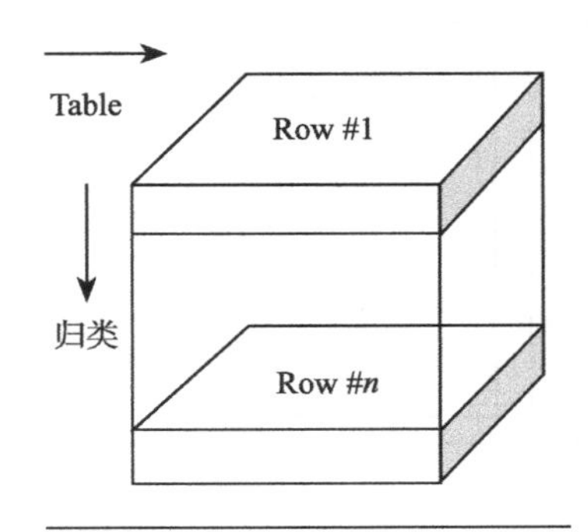

ColumnFamily #1　ColumnFamily #n

key1:val1，t1	keyA:val1，t1
key1:val2，t2	keyA:val2，t2
key2:val1，t2	keyB:val1，t2
key2:val2，t4	keyB:val2，t4
key*n*:val*n*，t*n*	key*m*:val*n*，t*n*

归类

rowkey	contents:	anchor:	language:	…
com.cnn.www:	<html>aa<html>(t1) <html>bb<html>(t2)	anchor:cnnsl.com,cnn(t1) anchor:my.look.ca,CNN.com(t1) anchor:jaso.co.kr,jaso.gif(t1)	en	

ColumnFamily:ColumnKey,ColumnValue(TimeStamp)

图 2.13　HBase 数据模型

HBase 的物理存储方式是：Table 在行的方向上分割为多个 HRegion[⊖]，HRegion 按大小

⊖ HRegion 是 HBase 中分布式存储和负载均衡的最小单元。最小单元就表示不同的 HRegion 可以分布在不同的 HRegion 服务器上，但一个 HRegion 是不会拆分到多个服务器上的。

分割，每个表一开始只有一个 HRegion，随着数据不断插入表，HRegion 不断增大，当增大到一个阈值时，HRegion 就会等分为两个新的 HRegion。如图 2.14 所示。

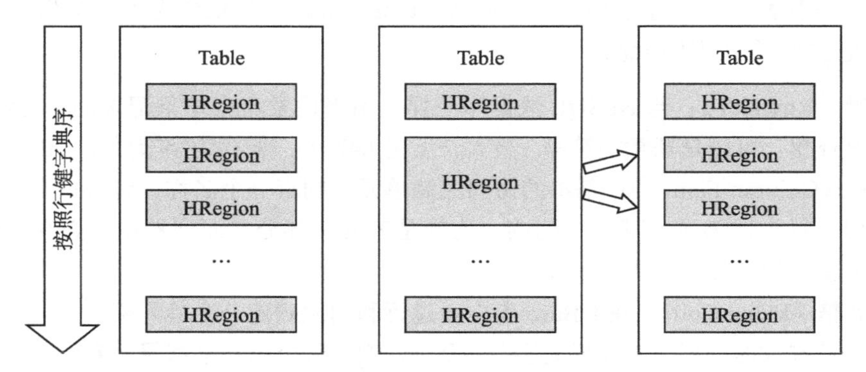

图 2.14 HBase 的物理存储方式

HRegion 虽然是分布式存储的最小单元，但并不是存储的最小单元。事实上，HRegion 由一个或者多个 Store 组成，每个 Store 保存一个列族。每个 Store 又由一个 memStore 和零至多个 StoreFile 组成。StoreFile 以 HFile 格式保存在 HDFS 上。如图 2.15 所示。

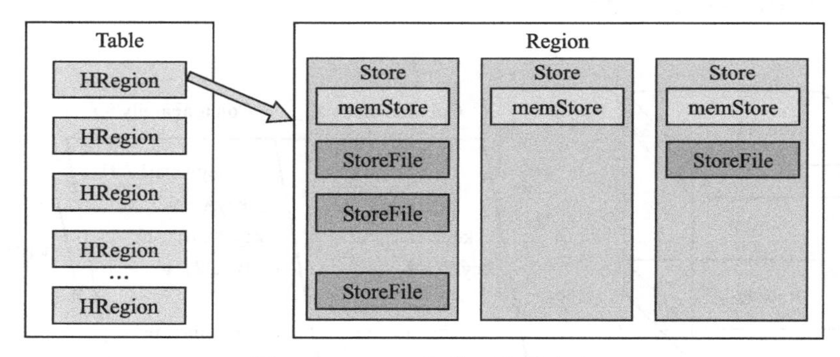

图 2.15 HBase 的物理存储方式

3. HBase 系统架构

HBase 采用主 / 从架构搭建集群，它隶属于 Hadoop 生态系统，主要包括主服务器（HMaster）节点、HRegionServer 节点、ZooKeeper 服务器和客户端（Client），而在底层，它将数据存储于 HDFS 中，因而涉及 HDFS 的 NameNode、DataNode 等，总体结构如图 2.16 所示。

HMaster 节点用于：①管理 HRegionServer，实现其负载均衡；②管理和分配 HRegion；③在 HRegionServer 退出时迁移其内的 HRegion 到其他 HRegionServer 上；④实现 DDL 操作（例如对列族的增删改等）；⑤管理元数据（实际存储在 HDFS 上）；⑥权限控制（ACL）。

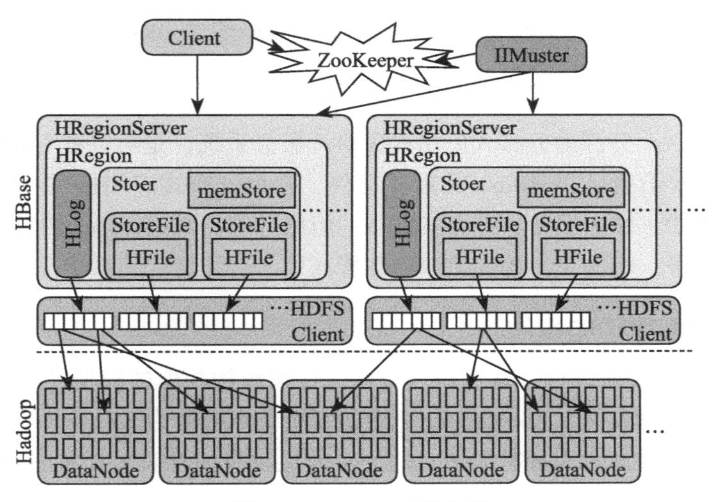

图 2.16　HBase 系统架构

ZooKeeper 服务器是协调系统，用于存放整个 HBase 集群的元数据以及集群的状态信息，以及实现 HMaster 主从节点的故障转移，避免出现“单点失效”问题。

Client 包含访问 HBase 的接口，同时在缓存中维护着已经访问过的 HRegion 位置信息，用来加快后续数据访问过程，它通过 RPC 机制与 HMaster、HRegionServer 通信。

HRegionServer 节点用于：①存放和管理本地 HRegion，一个 HRegionServer 可以存放 1000 个 HRegion；②读写 HDFS，管理 Table 中的数据；③ Client 直接通过 HRegionServer 读写数据（从 HMaster 中获取元数据，找到 RowKey 所在的 HRegion/HRegionServer 后）。

2.7.3　分布式协调系统

我们首先来认识一下分布式协调技术，分布式协调技术主要用来解决分布式环境⊖当中多个进程之间的同步控制，让它们有序地访问某种临界资源，防止造成“脏数据”的后果。为了在分布式系统中进行资源调度，我们需要一个协调器，也就是“锁”。例如进程 1 在使用某资源的时候，首先要获得锁，进程 1 获得锁以后会对该资源保持独占，这样其他进程就无法访问该资源，进程 1 用完该资源以后将锁释放，以便让其他进程来获得锁。通过这个锁机制，我们就能保证分布式系统中多个进程有序地访问该临界资源。这个分布式锁也就是分布式协调技术实现的核心内容。

目前，在分布式协调技术方面做得比较好的就是谷歌的 Chubby 和 Apache 的

⊖ 何为“分布式环境”，大致来说就是将多台机器通过网络连接起来，构成一个系统来为用户提供服务，对用户来说这个系统的架构是透明的，即感觉不到这个系统的架构。

ZooKeeper，它们都是分布式锁的实现者。本小节主要介绍 ZooKeeper。

1. ZooKeeper 简介

ZooKeeper 是一个开源的分布式应用程序协调服务系统，是对谷歌 Chubby 的一个开源实现，也是 Hadoop 子项目和 HBase 的重要组件。它为分布式应用提供一致性服务，提供的功能包括配置维护、域名服务、分布式同步、组服务等。ZooKeeper 的目标就是封装好复杂易出错的关键服务，将简单易用的接口和性能高效、功能稳定的系统提供给用户。

2. ZooKeeper 数据模型和操作

ZooKeeper 使用 Java 编写，它使用一个与文件树结构相似的数据模型，可以使用 Java 或 C 来方便地进行编程接入。ZooKeeper 树中的每个节点被称为 Znode。与文件系统的目录树一样，树中的每个节点可以拥有子节点。一个节点自身拥有表示其状态的许多重要属性，见表 2.3。

表 2.3　ZooKeeper 节点属性

属性	描述
czxid	节点被创建的 zxid
mzxid	节点被修改的 zxid
ctime	节点被创建的时间
mtime	节点被修改的时间
version	节点被修改的版本号
cversion	节点所拥有的子节点被修改的版本号
aversion	节点所拥有的 ACL 版本号
ephemeralOwner	如果此节点为临时节点，那么它的值为这个节点拥有者的回话 ID，否则为 0
dataLength	节点数长度
numChildren	子节点个数
pzxid	最新修改的 zxid，与 mzxid 重合

在 ZooKeeper 中有 9 个基本操作，如表 2.4 所示。

表 2.4　ZooKeeper 类方法描述

操作	描述
create	创建 Znode（父 Znode 必须存在）
delete	删除 Znode（Znode 没有子节点）
exists	测试 Znode 是否存在，并获取它的元数据
getACL/setACL	为 Znode 获取 / 设置 ACL
getChildren	获取 Znode 所有子节点的列表
getData/setData	获取 / 设置 Znode 的相关数据
sync	使客户端的 Znode 视图与 ZooKeeper 同步

尽管 ZooKeeper 看上去像是一个文件系统，但为了方便，它摒弃了一些文件系统的操作原语。这是因为它的文件非常小且为整体读写的，所以不需要打开、关闭或寻址的操作。ZooKeeper 可以为所有的读操作设置 watch，这些读操作包括 exists()、getChildren() 及 getData()。watch 事件是一次性的触发器，当 watch 的对象状态发生改变时，将会触发此对象上 watch 所对应的事件。watch 事件将被异步地发送给客户端，并且 ZooKeeper 为 watch 机制提供了有序的一致性保证。理论上，客户端接收 watch 事件的时间要快于其看到 watch 对象状态变化的时间。

3. ZooKeeper 工作原理

ZooKeeper 的核心是原子广播，这个机制保证了各个服务器之间的同步。实现这个机制的协议称为 Zab 协议。Zab 协议有两种模式，它们分别是恢复模式（选主）和广播模式（同步）。当服务启动或者在领导者（Leader）“崩溃”后，Zab 就进入了恢复模式，当 Leader 被选举出来，且大多数服务器完成了与 Leader 的状态同步以后，恢复模式就结束了。状态同步保证了 Leader 和服务器具有相同的系统状态。

ZooKeeper 是以 Fast Paxos 算法为基础的，Paxos 算法存在活锁的问题，即当有多个 proposer（申请者）交错提交时，有可能互相排斥导致没有一个 proposer 能提交成功，而 Fast Paxos 进行了一些优化，通过选举产生一个 Leader，只有 Leader 才能提交申请，具体算法可见 Fast Paxos 相关介绍。ZooKeeper 的基本工作过程如下：

- 一是选举 Leader 过程。
- 二是同步数据过程。

在选举 Leader 的过程中算法有很多，默认的是 Fast Paxos 算法，无论何种算法，要达到的选举目标是一致的。Leader 具有最高的执行 ID，类似 root 权限。集群中大多数的机器得到响应并接受选出的 Leader。

4. ZooKeeper 和 HBase 的关系

ZooKeeper 和 HBase 的关系是：HBase 内置有 ZooKeeper，但也可以使用外部 ZooKeeper。让 HBase 使用一个已有的不被 HBase 托管的 ZooKeeper 集群，需要设置 conf/hbase env sh 文件中的 HBASE_MANAGES_ZK 属性为 false，并指明 ZooKeeper 的 host 和端口。当 HBase 托管 ZooKeeper 时，ZooKeeper 集群的启动是 HBase 启动脚本的一部分。

2.7.4 非关系型数据库

传统的关系数据库能够较好地支持结构化数据存储和管理，但大数据时代的到来使得关系数据库发展越来越力不从心，因为大数据时代的数据类型繁多，既包括结构化数据，还有大量的非结构化数据，且后者比例高达 90%。由于数据模型不灵活、数据并发能力差、扩展性和可用性不佳等缺陷，关系型数据库已经无法满足各种类型的非结构化数据的大规模存储需求，进而出现了多种不同于关系数据库的数据库管理系统设计方式，如几年来快速流行的 NoSQL 和新兴的 NewSQL 等。下面重点介绍 NoSQL。

1. NoSQL 简介

NoSQL 是对非关系型数据库的统称，它所采用的数据模型并非传统关系数据库的二维表形式的关系模型，而是类似键值、列族、文档等非关系模型。NoSQL 没有固定的表结构，也不存在连接操作，没有严格遵守 ACID[⊖]约束，它支持 Hadoop MapReduce 风格的编程，能够很好地用于大数据的管理。当应用场合需要简单的数据模型、较高的数据性能、灵活的扩展系统和较低的数据库一致性时，NoSQL 数据库是一个推荐的选择，因为它具有灵活的横向扩展能力（廉价硬件的堆积）和灵活的数据模型（非关系模型，一个数据元素里可存储多类型数据），且能与云计算环境很好地融合使用。

2. NoSQL 的四大类型

近 5 年来，NoSQL 领域迎来了爆炸式发展，目前已经产生了 150 多个新的数据库，如前面介绍的 HBase 和常用的 MongoDB 就是 NoSQL 类型。虽然其种类多样，但归结起来，典型的 NoSQL 数据库通常包括以下四个类型：

- **键值数据库**：采用散列表，表中有一个特定的键和一个指针指向特定的值，前者用来定位值的位置以进行检索，后者可以存储任何类型的数据。键值数据库适合需要大量写操作的场合，具有良好的伸缩性，可实现数据量的无限扩容，缺点是条件查询比较弱。该类型数据库产品有 Riak、Redis、Chordless、Scalaris、SimpleDB 等。
- **列族数据库**：采用列族数据模型，由多个行构成，每行数据包含多个列族，不同行可具有不同数量的列族，属于同一列族的数据被存放在一起。每行数据通过行键进行定位。列族数据库常用于分布式数据存储和管理，具有查找速度快、容易进行分布式扩展等优点，但功能较少，不支持事务一致性。该类型数据库产品有 Cassandra 系列、HBase 等。
- **文档数据库**：在该类数据库中，文档是数据库的最小单位，它假定文档以某种标准化格式封装并对数据进行加密，并用多种格式进行解码。文档数据库通过键（Key）定位一个文档，因此可看成是键值数据库的一个衍生品，但是其具有更高的查询效率。文档数据库适合存储、索引和管理那些面向文档的数据，具有高性能、数据结

⊖ ACID：是指关系数据库事务正确执行的四个基本要素的缩写。包括原子性（Atomicity）、一致性（Consistency）、隔离性（Isolation）和持久性（Durability）。

构灵活等优点，但是缺少统一的查询语法。该类型数据库产品有各种 MongoDB、RavenDB 等。

- **图数据库**：采用图⊖作为数据模型将完全不同于键值、列族和文档数据模型，可以高效存储不同顶点之间的关系。图数据库专门用来处理具有高度关联关系的数据，适用于大量复杂、互连接、低结构化的图结构场合，如社交网络、推荐系统等，其他场合其性能表现不如其他 NoSQL 数据库。该类型数据库产品主要有各种 Neo4J 等。

3. NoSQL 的三大理论基石

CAP：C（Consistency）是指一致性，在分布式环境中，多点的数据是一致的；A（Availability）即可用性，可快速获取数据并在确定的时间内返回操作结果；P（Tolerance of Network Partition）即分区容忍性，指当出现网络分区时，分离的系统也能正常运行。一个分布式系统不可能同时满足以上 3 个要求，最多只能同时满足两个，可以是 CA、CP 或 AP 等。

BASE：全称为“Basically Available，Soft-state，Eventual consistency”，也就是基本可用（分布式系统的一部分发生问题失效时，其他部分仍能正常使用）、软状态（数据状态可以有一段时间不同步，具有一定的滞后性）以及最终一致性（只要最终数据一致就行，不需要保证时时刻刻的数据一致性）。

最终一致性：只要经过一段时间后能访问到更新后的数据即可。

4. NoSQL 的发展趋势

虽然 NoSQL 数据库具有很多传统关系数据库不具备的优势，对非结构化数据处理起来很方便，但其存在对结构化数据查询能力弱、不支持事务 ACID 等缺点，因此市面上又逐渐出现一种更新的数据库类型，即 NewSQL。NewSQL 数据库是对各种新的可扩展、高性能数据库的简称，它不仅具有 NoSQL 对海量数据的管理能力，还保持了传统关系数据库的 ACID 和 SQL 等特性，既能高效处理结构化数据，也能高效处理非结构化数据。比较有代表性的 NewSQL 数据库产品有 Spanner、Clustrix、Shooner、ScaleDB、ScaleBase、Drizzle 等。

2.7.5 资源管理调度

对于硬件资源较多的组织，在搭建大数据平台的过程中如何充分挖掘硬件资源潜力，并提高其利用率、加快所有计算任务的整体完成速度是非常重要的问题。这就涉及资源的管理调度，即对集群、数据中心级别的硬件资源进行统一管理和分配。其中，多租户、弹性伸缩、动态分配是资源管理调度要解决的核心问题。

⊖ 图：一个数学概念，用来表示一个对象集合，包括顶点以及连接顶点的边。

1. 资源管理调度发展趋势

虽然，目前对资源管理调度的研究尚处于摸索期，还未成熟，但整体发展趋势已经很明朗了，那就是：在集群硬件层之上抽象出一个功能独立的集群资源管理系统，将所有可用资源当作一个整体进行管理，并对其他所有计算任务提供统一的资源管理和调度框架及接口，计算任务按需向其申请资源，使用完毕后释放资源。这也是大数据平台搭建过程中整个体系架构非常基础且重要的部分。这样做的好处很明显，一是能提高集群整体资源利用率；二是能提高数据共享能力；三是支持多类型计算框架和多版本计算框架。

2. 资源管理调度目标和局限

资源管理调度的目标是对子系统进行高效调度、提高全系统的资源利用率以及支持动态调整切分资源并增强系统可扩展性。资源管理调度的局限在于不适合实时性要求高的应用、应用框架资源规划并不容易（需要高级的算法支撑）、内存使用也难以分配准确等。

3. 资源管理调度模型框架

资源管理调度主要目的是将集群中的各种资源通过一定的策略分配给提交到系统里的各种用户任务，常见的资源主要包括内存、CPU、网络资源与硬盘 I/O 资源 4 种。这就涉及三个要素，即资源组织、调度策略和任务组织，资源管理调度就是要对这三个要素进行组织安排，如图 2.17 所示。

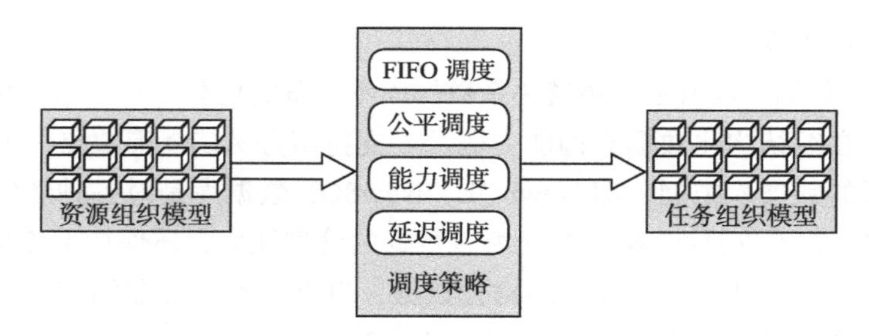

图 2.17　资源管理调度基础模型

- 资源组织模型：将集群中的当前可用资源按照一定的方式组织起来，以方便后续的资源分配。资源组织的方式多种多样，有单队列式、平级多队列式以及多层级队列式等，可根据需要进行资源的组织。
- 调度策略模型：将资源按照一定的方式分配给提交到系统的任务，常见的调度策略包括 FIFO 调度、公平调度、能力调度、延迟调度等。
  - **FIFO 调度**：按照时间先后顺序或优先级次序将提交的作业放入线性队列中，“先进先出”地进行资源调度和分配，是 Hadoop 默认的调度策略，也是最简单的策略。
  - **公平调度**：将用户的多个任务分配到多个资源池中，每个资源池设定资源分配最低保障和最高上限，区分资源池的优先级，优先级高的会被分配更多资源，对于有剩余的资源池，可将剩余资源共享给其他资源池，是一种较高级的多用户多任务调度策略，也是 Hadoop 常用策略，其特点是支持抢占式调度且尽量保证作业间的资源分配公平性。

    ○ **能力调度**：将用户和任务组织成多个队列，每个队列可以设定资源最低保障和最高上限，当一个队列的资源有剩余时，可将剩余资源分享给其他队列，在调度时优先将资源分配给资源使用率最低的队列，在队列内部按照优先级顺序遵循 FIFO 策略调度。它也是 Hadoop 常用策略，适合用户量众多的场景，与公平调度相比，更强调资源在用户之间而非作业之间的公平性。
    ○ **延迟调度**：对于当前被调度到要被分配资源的任务 i，若当前资源不满足数据局部性⊖，则可以暂时放弃分配公平性，不接受当前资源，继续等待后续资源分配，若任务 i 被跳过 n 次后仍等不到满足局部性的资源，则放弃数据局部性，被迫接受当前资源来启动任务执行。延迟调度是一种增强数据局部性的附加策略，并非一种独立使用的调度策略，常与其他调度策略结合应用，作为其他策略的辅助手段。

- 任务组织模型：将多用户提交的任务按照一定的方式组织起来，以方便后续资源的分配。任务组织的方式也是多样的，如层级队列、树形队列、全局队列等。

图 2.18 是一个抽象的通用资源管理框架，它简单描述了如何将用户和任务组织起来并进行资源管理、分配调度的大致流程。

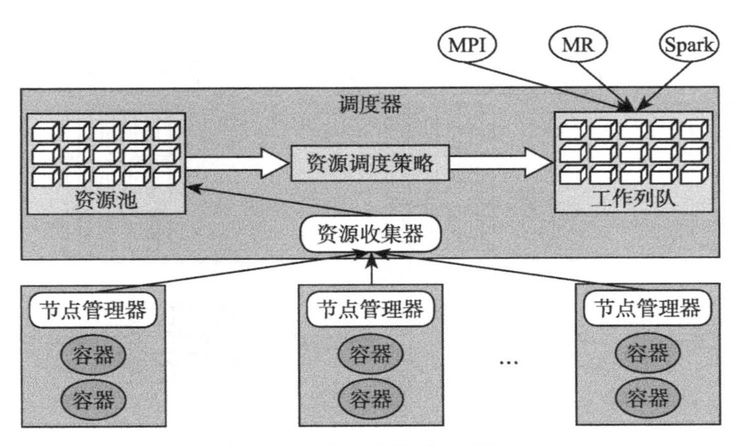

图 2.18　通用资源管理框架

从图 2.18 可见，几个关键的部件将资源管理调度的整个过程运作了起来。

⊖ 数据局部性（Data Locality）是指将计算任务推送到数据所在地而非将数据推送到计算任务所在地的一种设计思想。这在大数据场景中很常见，因为移动数据常常产生大量低效的网络传输开销，而移动计算代码则不会（比起数据的量，计算代码的量要小得多）。

一是节点管理器。集群中的每台机器上都会配置节点管理器，用于不断向资源收集器汇报当前机器的资源使用情况并负责容器的管理。当一个任务被分配到某个节点执行时，当前的节点管理器就会将其纳入某个容器中，并对该容器进行资源隔离。

二是调度器。其由资源收集器和资源调度策略构成，同时管理着资源池和工作队列。资源收集器不断地从节点管理器收集和更新资源状态信息，并将最新状况反映到资源池中；资源池列出当前可用的系统资源，而资源调度策略决定如何将资源池中的可用资源分配给工作队列，常见的策略在前面已经详细介绍过了；当用户提交新的作业或任务时，就会排队进入工作队列等待分配给它的资源。

4. 资源管理调度系统类型

当前，根据其宏观运行机制的不同大致可将资源管理调度系统分为三种类型：集中式调度、两级调度和状态共享调度。如图 2.19 所示。

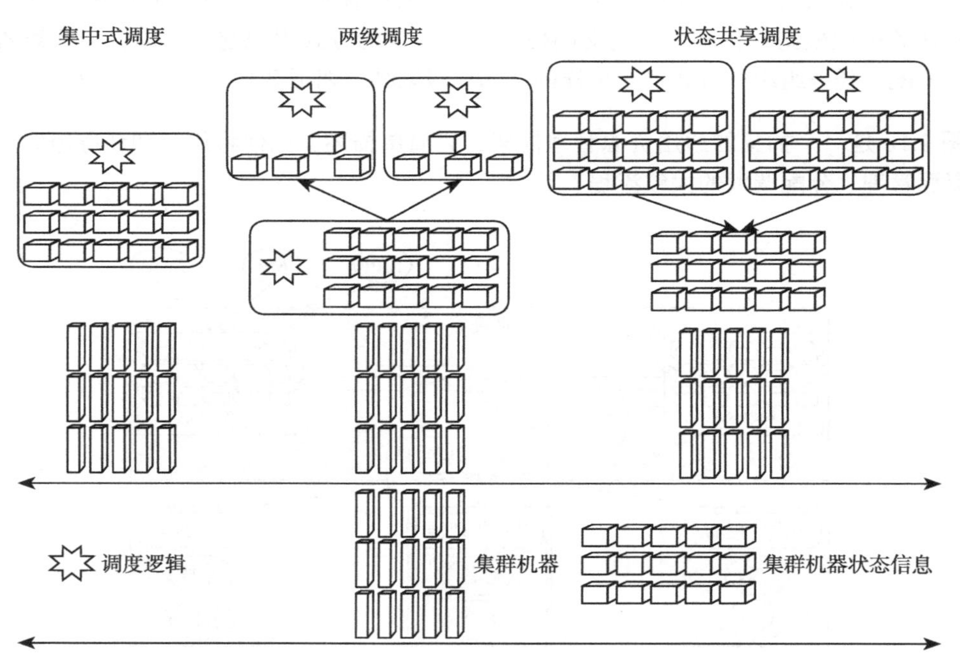

图 2.19　资源管理调度系统三种类型

- **集中式调度**：在整个资源管理调度系统中只运行一个全局的中央调度器，所有任务的资源请求和调度都经由中央调度器来满足。根据能否支持多种调度策略，集中式调度又分为单路径调度和多路径调度，前者采用统一的调度策略进行资源管理调度，后者则能够支持多种调度策略。无论哪种类型，都需要将调度全部融入中央调度器进行集中式调度，因此系统的并发性能差、可扩展性差、调度灵活度低，适合于小规模的集群。

- **两级调度**：调度工作不仅仅由一个中央调度器完成，还包括一个框架调度器，为两级架构模式。中央调度器完成全局粗粒度的资源调度，框架调度器看不到全局，只能看到由中央调度器分配给自己的资源。采用这种架构的系统具有较好的可扩展性和并发性能，后面要介绍的 YARN、Mesos 框架都是两级调度类型，它适合于大规模集群下的多任务高负载（同质）计算场合。
- **状态共享调度**：这种调度模式使得每个计算框架都能获取整个集群中的资源使用状况信息，并采用相互竞争的方式来获取所需的资源，且能依据自身特性采取不同的资源调度策略，同时系统采用了乐观并发控制手段来解决不同计算框架在资源竞争过程中出现的冲突。这种模式大大提高了系统的并发性能，提高了效率，当然公平性就相对弱一些，毕竟是强调“丛林法则”的自由竞争策略，它更适合于异质性较强且资源冲突不多的大规模集群应用场景。

5. 资源管理调度框架 YARN

YARN（Yet Another Resource Negotiator，另一个资源协调器）的名字看上去很特别，它从 Hadoop 1.0 发展而来，目前是 Hadoop 2.0 的重要组成部分。它重点解决了 Hadoop 1.0 的两个问题：一个是单管理节点的性能瓶颈问题和系统的可扩展性问题，另一个是 Hadoop 1.0 的资源共享的局限性和浪费问题。[⊖]

作为 Hadoop 领域的一个比较有名的资源调度管理框架，YARN 是典型的两级调度类型，它的核心思想是将 JobTracker 和 TaskTracker 分离，将资源管理和作业调度 / 监控划分成两个独立进程，由下面几大组件构成：

- 一个全局的资源管理器（Resource Manager，RM）。
- 每个节点代理的节点管理器（Node Manager，NM）。
- 每个应用[⊖]都有一个的应用服务器（Application Master，AM）。
- 每个 AM 拥有多个容器（Container）在 NM 上运行。

YARN 整体架构如图 2.20 所示。

YARN 的核心是 RM，它负责全局的资源管理工作，控制整个集群并管理应用程序对基础计算资源的分配。NM 管理 YARN 集群中的每个节点，提供针对集群中每个节点的服务，从对一个容器的终生管理到监视资源和跟踪节点健康。RM 将各种资源（计算、内

⊖ Hadoop 1.0 按照 slot 来划分资源，mapslot 的资源不能共享给 reduceslot，容易造成资源浪费。

⊖ 这里的“应用”是指传统的 MapReduce 作业或者作业 DAG（有向无环图）。

存、网络等）精心安排给基础 NM（YARN 的每个节点的代理）。RM 还与 AM 一起分配资源，与 NM 一起启动和监视它们的基础应用程序。在 YARN 的这种结构里，RM 承担了 JobTracker 的角色，AM 则承担了以前 TaskTracker 的一些角色。AM 管理在 YARN 内运行的一个应用程序的每个实例。AM 负责协调来自 RM 的资源，并通过 NM 监视容器的执行和资源使用情况。

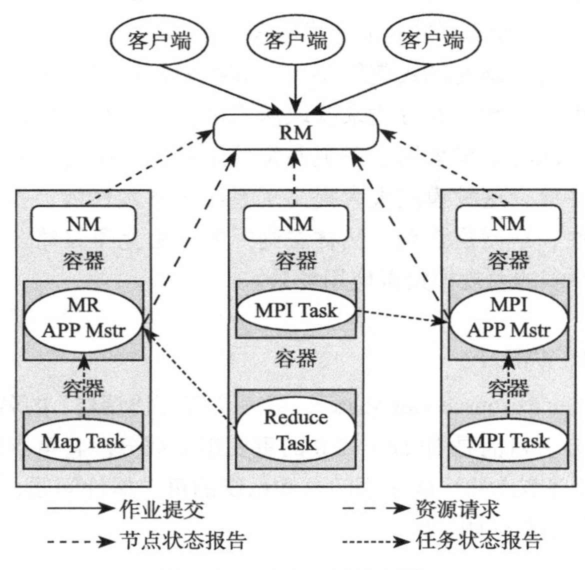

图 2.20　YARN 整体架构

YARN 的优点主要体现在它大大减少了 RM 的资源消耗，让监测每个作业子任务状态的程序分布式化了，更安全、更优美，它使得 Hadoop 的各个组件能够快速地接入 YARN 框架中，支持的调度算法和策略更丰富。YARN 的局限性主要表现在，由于 RM 负责所有应用的任务调度，各个应用作为 YARN 的一个客户端库，这样的模式使得传统数据库应用接入之后效率不高，难以真正用起来。

6. 资源管理调度框架 Mesos

Mesos 最初由加州大学伯克利分校的 AMPLab 开发，后来在 Twitter 上得到广泛应用，是 Apache 下的开源分布式资源管理调度框架。从结构上看，它也是典型的两级调度类型。Mesos 的设计理念吸收了操作系统微内核的思想，在中央调度器级别采取极简功能和极小接口，只是根据一定策略决定分配给各个框架多少资源，将数据局部性保证等具体资源调度策略下推到各个框架，从而减少中央调度器的负载，提高调度效率，同时也因为其极简设计策略，使得中央调度器支持将来新出现的框架改动最小化，增强了调度系统的可扩展性和健壮性。

Mesos 的整体架构如图 2.21 所示。

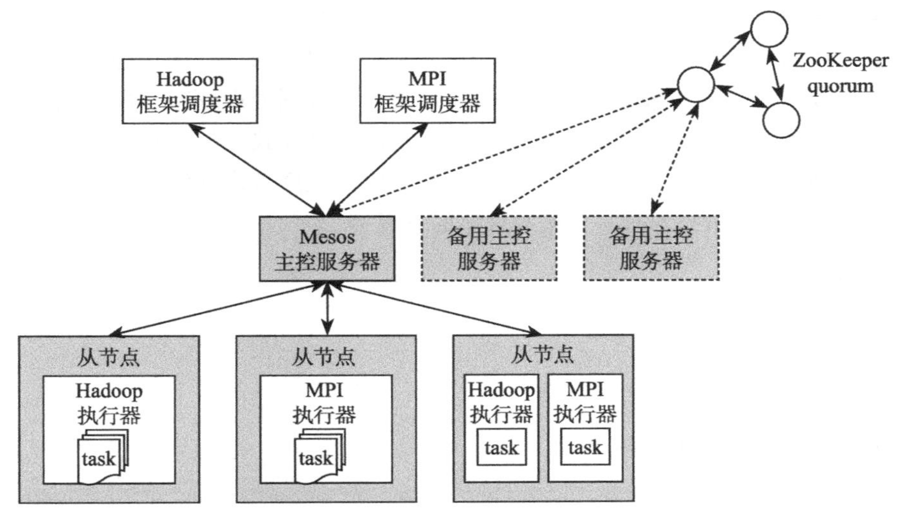

图 2.21　Mesos 整体架构

Mesos 采用典型的“主 / 从”架构，中央调度器由多个主控服务器（Master）构成，通过 ZooKeeper[⊖]可以保证当正在工作的主控服务器出现故障时，备用的主控服务器（Standby Master）可以快速将管理工作接替过来，以此增强整个调度系统的健壮性。Master 相当于中央调度器，为每个计算框架分配资源。每个计算框架需要向 Mesos 注册两个接口：框架调度器（Scheduler）和执行器（Executor），前者起到第二层级调度器的作用，中央调度器将资源供给提交给 Scheduler，Scheduler 再按照自身资源分配策略将其分配给任务；后者运行在集群中的从节点（Mesos Slave）中以执行具体的任务，执行器相互之间的资源隔离由 Mesos 通过 Linux Container 来保障。

YARN 和 Mesos 有很大的共性，因为它们的整体架构和各个架构的组件 / 构件相似，都是典型的两级调度类型。但二者也有比较明显的区别，主要体现在 YARN 的中央调度器 RM 支持“抢占式调度”，当集群资源稀缺时，RM 可以通过协议命令 AM 释放特定的资源。此外，YARN 的 RM 在申请资源时可以明确提出数据局部性条件，让 AM 在资源请求信息内明确指明数据局部性偏好。Mesos 则比较适合不同框架任务同质化场景，尤其是大部分都是短作业的情景，比如批处理任务，因为 Mesos 不支持抢占式调度，资源分配出去后只能等待任务运行结束后自行释放，如果是大量短作业则资源释放速度较快，这样总有新资源可分配，而对于后续任务来说可以较快获得资源，避免长时间等待。

⊖ ZooKeeper：一个开源的分布式应用程序协调服务，是 Hadoop 和 HBase 的重要组件，主要为分布式应用提供一致性服务。

2.8 大数据处理与分析技术

大数据包括静态数据和动态数据，按时间跨度还可分为历史数据和实时数据，对于这些不同类型的数据有不同的计算处理方式。本节重点介绍与网络安全态势感知相关的大数据处理与分析技术，包括用来进行静态数据处理的批量数据处理框架、用来进行动态数据实时计算的流式计算框架、用来进行交互式数据查询的交互式数据分析框架以及用来进行图结构数据处理的新型图计算框架等。本节将按照以下顺序依次介绍，以方便读者对关键的几种大数据处理与分析技术有一个宏观整体的掌握：

- 批量数据处理
- 交互式数据分析
- 流式计算
- 图计算
- 高级数据查询语言 Pig

2.8.1 批量数据处理

批量数据处理（Batch Data Processing）简称批处理，是发展和应用最早也最为广泛的数据处理技术。

1. 批量数据处理技术发展过程

以前，批量数据处理最主要的应用场景就是传统的 ETL 过程，即数据仓库技术中将数据从来源端经过抽取（Extract）、转换（Transform）、加载（Load）至目的端的过程，往往用传统的关系数据库就能完成。但是当传统数据库扩展性能遭遇瓶颈后，出现了 MPP（Massive Parallel Process）技术，MPP 是将任务并行地分散到多个服务器和节点上，在每个节点上计算完成后再将各自部分的结果汇总在一起，从而得到最终结果。MPP 常用于 TB 级别的数据规模。可是随着数据量的不断扩大，达到 PB 级时 MPP 由于自身架构的限制，也遇到了明显的扩展瓶颈，于是又出现了 Hadoop。与 MPP 计算和存储相耦合所不同的是，Hadoop 采用的是计算和存储相分离的设计，计算主要靠 MapReduce，而存储采用 HDFS。当然，除了 MapReduce，还可以根据业务需要选择流式计算、图计算等其他计算框架，数据处理灵活度和计算性能大为提升。下面我们重点介绍用于批量数据处理的 Hadoop 计算模式——MapReduce。

2. MapReduce 计算框架简介

MapReduce 是 Hadoop 的核心组成部分之一[⊖]，它是一种编程模型框架，主要用于大规

⊖ MapReduce 和 HDFS 是 Hadoop 的核心组成部分。

模数据集的并行运算。MapReduce 的主要思想是“分而治之”，自动将一个大的计算拆解成 Map（映射）和 Reduce（化简）的方式，也就是将复杂的、运行于大规模集群上的并行计算过程高度地抽象到两个函数——Map 和 Reduce 上，并且允许用户在不了解分布式系统底层细节的情况下开发并行应用程序，并将其运行于廉价计算机集群上，从而完成海量数据的处理。

3. MapReduce 的工作过程

图 2.22 是 MapReduce 计算的大致工作过程，具体步骤如下。

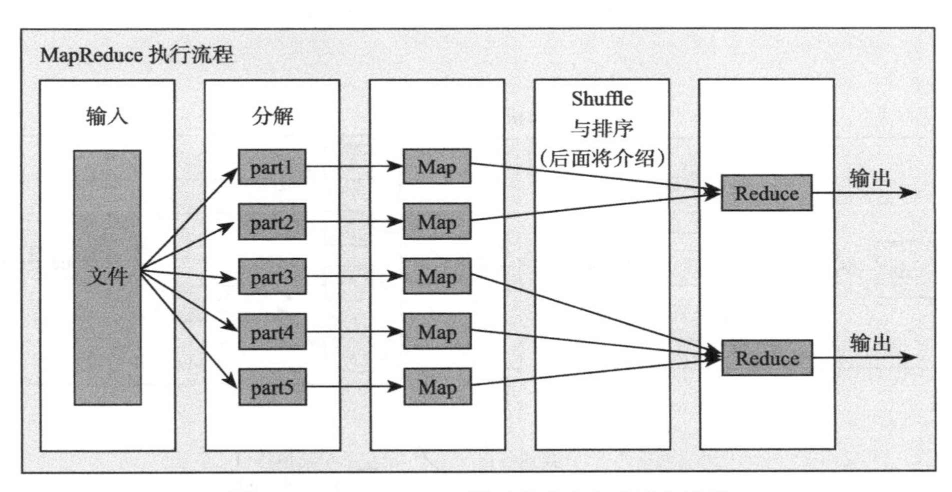

图 2.22　MapReduce 工作过程中的各个执行阶段

- 采用 InputFormat 模块做 Map 前的预处理，比如验证输入的格式是否符合输入定义等。
- 将输入文件切分为逻辑上的多个 InputSplit（MapReduce 对文件进行处理和运算的输入单位），这种逻辑切割并没有对文件进行实际切割，只是记录了待处理数据的长度和位置。
- 经过一定的加载并转换为适合 Map 任务读取的键值对，输入给 Map 任务，Map 会根据用户自定义的映射规则，输出一系列的 <key,value> 作为中间结果。每个 Map 任务通常运行在存储数据的节点上，这样计算和数据就可以放在一起运行，从而减少数据传输开销。
- 对 Map 输出的一系列的 <key,value> 中间结果需要进行 Shuffle(洗牌)，包括分区、排序、合并、归并等操作，从而得到一系列的 <key,value-list> 形式的中间结果，再交由多个对应的 Reduce 任务在多台机器上进行并行处理，具有相同 key 的 <key,value-list> 会被发送到同一个 Reduce 任务那里。

- Reduce 任务会对中间结果 <key,value-list> 进行汇总计算，执行用户定义的逻辑，并输出结果给 OutputFormat 模块。
- OutputFormat 模块会验证输出目录是否已经存在，以及输出结果类型是否符合配置文件中的配置类型，若都满足，就输出 Reduce 的计算结果到分布式文件系统中。

在上述步骤里，其中第 4 个步骤中的 Shuffle 过程是 MapReduce 整个工作过程的核心，也被称为“奇迹发生的地方”，我们在此对其重点说明。

Shuffle 原意指洗牌或弄乱，它描述了数据从 MapTask 输出到 ReduceTask 输入的这一过程，因此横跨 Map 和 Reduce 两端。图 2.23 展示了 Shuffle 的全过程。

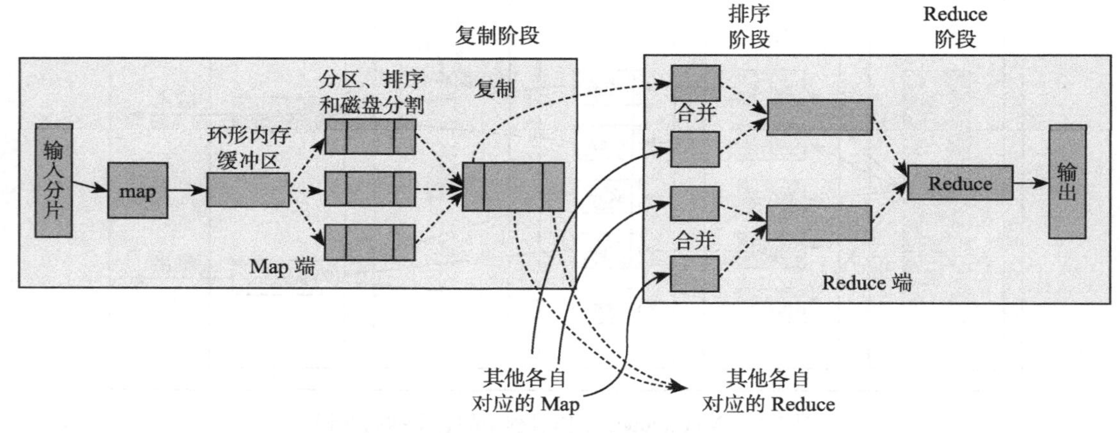

图 2.23　Shuffle 全过程图

- **Map 端的 Shuffle 过程**：保存在分布式文件系统的文件块中的输入数据经过 Map 计算，转换成 <key,value> 进行输出，输出结果会被首先写入缓存，在缓存中积累一定数量的 Map 输出结果并存满时，就会启动溢写（Spill）操作，把缓存中的数据再一次性批量写入磁盘。该期间，溢写操作主要会对缓存中数据进行分区，然后对每个分区的数据进行排序和合并，之后再写入磁盘文件。每次溢写操作都会生成一个新的磁盘文件，随着 Map 任务的执行，磁盘中会生成多个溢写文件，在 Map 任务全部结束之前，这些溢写文件会被归并成一个大的磁盘文件，然后通知相应的 Reduce 任务来领取属于自己处理的数据。
- **Reduce 端的 Shuffle 过程**：相对于 Map 端而言，Reduce 端的 Shuffle 过程非常简单。Reduce 任务从 Map 端的不同 Map 机器领取属于自己处理的那部分数据，然后对数据进行归并后，交给 Reduce 任务处理，Reduce 任务会执行 Reduce 函数中定义的各种映射，输出最终结果，并保存到分布式文件系统（如 HDFS）中。

4. MapReduce 的主要功能

MapReduce 提供了以下主要功能：

- **数据划分和计算任务调度**：系统自动将一个作业（Job）待处理的大数据划分为很多个数据块，每个数据块对应一个计算任务（Task），并自动调度计算节点来处理相应的数据块。作业和任务调度功能主要负责分配和调度计算节点（Map 节点或 Reduce 节点），同时负责监控这些节点的执行状态，并负责 Map 节点执行的同步控制。
- **代码向数据迁移**：为了减少数据通信，一个基本原则是本地化数据处理，即一个计算节点尽可能处理其本地磁盘上所分布存储的数据，这实现了代码向数据的迁移；当无法进行这种本地化数据处理时，再寻找其他可用节点并将数据从网络上传送给该节点（数据向代码迁移）。这种机制能够大大减少通信延迟。
- **系统优化**：为了减少数据通信开销，中间结果数据进入 Reduce 节点前会进行一定的合并处理；一个 Reduce 节点所处理的数据可能来自多个 Map 节点，为了避免 Reduce 计算阶段发生数据相关性，Map 节点输出的中间结果需使用一定的策略进行适当的划分处理，保证相关性数据发送到同一个 Reduce 节点；此外，系统还进行一些计算性能优化处理，如对最慢的计算任务采用多备份执行、选择最快完成者作为结果。
- **出错检测和恢复**：在以低端商用服务器构成的大规模 MapReduce 计算集群中，节点硬件出错和软件出错是常态，因此 MapReduce 需要能检测并隔离出错节点，并调度和分配新的节点接管出错节点的计算任务。同时，系统还将维护数据存储的可靠性，用多备份冗余存储机制提高数据存储的可靠性，并能及时检测和恢复出错的数据。

5. MapReduce 的技术特征

MapReduce 的主要技术特征如下：

- 向“外”横向扩展，而非向“上”纵向扩展，用廉价低端的商用服务器堆积起来。
- 失效被视为常态，采用多种有效的容错机制来提高节点失效的健壮性。
- 把处理向数据迁移，减少数据通信负担。
- 顺序处理数据、避免随机访问数据，提供高带宽的数据访问和传输。
- 为应用开发者隐藏系统层细节，程序员仅需描述需要计算什么，而具体计怎样计算就交由系统的执行框架处理。
- 平滑的数据和系统规模可扩展性，对于很多计算问题，基于 MapReduce 的计算性能可随节点数目增长保持近似于线性的增长。

2.8.2 交互式数据分析

交互式数据分析通常基于历史数据进行交互式查询，时间跨度在数十秒到数分钟之间，具有低时延、查询范围大、查询条件复杂、并发要求高和支持 SQL 接口等特点。Hadoop 的 MapReduce 解决了大规模数据的批处理问题，随着其日渐流行，如何在 Hadoop 上面构建适合商业智能分析人员使用的便捷交互式查询分析系统逐渐成为需要解决的问题，这是因为 Hadoop 提供的 MapReduce 计算接口还是面向技术人员的底层编程接口，不那么容易使用，于是各种 SQL-On-Hadoop[⊖] 系统应运而生，这些支持对大数据进行交互式数据分析的数据仓库受到了广泛关注。目前根据技术框架和路线的不同，大致可将 SQL-On-Hadoop 系统分为四类。

- Hive 系：以 Hive 为代表，直接构建在 Hadoop 之上的数据仓库，应用最为广泛。
- Shark 系：一般构建在 Spark 平台之上的数据仓库。
- Dremel 系：以 Impala、Presto 和 PowerDrill 为代表，采用 Dremel 的设计思路，融合了 MPP 并行数据库的设计思想。
- 混合系：将传统关系数据库和 Hadoop 进行混合的数据仓库，如 HadoopDB。

下面我们以最早出现且应用最为广泛的 Hive 为重点介绍对象。

1. Hive 简介

虽然 Hive 的性能不是很高[⊖]，但它是 Hadoop 的子项目，是基于 Hadoop 的数据仓库工具，广泛用于对 Hadoop 文件中的数据集进行数据整理、特殊查询和分析存储，它比传统数据仓库具有更强的处理超大规模数据的能力和更好的容错性。Hive 为 Hadoop 里存储的数据增加了模式（Schema），并提供了类似于关系数据库 SQL 语言的查询语言——HiveQL，可以快速实现简单的 MapReduce 统计。Hive 自身可以将 HiveQL 语句转换为 MapReduce 任务运行，而不必开发专门的 MapReduce 应用，因而很适合数据仓库的统计分析。

2. Hive 的数据组织结构

Hive 采用分级数据组织结构，如图 2.24 所示。

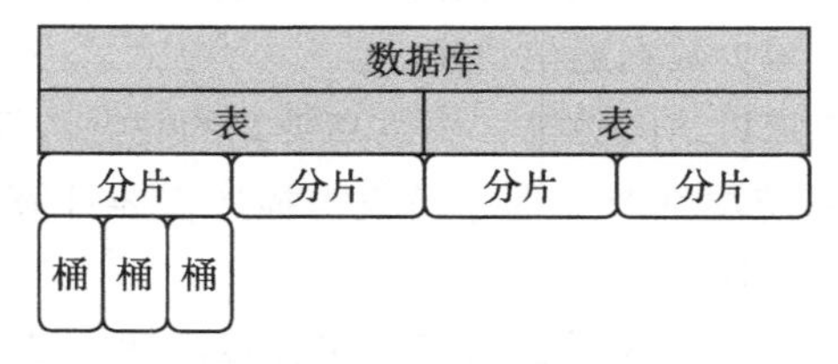

图 2.24　Hive 的数据组织结构

我们来看一下其中的构成。

⊖ SQL-On-Hadoop 是一个泛化的概念，是指 Hadoop 领域里一系列支持 SQL 接口的组件和技术。

⊖ 由于与 Hadoop 紧耦合，所以 Hive 处理效率不够高，可以说 Hadoop 成就了 Hive，也制约了 Hive。

- 表（Table）：最基本的数据单元，类似于关系数据库中的表，由行记录构成，每行下由若干列组成，存储在 HDFS 的一个目录下。
- 分片（Partition）：每个表可切分成若干数据分片，每个数据分片的数据存储在对应表在 HDFS 相应目录下建立的子目录中。
- 桶（Bucket）：将表或某个分片根据某列的值通过 Hash 函数散列成的若干文件，一个文件对应一个“桶”。

3. Hive 的架构

Hive 整体架构如图 2.25 所示，其主要组件包括 CL1、JDBC/ODBC、Web GUI、Thrift 服务器、元数据库和驱动器（包括编译器、优化器和执行器），这些组件可大致分为两个大类：服务器端组件和客户端组件。

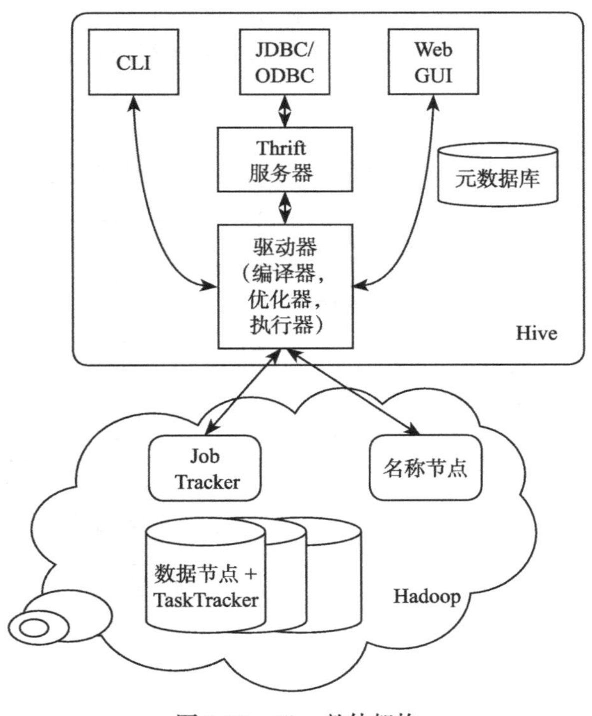

图 2.25　Hive 整体架构

服务器端组件包括：

- 元数据库（MetaStore）：存储和管理 Hive 中数据表的元数据，包括表的名字、表的列和分区及其属性、表数据所在目录等信息。Hive 采用关系数据库来保存元数据。
- 驱动器（Driver）：负责 HiveQL 语句在整个 Hive 内流动时的生命周期管理，包括解析、编译优化和执行，然后调用底层 MapReduce 计算框架。

- Thrift 服务器（Thrift Server）：一个软件框架，用来进行可扩展且跨语言的服务的开发，它能让不同的编程语言调用 Hive 的接口。

客户端组件包括：

- CLI（命令行接口）：一种客户端接入方式。
- Thrift 客户端（Thrift Client）：Hive 架构的许多客户端接口都是建立在 Thrift 客户端之上的，包括 JDBC 和 ODBC 接口。
- Web GUI（网页访问接口）：通过网页访问 Hive 的接口方式。

4. Hive 的执行流程

Hive 的本质就是将结构化的数据文件映射为一张数据库表，并提供完整的 SQL 查询功能，可以将 SQL 语句转换为 MapReduce 任务运行，其执行流程如图 2.26 所示。

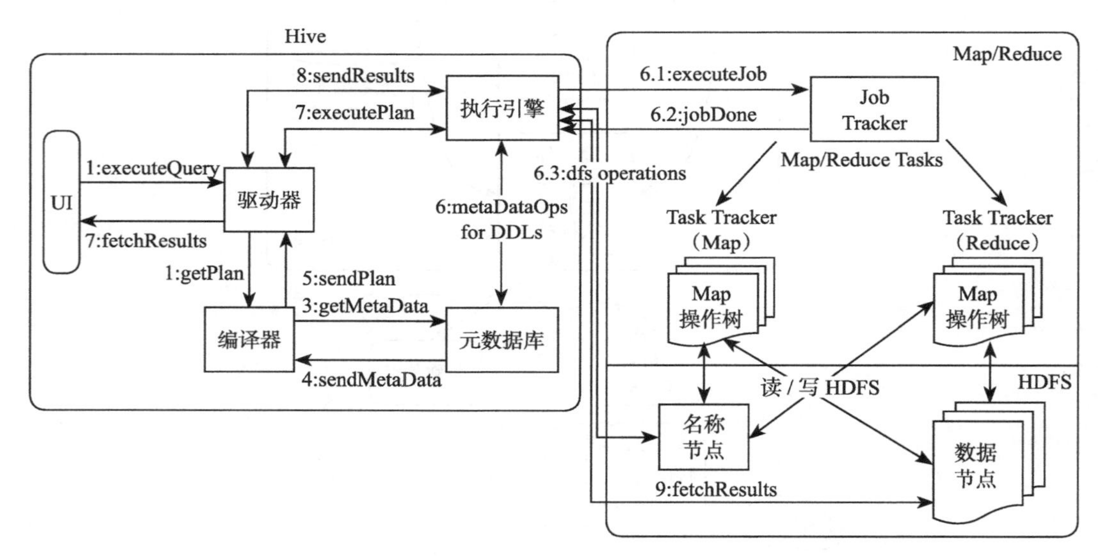

图 2.26 Hive 执行流程

从用户提交一个查询（假设通过 CLI 入口）直到获取最终结果，Hive 内部的执行流程为：

- CLI 获取用户查询，解析用户输入的命令，提交给驱动器。
- 驱动器结合编译器和元数据库，对用户查询进行编译解析。
- 根据解析结果（查询计划）生成 MR 任务提交给 Hadoop 执行。

- 获取最终结果。

2.8.3 流式计算

如果说 2.8.1 节介绍的批量数据处理是以静态数据为对象，可以在很充裕的时间内对海量数据进行批量处理，计算出有价值的信息，那么流式计算则是对源源不断的动态数据（流式数据）进行实时分析处理，从而获得有价值的信息[1]，这在大数据时代很常见。流式数据被处理后，一部分进入数据库成为静态数据，其他部分则直接被丢弃；必须采用实时计算以获得实时计算结果。与普通的数据采集系统（一般由采集“Agent”、收集“Collector”和存储“Store”组成）所不同的是，流式计算一般不在 Store 中进行存储，而是直接将采集来的数据发送给流式计算框架。目前已经涌现出众多流计算框架和平台，有商业级的也有开源的，业界最为典型的两款流式计算框架就是 Storm 和 Spark Streaming，在 2.4 节中我们已经初步介绍过 Spark 和 Storm 平台框架，在这里对其进行补充说明。

1. 开源流式计算框架 Storm

Storm 是 Twitter 开源的一个分布式流式计算框架，目前也已成为 Apache 的孵化项目，其可以简单、高效、可靠地处理流式数据并支持多种编程语言。Storm 框架可以很方便地与数据库系统进行整合，从而开发出强大的实时计算系统。

Storm 处理的是流数据（Stream），流数据由一个无限的 Tuple[2]序列组成，这些 Tuple 序列会以分布式方式并行创建和处理。Storm 涉及的主要角色有：

- Nimbus：负责资源分配和调度，相当于 Master 节点，类似 Hadoop 中的 JobTracker。
- Supervisor：接收 Nimbus 分配的任务，启动和停止属于自己管理的 Worker 进程，类似 Hadoop 中的 TaskTracker。
- Worker：运行具体处理组件逻辑的进程，类似 Hadoop 中的 Child。
- Task：Worker 中每一个 Spout/Bolt[3]的线程称为一个 Task。

Storm 一般运行在分布式集群中，与 Hadoop 运行 MapReduce 作业相似，在 Storm 上运行的是 Topology（由 Spout 和 Bolt 组成的网络抽象）。Storm 采用 ZooKeeper 作为分布式协调服务组件，图 2.27 描述了 Storm 集群架构示意图。

---

[1] 关于静态数据和动态数据的概念在前面已经介绍过。

[2] Tuple 是一次消息传递的基本单元，是元素的有序列表，每个 Tuple 就是一个值列表，列表中的每个值都有一个名称，并且该值可以是基本类型、字符类型、字节数组等，也可以是其他可以序列化的类型。

[3] Storm 认为每个流数据都有一个源头，这个源头被称为 Spout，是在一个 Topology 中产生源数据流的组件。Bolt 体现了 Storm 流数据状态转换的过程，是在一个 Topology 中接收数据并执行处理的组件。

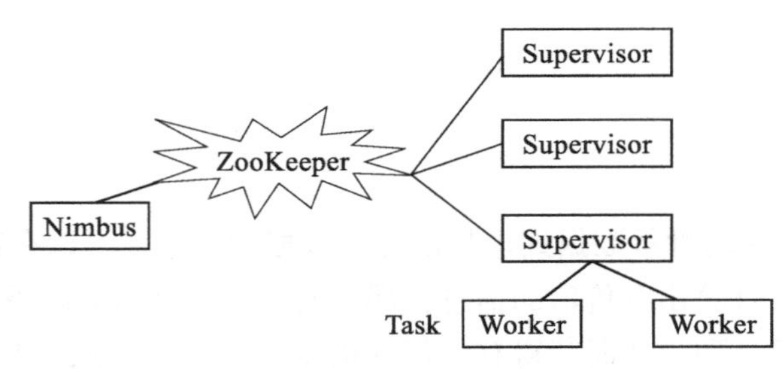

图 2.27　Storm 架构示意图

基于上述集群架构，Storm 的工作流程主要包括四个过程：

- 客户端提交 Topology 到 Storm 集群中。
- Nimbus 将分配给 Supervisor 的任务存储到 ZooKeeper 中。
- Supervisor 从 ZooKeeper 中获取分配的任务，并启动 Worker 进程。
- Worker 进程执行具体的 Task 任务。

Storm 详细工作过程如图 2.28 所示。

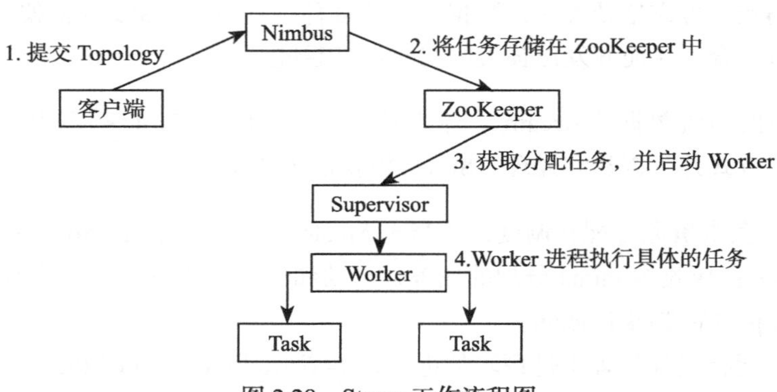

图 2.28　Storm 工作流程图

2. 基于 Spark 的实时计算框架 Spark Streaming

Spark Streaming 是构建在 Spark 上的实时计算框架，它扩展了 Spark 处理大规模流式数据的能力，使得 Spark 同时具备了对批处理、交互式分析和流式计算的多种能力，成为既能对静态历史数据也能对动态实时数据进行处理分析的平台。

图 2.29 展示了 Spark Streaming 的工作流程。Spark Streaming 用于将流式计算分解成一系列短小的批处理作业。这里的批处理引擎是 Spark，它把 Spark Streaming 的输入数据按照批尺寸分成一段段的数据，称之为 DStream（Discretized Stream），每一段数据都转换成 Spark 中的 RDD（Resilient Distributed Dataset），然后将 Spark Streaming 中对 DStream

的 Transformation 操作转换为 Spark 中针对 RDD 的 Transformation 操作，并将操作结果保存在内存中。

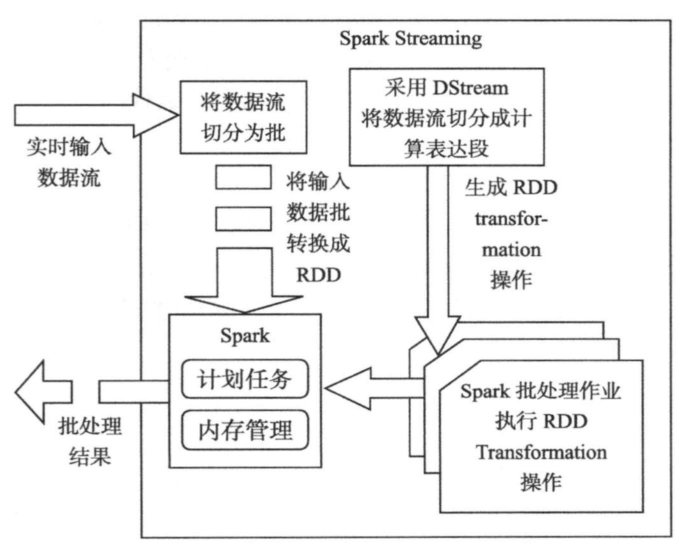

图 2.29 Spark 工作流程图

根据业务需要，整个流式计算可对中间结果进行叠加，或存储到外部设备。Spark 中的 RDD 具有良好的容错机制，每个 RDD 都是一个不可变的分布式、可重算的数据集，记录着确定性的操作继承关系，即使某处输入数据出错，仍能通过计算重新恢复。在实时性上，Spark Streaming 将流式计算分解成多个 SparkJob，每段数据的处理都会经过 SparkDAG 图分解以及任务集的调度，最小延迟在 0.5 ～ 2s 之间，能满足大多数实时计算任务。此外，Spark 在 EC2 上已经能线性扩展到 100 个节点（每节点 4 核），可以以数秒的延迟处理 6GB/s 的数据量，其吞吐量也比 Storm 高 3 倍以上。

3. Storm 和 Spark Streaming 对比

二者最大的区别在于，Storm 实时程度更高，可以实现毫秒级响应，而 Spark Streaming 做不到。这是因为 Spark Streaming 将流式数据按批处理窗口大小（通常在 0.5 ～ 2s 之间）分解为一系列批处理作业，且每段数据的处理都会经过 Spark DAG 图分解、任务调度过程，因此无法实现毫秒级响应。尽管如此，Spark Streaming 对大多数准实时计算场景完全胜任。

Spark Streaming 的优势在于其构建在 Spark 之上，虽然有一定延迟，但仍能用于实时计算，且很容易进行高效的容错处理。此外，Spark Streaming 采用的小批量处理方式可以很好地兼容其他批量和实时数据处理框架，如 Hadoop，因此其应用也很广泛，尤其是需要历史数据和实时数据联合分析的场景下。

2.8.4 图计算

图计算是在实际应用中也很常见的计算类别，因为当前有很多数据都是以大规模图或者网络的形式呈现，典型的如社交网络。还有许多非图结构的数据常被转换为图模型之后再进行分析处理。对于如何高效处理计算海量图数据，前面介绍的几种计算手段显然难以满足需求，这就催生了图计算框架，Pregel 就是其中最具代表性的产品。

1. Pregel 简介

Pregel 是谷歌公司提出的大规模分布式图计算平台，主要用于解决网页链接分析、社交数据挖掘等实际应用中涉及的大规模分布式计算问题。Pregel 是基于“整体同步并行计算模型”BSP 模型实现的，其通过搭建一套可扩展、有容错机制的平台提供一套灵活的 API，用于描述各类图计算问题。

2. Pregel 计算模型

Pregel 在概念模型上遵循 BSP 模型，用户只需自定义一个针对图节点的计算函数 F(vertex) 来实现图节点计算功能，整个计算过程由若干顺序执行的超级步（Super Step）组成，系统从一个“超级步”迈向下一个“超级步”，直到达到算法的终止条件。其他任务比如任务分配、任务管理、系统容错等都交由 Pregel 系统来实现即可。总的来说，典型的 Pregel 计算是由图信息输入、图初始化操作，以及由全局同步点分隔开的连续执行的超级步组成，最后将计算结果进行输出。Pregel 计算模型如图 2.30 所示。

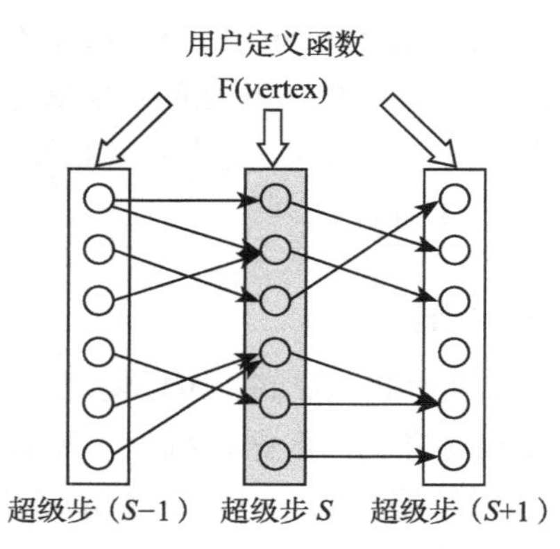

图 2.30　Pregel 计算模型

3. Pregel 系统架构

Pregel 采用“主 / 从”结构来实现其功能，其系统架构如图 2.31 所示。

在 Pregel 系统中，由一台服务器充当主控服务器，负责整个图结构的任务切分，采用切边法将其切割成子图，并把任务分配给众多的工作服务器，主控服务器对工作服务器下达命令，进行每一个“超级步”的计算，并对障碍点进行同步和收集计算结果。在整个过程中，主控服务器只进行系统管理工作，不负责具体的图计算，而工作服务器对活跃节点调用 F(vertex) 进行图计算。总之，Pregel 是一个消息驱动的、遵循以图节点为中心的编程模型的同步图计算框架。

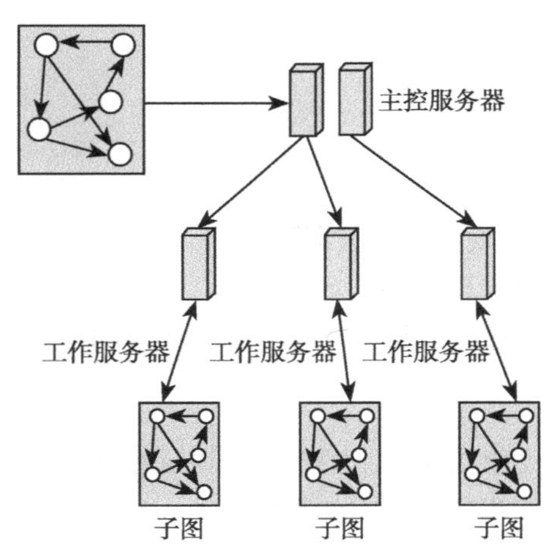

图 2.31　Pregel 系统架构

2.8.5　高级数据查询语言 Pig

虽然 MapReduce 为批量数据处理提供了计算框架，但其使用并不容易，耗时耗力。Pig 的出现大大简化了 MapReduce 的工作，为 Hadoop 应用程序提供了一种更接近结构化查询语言（SQL）的接口。简单来说，若使用 MapReduce 你需要编写一个应用程序，而使用 Pig 则只需写一个简单的脚本就可以了。

事实上，Pig 主要用于加载数据、表达转换数据以及存储最终结果，也就是常常说的 ETL 过程：对来自不同数据源的数据进行收集，采用 Pig 进行统一加工处理，然后加载到数据仓库中，从而实现对海量数据的分析。作为一款 ETL 数据预处理工具，本应放到 2.6 节大数据采集与预处理技术中介绍，但因为它与 MapReduce 关系太紧密，所以放到本节中介绍。

1. Pig 简介

Pig 作为 Hadoop 生态系统的一部分，是一种探索大规模数据集的脚本语言，为大型数据集的处理提供了更高层次的抽象，适合于基于 Hadoop 和 MapReduce 平台来查询大型、半结构化数据集。Pig 会自动把用户编写的脚本转换成 MapReduce 作业并在 Hadoop 集群上运行，具备对生成的 MapReduce 程序进行自动优化的功能。

2. Pig 的组成

它主要包括两个部分：一是用于描述数据流的语言，称为 Pig Latin；二是用于运行 Pig Latin 程序的执行环境。前者由一系列的操作（Operation）和变换（Transformation）组成，对输入的数据进行处理并生成输出结果，整个过程用于描述数据流；后者把数据流翻译成可执行的 MapReduce 作业并运行它。

3. Pig 语句的格式

Pig 语句常常按照以下格式来编写：

- 通过 LOAD 语句从文件系统读取数据。
- 通过一系列操作和变换对数据进行处理。
- 通过一条 STORE 语句把处理结果输出到文件系统中，或者使用 DUMP 语句把处理结果输出到屏幕上。

Pig 的优秀之处在于仅仅用控制台上的五六行 Pig Latin 代码就能够处理 TB 级的数据，它提供多个命令来检查和处理程序中已有的数据结构，因此可以很好地支持程序员写查询。

2.9　大数据可视化技术

数据本身是枯燥的，然而通过可视化，它就能以一种直观、生动、形象的方式呈现出来，使得人们分析数据和提取有价值信息变得更加轻松。数据可视化很早就已出现，过去我们常用的 Excel 图表就是一个典型代表，它以一种简明直观的方式来刻画和呈现数据所反映的本质问题，辅助人们从堆积如山的数据中快速发现核心问题，可有效提升数据分析效率。

2.9.1　大数据可视化含义

大数据可视化可以说是传统数据可视化的一个继承和延伸，它是指将大规模海量数据集中的数据以图形图像形式表示，并利用数据分析和开发工具发现其中未知信息的处理过程。其基本思想是将数据库中每个数据项作为单个图元素表示，并以大量的数据集构成数据图像，将数据的各个属性值以多维数据的形式表示出来，方便人们从不同维度来观察数据，进而对数据进行更深入的观察和分析。大数据可视化是大数据整个过程的最后环节，也是非常重要的一个环节。

2.9.2　基本统计图表

统计图表是最早的数据可视化形式之一，也是基本的可视化元素，至今仍被广泛应用。

基本统计图表是信息、数据、知识的视觉化表达，它利用人脑对于图形信息相对于文字信息更容易理解的特点，更高效、直观地传递信息。按照所呈现信息和视觉复杂程度其可分为三类。

- **原始数据绘图**：用于可视化原始数据的属性值，直观呈现数据特征，其代表性方法有数据轨迹、柱状图、饼图、直方图、趋势图、等值线图、散点图、维恩图、热力图等。
- **简单统计值标绘**：也就是盒须图，是一种通过标绘简单的统计值来呈现一维和二维数据分布的方法。其基本形式是用一个长方形盒子来表示数据的大致范围，并在盒子中用横线标明均值的位置。
- **多视图协调关联**：将不同种类的绘图组合起来，每个绘图单元可以展现数据某个方面的属性，且允许用户进行交互分析，提升用户对数据的模式识别能力。

用于基本统计图表类的大数据工具有不少，传统的如微软办公软件 Office 中的 Excel，新出现的如谷歌的 Google Chart API、D3、Tableau、Visual.ly、国产的大数据魔镜等。

2.9.3　大数据可视化分类

传统的数据可视化起源于统计图形学，与信息图形、视觉设计等现代技术相关，其表现形式通常在二维空间。与之相比，大数据可视化（尤其是在信息和网络领域的可视化）往往更关注抽象的、高维的数据，空间属性较弱，与所针对的数据类型密切相关。因此其通常按照数据类型进行分类，大致有以下几种：

- **时空数据可视化**：时间和空间是描述事物的必要元素，因此，时变数据和地理信息数据的可视化非常重要。对于前者，通常具有线性和周期性两种特征；对于后者，合理选择和布局地图上的可视化元素，尽可能呈现更多的信息是关键。
- **层次与网络结构数据可视化**：网络数据是网络安全世界中最常见的数据类型。网络之间的连接、层次结构、拓扑结构等都属于这种类型。层次与网络结构数据通常使用点线图来可视化，如何在空间中合理有效地布局节点和连线是可视化的关键。
- **文本和跨媒体数据可视化**：各种文本、跨媒体数据都蕴含着大量有价值信息，从这些非结构化数据中提取结构化信息并进行可视化，也是大数据可视化的重要部分。
- **多变量数据可视化**：用来描述现实世界中复杂问题和对象的数据常常是多变量的高维数据，如何将其呈现在平面上也是可视化的重要挑战。我们可以将高维数据降维到低维度空间，采用相关联的多视图来表现不同维度。

2.9.4　高级分析工具

有很多高级分析工具可以用于大数据分析和可视化展现，例如：

- R：一个用于统计计算和统计制图的优秀开源工具，常用于大数据集的统计与分析。主要功能包括数据存储和处理、数组运算、完整连贯的统计分析、统计制图、可操纵数据的输入和输出、分支、循环等。它的使用难度较高。
- Weka：一款开源、基于 Java 环境的机器学习和数据挖掘软件，能进行复杂的数据分析以及生成一些简单的图表。
- Gephi：一款用于社交图谱数据可视化分析的软件，可以制作很酷炫的可视化效果。

2.10　国外先进的大数据实践经验

还是以美国为例，2016 年 5 月 16 日，美国国防部国防信息系统局（DISA）发布了《大数据平台和网络分析态势感知能力》文件，简要介绍了该机构的大数据平台（BDP）及其网络分析态势感知能力（CSAAC）。

2.10.1　大数据平台

大数据平台（BDP）项目是由 DISA 开发的开源解决方案，由鲍勃·兰德雷斯主要负责。该平台支持数据采集、关联分析以及虚拟化基础设施，能够数小时内完成数百台服务器的安装部署。BDP 可以驱动 CSAAC 的大部分功能套件，能够将 CSAAC 中的数据、分析过程、可视化结果共享至各个任务合作方，包括国防部网络运维人员、企业服务用户、网络作战部队与网络保护团队以及其他政府机构。BDP 项目的主要功能如图 2.32 所示。

大数据平台项目主要功能				
1. 统计建模 2. 风险建模 3. 数据科学家视图 4. 任务映射 5. 目标网络防御	1. 海军战术云 2. 地理空间可视化 3. 基于绘图的查询	1. 目标网络防护 2. 数据科学家视图 3. 行为分析 4. DAPPA 网络防御	1. 赛博高级分析 2. 持续恶意软件检测 3. 异常行为分析 4. 机器学习	1. 异常检测 2. 高级分析 3. 使命映射 4. 数据共享 5. 事件管理 6. 漏洞管理

图 2.32　DISA 开发的大数据平台（BDP）主要功能

该平台的最大优势体现在它并非单纯地为 DISA 服务，还可利用它处理其他服务，并由其他合作方将它安装在本地环境中，而且安装过程非常简单，任何具有 Linux 操作系统与 Hadoop 经验的用户都能够快速上手。该平台最大的挑战在于对数据进行分析并理解其含义，由于目前缺少数据分析方面的人才，DISA 希望各合作方能够参与这一领域，并将更多数据科学家引入该团队及运营体系，这也从侧面体现了“人”在大数据分析和态势感知中的重要性。

2.10.2　网络分析态势感知能力

DISA 提供一整套基于云的解决方案，用来对国防部信息网络（DoDIN）的海量数据进行收集，同时提供分析与可视化处理工具以对态势进行理解，该方案被称为“网络分析态势感知能力”（CSAAC）。该方案可用于“非加密网络协议路由网”（NIPRNET）与“保密网络协议路由网”（SIPRNET），可使网络分析人员及作战人员用一种全新的综合性视角审视 DoDIN 的活动。CSAAC 方案的整体情况如图 2.33 所示。

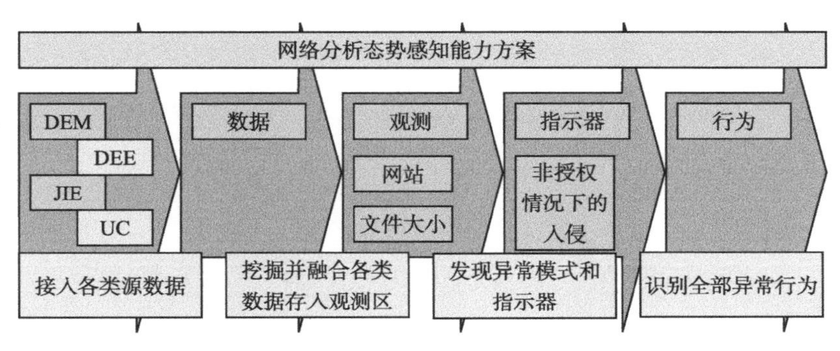

图 2.33　网络分析态势感知能力（CSAAC）方案整体情况

CSAAC 能够提供以下几类能力：

- **网络运行与态势感知**：该方案能够提供近实时的网络态势感知能力，辅助 DoDIN 快速掌握各类网络安全事件事故、资产配置状态以及网关过滤等情况。
- **异常检测**：异常检测套件可以侦测到对美国国防部敏感数据的完整性、机密性或可用性造成威胁的已认证用户。这项服务还允许分析人员在侦测到潜在内部威胁后，向有关部门发出告警。
- **网络防御作战**：“按指标作战”属于 CSAAC 的网络操作能力之一。该方案能够帮助网络安全分析人员利用自动化工作流程审查网络威胁报告，提取潜在指标，发出告警，并在必要时自动执行防御性对策流程。

从运行效果看，CSAAC 增强了美国国防部网络的整体安全水平，同时有力地保证了决策的制定和执行。网络态势感知系统部门负责人巴特丹称，在将数据导入系统后，DISA 对数据进行检索、排序、解析并探究其中的深层含义，提出问题并找到所需答案，如故障或异常，在此基础上，DISA 最终编写出网络环境内各类异常状况的对应分析结论。

总体来说，DISA 通过大数据平台和网络分析态势感知能力方案的结合，构建了一套具有宏观视角的系统，有效地帮助安全运营人员找到问题的答案，从而做出正确合理的指挥控制决策。该项目也为我国开展大数据平台和网络安全态势感知能力建设提供一定的指导。

第二部分

态 势 提 取

第3章

网络安全数据范围

涓滴之水终可以磨损大石，不是由于它力量强大，而是由于昼夜不停地滴坠。只有勤奋不懈地努力才能够获得那些技巧。

——贝多芬，著名作曲家

3.1 引言

数据是网络安全态势感知的输入和要素提取源。网络信息安全领域的攻防对抗不断升级，其本质还是双方知识的较量，无论是攻击方还是防守方，谁能够率先从海量数据中筛选和分析出有价值的内容，谁就能在攻防中占据先机。对于防守方，在进行网络安全态势感知的过程中需要重点关注哪些数据范围？这是本章要解决的问题。

网络安全态势感知所涉及的数据范围主要包括以下几个方面：

- 完整内容数据
- 提取内容数据
- 会话数据
- 统计数据
- 元数据
- 日志数据
- 告警数据

3.2 完整内容数据

网络安全态势感知对于原始的、完整的数据进行收集绝对是必要的，这些没有被过滤、筛选过的“穿”过网络的数据，能提供完整的内容描述，具有较高的价值。这里主要的完整内容数据类型就是包捕获数据，它是可收集的网络数据中最全面完整的代表。如果你有一定的网络安全基础，那么你一定听过 Wireshark，它就是一款强大的开源包捕获软件，有时也被称为“抓包”软件。

包捕获数据可以说是众数据类型之首，因为其他很多数据类型都是由包捕获数据产生的，它提供了两个端点之间传输的完全数据包[1]统计，能完整地解释两个端点之间传输的每一个数据包，也是单位时间内容量最大的数据类型。包捕获数据最常见的形式是 PCAP[2]数据格式。尽管包捕获数据容量十分庞大，但它的高粒度也为内容分析工作提供了非常有价值的信息，安全人员通常先检查包的“头部”[3]信息，然后再选取重要的数据包进行进一步的分析。

刚才提到 Wireshark，它不仅是有名的抓包软件，还是一款非常卓越的协议分析工具，它包含数百种内置的协议自动解析器，可显示每个数据包的详细细节，并且允许对其所支持的协议按照特定字段进行过滤。用户也可以为 Wireshark 主程序编写数据包解释器，并作为 Wireshark 的插件进行发布。

通常，Wireshark 有三个数据包显示窗口：

- **数据包列表**：该窗口显示所有被捕获到的网络数据包，每个数据包占列表中的一行，内容仅仅包含这些数据包的摘要部分。比如数据包的捕获时间、源 IP 地址、目的 IP 地址、所使用的高层协议以及协议数据的部分片断。
- **数据包结构**：当数据包列表中某个数据包被选中，呈现高亮状态时，该窗口将显示被选中数据包的各层次协议、包字段等详细结构，该结构按照 Wireshark 能正常解析的协议层次组织。
- **原始数据包**：该窗口显示按照十六进制以及 ASCII 表示的原始数据包内容。

图 3.1 显示了用 Wireshark 软件抓到的某个包捕获数据内容，图 3.2 显示的是某个包的头部信息。如果你想了解使用 Wireshark 进行抓包和协议分析的详尽知识和技能，请参考《Wireshark 网络分析实战》《Wireshark 网络分析的艺术》等专业书籍，本书限于篇幅，不再展开。

---

[1] 数据包，即包（Packet），是 TCP/IP 通信传输中的数据单位，工作在 OSI 模型中第三（网络层）和第四层（传输层）。在包交换网络中，单个信息被划分为多个数据块，这些数据块就是包，它包含发送者和接收者的地址信息，这些包沿着不同的路径在一个或多个网络中传输，并且在目的地重新组合。

[2] PCAP 格式是常见的数据包存储格式，主流的抓包软件都可以生成这种格式的数据包，它作为包捕获数据的黄金标准已经有很长的历史了。

[3] 数据包头部，又称首部。因为数据包是由头部和数据两部分组成，头部包含目的地址等控制信息，可以把它理解为快递包裹的货单；而头部后面就是委托方要发送给对方的数据，也就相当于快递包裹的货物。

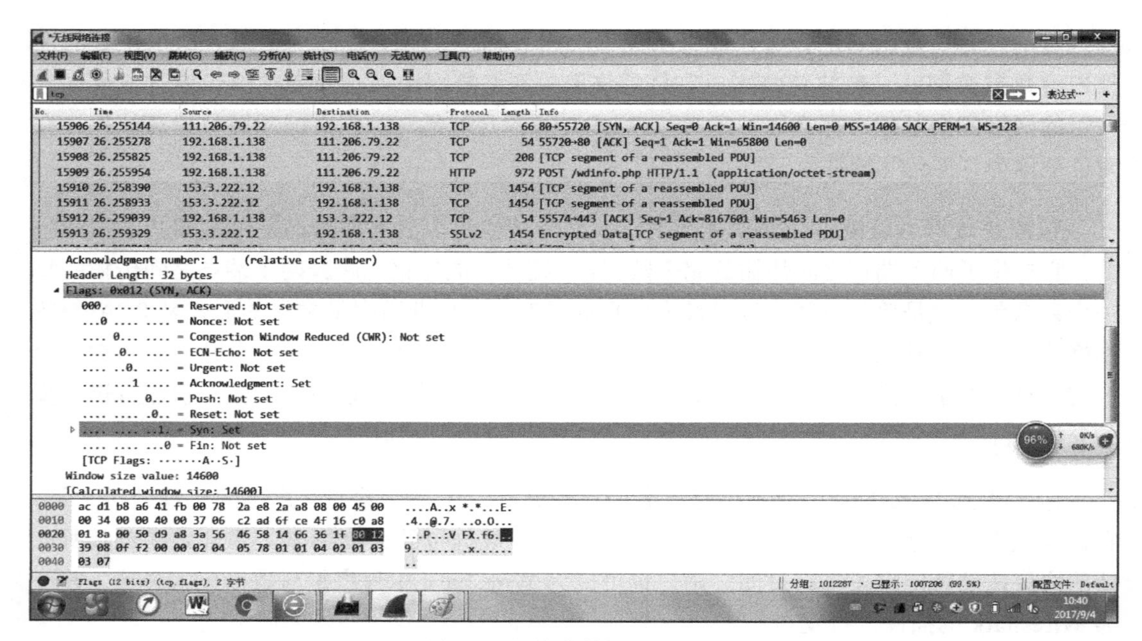

图 3.1　包捕获数据显示内容

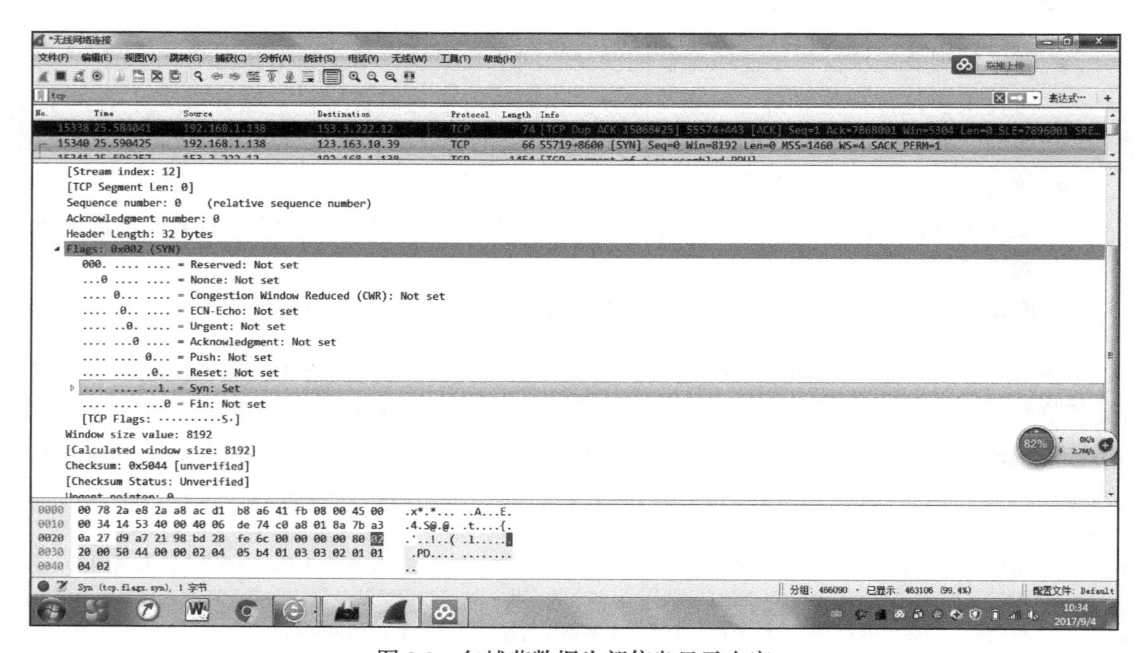

图 3.2　包捕获数据头部信息显示内容

当然，用于抓包的工具绝不仅限于 Wireshark，还有很多其他类型的抓包工具，如 Sniffer、Tshark、TCPdump、SpyNet 等，这些工具各有特色和优势，只是在应用广泛度、功能齐全性和界面友好性等方面以 Wireshark 最为著名。也许与你想的不同，“速度”并不是衡量一款抓包软件的最佳指标（虽然它也是重要指标之一），衡量一款优秀抓包工具的标准应当是尽可能地少丢包，同时还应具备足够多的功能，用正确的格式存储数据以确保被正确地访问和查看。目前也有专门的库用于创建抓包软件，生成 PCAP 文件并与之交互，其中最流行的库是 Libpcap 库。该库是一个开源的数据包捕获库，允许应用程序和网络接口卡之间交互捕获数据包，它提供一个独立于平台的 API，不需要操作系统的指定模块就能实现数据包捕获。很多数据包捕获和分析软件都是基于 Libpcap，包括 Wireshark，它使得 PCAP 数据变得容易操作。

进行数据包分析时，常用到以下三种基本技术：

- 包过滤：通过各个协议的元数据或者载荷中的字段或者字段的值来分离数据包。
- 模式匹配：通过对数据包的内容进行快速搜索，搜索到那些感兴趣的关键词、字符串、名称或协议模式。可以将关键词组合成正则表达式，采用辅助工具进行模式匹配。
- 协议字段分析：从所捕获到的数据包中提取出协议字段中的数据。

3.3　提取内容数据

包捕获数据虽然内容全面丰富，但它的巨大容量给安全人员的分析工作带来较大的挑战，也给存储资源带来一定的压力，在实践中，包捕获数据往往只能保存几天或几个星期，这就产生了一种新的提取内容数据类型——包字符串数据。包字符串数据是从包捕获数据中导出来的，是介于包捕获数据和会话数据之间的一种数据格式，该数据格式包括报文协议报头中提取的明文字符串。其粒度接近于包捕获数据，但在容量上比包捕获数据更容易管理，并且可以存储较长时间。包字符串数据兼具包捕获数据的完整和会话数据的速度，对存储空间要求也不那么高，且可以根据用户需求进行自定义，因此是一种比较理想且恰当的网络安全数据类型。

包字符串数据作为提取内容数据类型，有些是从包捕获数据中生成的，即从包捕获数据中提取出有用信息供安全人员使用，有些则是从采集传感器端直接采集而来的。包字符串数据提取的数据格式多种多样，且可以自定义，只要方便安全人员理解即可。常见的情况有两种。一种是只提取协议的报头信息，例如，我们可以从通用的应用层协议（如 HTTP）的报头中生成特定格式的包字符串数据，而不用关心协议中的有效载荷数据[⊖]，用于对数据包进行快照。另一种是只提取协议的有效载荷数据，例如，我们可以只关心应用层协议 HTTP 报头后面发生的，也就是整个分组报文的有效载荷数据（那些非二进制字节）。

⊖ 有效载荷数据（Payload Data）：存放所携带数据的填充字段，即信息位，在数据包的报头之后。

第二种情况对数据的存储是有要求的，因为有效载荷数据会产生相当数量的数据冗余和较大的开销，因此常常会采用日志数据格式进行容量压缩，我们在本章后面会介绍日志数据类型。

如图 3.3 所示是用 Justniffer 生成的 PSTR 数据样例。

```
220 plecno.com ESMTP Postfix (Ubuntu)

EHLO unknown.localnet
250-plecno.com
250-PIPELINING
250-SIZE
250-VRFY
250-ETRN
250-STARTTLS
250-ENHANCEDSTATUSCODES
250-8BITMIME
250 DSN

MAIL FROM:<oreste.notelli@plecno.com> SIZE=1079
RCPT TO:<oreste.notelli@gmail.com>
DATA
250 2.1.0 Ok
250 2.1.5 Ok
354 End data with <CR><LF>.<CR><LF>


From: Oreste Notelli <oreste.notelli@plecno.com>
Organization: Plecno
To: oreste.notelli@gmail.com
Subject: test
Date: Wed, 22 Apr 2009 22:46:16 +0200
User-Agent: KMail/1.11.2 (Linux/2.6.27-8-generic; KDE/4.2.2; i686;
; )
MIME-Version: 1.0
Content-Type: multipart/alternative;
boundary="Boundary-00=_ZI47J3FTNXn+25g"
Content-Transfer-Encoding: 7bit
Content-Disposition: inline
Message-Id: <200904222246.17292.oreste.notelli@plecno.com>

--Boundary-00=_ZI47J3FTNXn+25g
Content-Type: text/plain;
charset="us-ascii"
Content-Transfer-Encoding: 7bit
```

图 3.3　Justniffer 生成的包字符串数据显示内容

3.4　会话数据

会话数据[⊖]是两个网络设备之间通信行为的汇总，也称为流数据[⊖]，其定义是一系列通过网络中某一观察点的具有相同属性的数据包，这些属性包括端点（会话的起点和终点）、方向（单向或双向）、时间粒度（数据包的发送起始时间和终止时间）、协议层次（网络各层协议）等。由于存储着特定用户间通信会话所需的属性和配置信息，会话数据是所有网络安全数据类型中最灵活、最有用的类型之一。会话数据不像包捕获数据可提供那么详细完整

⊖ 会话数据（session），有的称为谈话记录（conversation），或者流（flow）、流量记录。

⊖ 流数据是从特定的源发送到一个目标地址、多播或者广播地址的数据包序列，发送源认为需要将这些数据包标记为一个“流”。流可能包括一个特定网络传输连接或媒体流中的所有数据包。

的信息，但它的小容量使其能够保存较长的时间。不像包捕获数据只能保存数小时或数天，它能保存几个月甚至若干年，有利于回顾和快速解析，对安全分析非常有价值。

会话数据最常见的是标准的五元组数据，即通常由 5 个属性所组成，如图 3.4 所示。

源 IP 地址	源端口	目的 IP 地址	目的端口	传输协议

图 3.4　五元组数据

当一个新的、未曾出现过的五元组属性数据包被检测到时，一个新的会话就会被创建。当一个数据包被解析时，若其含有相同的五元组属性，那么该数据就会被添加到已经存在的会话中，只要数据包被检测到匹配五元组的属性值，则该数据将会被附加到该会话流中。当通信双方基于特定协议自然终止通信或通信超时、会话时间超时时，一个会话记录彻底结束，表示该会话数据的信息已经完整获取。我们可以把这个过程看成一个生产流水线，当一个未曾标识过的物件出现时，代表一个新的会话产生，之后出现的物件但凡与该物件有着同样的标识，都会被拣出来放在一起，所有具有相同标识的物件聚在一起，最终组成一个会话。在现实网络世界中，有些会话是单向的，有些会话是双向的，无论何种方式，大多按照五元组属性（有的会增加一些属性）进行匹配检测，进而生成一条条会话记录。单次通信的两个单向流记录如表 3.1 所示。

表 3.1　单次通信的两个单向流记录

源 IP 地址	目的 IP 地址	源端口	目的端口	传输协议	包	字节	标志	类型
192.168.1.1	172.25.25.3	3921	445	6	52	1331	FS PA	Out
172.25.25.3	192.168.1.1	445	3921	6	1230	310931	FS PA	In

图 3.5 是用 Argus 软件生成的会话数据样例。

```
   StartTime    Flgs  Proto        SrcAddr  Sport   Dir        DstAddr  Dport  SrcPkts  DstPkts State                srcUdata
01/03 08:21  e       udp        1.0.4.1.44177   <->        100.0.1.1.53           1        1   CON s[40]=.............sandra.prichaonica.com.....
01/03 08:21  e       udp        1.0.4.1.40419   <->        100.0.1.1.53           1        1   CON s[44]=.............solfire.aljosaborkovic.com.....
01/03 08:21  e       udp        1.0.5.1.32200   <->        100.0.1.1.53           1        1   CON s[40]=.Y...........sandra.prichaonica.com.....
01/03 08:22  e       udp        1.0.5.1.29661   <->        100.0.1.1.53           1        1   CON s[44]=.............solfire.aljosaborkovic.com.....
01/03 08:29  e       udp        1.0.5.1.32554   <->        100.0.1.1.53           1        1   CON s[40]=.............sandra.prichaonica.com.....
01/03 08:30  e       udp        1.0.5.1.44465   <->        100.0.1.1.53           1        1   CON s[44]=.............solfire.aljosaborkovic.com.....
01/03 08:30  e       udp        1.0.4.1.29810   <->        100.0.1.1.53           1        1   CON s[40]=b............sandra.prichaonica.com.....
01/03 08:31  e       udp        1.0.4.1.41186   <->        100.0.1.1.53           1        1   CON s[44]=yc...........solfire.aljosaborkovic.com.....
...
01/03 10:27  *       udp        1.0.9.2.42875   <->        100.0.1.1.53           1        1   CON s[44]=e............solfire.aljosaborkovic.com.....
01/03 10:42  e       udp       1.0.15.1.46746    ->        197.0.7.1.53           2        0   INT s[50]= 0...............V..........sandra.prichaonica.
01/03 10:42  e       udp       1.0.12.1.45079   <->        100.0.1.1.53           1        1   CON s[40]=.............sandra.prichaonica.com.....
01/03 10:42  *       udp        1.0.9.3.31681   <->        100.0.1.1.53           1        1   CON s[40]=.............sandra.prichaonica.com.....
01/03 10:42  e       udp       1.0.15.1.46746    ->        197.0.2.1.53           3        0   INT s[50]= 0...............V..........sandra.prichaonica.
01/03 10:42  e       udp       1.0.15.1.46746    ->        197.0.3.1.53           3        0   INT s[50]= 0...............V..........sandra.prichaonica.
01/03 10:42  e       udp       1.0.15.1.46746    ->        197.0.4.1.53           3        0   INT s[50]= 0...............V..........sandra.prichaonica.
```

图 3.5　Argus 软件生成的会话数据显示内容

会话数据最常见的类型有两种：NetFlow 和 IPFIX。

- **NetFlow**：由 Cisco（思科）公司于 1990 年开发出的一种数据交换方式。NetFlow 利用标准的交换模式处理数据流的第一个 IP 包数据，生成 NetFlow 缓存，随后同样的数据基于缓存信息在同一个数据流中进行传输，不再匹配相关的访问控制等策略，NetFlow 缓存同时包含了随后数据流的统计信息。NetFlow 提供网络流量的会话级视图，记录下每个 TCP/IP 事务的信息。一个 NetFlow 流被定义为在一个源 IP 地址和目的 IP 地址间传输的单向数据包流，且所有数据包具有共同的传输层源、目的端口号。大多数思科路由器和交换机都能生成 NetFlow 数据，可以利用 NetFlow 数据采集软件（如思科提供了 NetFlow Collector，即 NFC）采集并存储到服务器上，以便利用各种 NetFlow 数据分析工具进行进一步的处理。

- IPFIX：全称为 IP Flow Information Export，即 IP 数据流信息输出，它是由 IETF 公布的用于网络中流信息测量的标准协议。IPFIX 定义的格式以 NetFlow v9 数据输出格式作为基础，基于模板的、面向记录的、二进制输出格式的类型，可以使 IP 流量信息从一个输出器传送到收集器。因为 IPFIX 是一种针对数据流特征分析、基于模板的格式输出的协议，因此具有很强的可扩展性，对于不同的需求可以定义不同的数据格式。为了较为完整地输出数据，IPFIX 默认使用网络设备的七个关键属性来表示每股网络流量，即源 IP 地址、目的 IP 地址、TCP/UDP 源端口、TCP/UDP 目的端口、三层协议类型、服务类型字节、输入逻辑接口。如果不同的 IP 报文中所有的七个关键域都能匹配，那么这些 IP 报文都将被视为属于同一股网络流量。

会话数据可以从包捕获数据中间接抽取和过滤，也能直接从网络线路上捕获（在传感器端），这点与包字符串数据类似，由于前者容易造成数据包丢失、会话流收集不完整，所以常采用后者直接捕获的方式。直接捕获可以依靠硬件来完成，也可以依靠软件来生成，如前所述，大多数思科网络设备都具有生成 NetFlow 数据的能力，在软件方面也有多种会话流数据生成软件可以采用。

基本的会话流分析技术包括：

- 会话 / 流列举：列举出所捕获的数据包中所有会话和数据流，或者通过特征仅列出指定的数据流。
- 导出数据流：分离出一个或多个数据流，将这些关键的数据流保存在磁盘上以进行进一步分析。
- 文件及数据挖掘：从重组的数据流中提取出文件或其他有价值的数据。

与其他数据类型相比，会话数据的收集难度和成本小，而价值和收益相对较高，是网络安全数据收集中常用到的类型。

3.5　统计数据

统计数据是对其他类型数据的组织、分析、解释和演示，可以采取很多不同的形式，如计算数据值可以确定两个实体之间随着时间推移的正负关系。统计数据描述了来源于各类活动产生的各个方面的流量。

Wireshark 软件提供了一些观察统计数据的方法，如对数据包长度的统计如图 3.6 所示。

Wireshark · Packet Lengths · wireshark_5F61BDAB-7325-42D8-9C20-13E7FB09DC79_201...

Topic / Item	Count	Average	Min val	Max val	Rate (ms)	Percent	Burst rate	Burst start
Packet Lengths	1213	86.40	42	946	0.0081	100%	0.5600	122.061
0-19	0	-	-	-	0.0000	0.00%	-	-
20-39	0	-	-	-	0.0000	0.00%	-	-
40-79	773	54.31	42	78	0.0052	63.73%	0.5600	122.061
80-159	385	91.63	81	148	0.0026	31.74%	0.0500	18.020
160-319	24	255.21	162	293	0.0002	1.98%	0.0200	18.033
320-639	15	419.07	342	583	0.0001	1.24%	0.0200	19.094
640-1279	16	946.00	946	946	0.0001	1.32%	0.0200	126.688
1280-2559	0	-	-	-	0.0000	0.00%	-	-
2560-5119	0	-	-	-	0.0000	0.00%	-	-
5120 and greater	0	-	-	-	0.0000	0.00%	-	-

显示过滤器：输入显示过滤器 …　应用

复制　另存为…　Close

图 3.6　Wireshark 对数据包长度的统计内容

Wireshark 对 I/O 吞吐量的统计如图 3.7 所示。

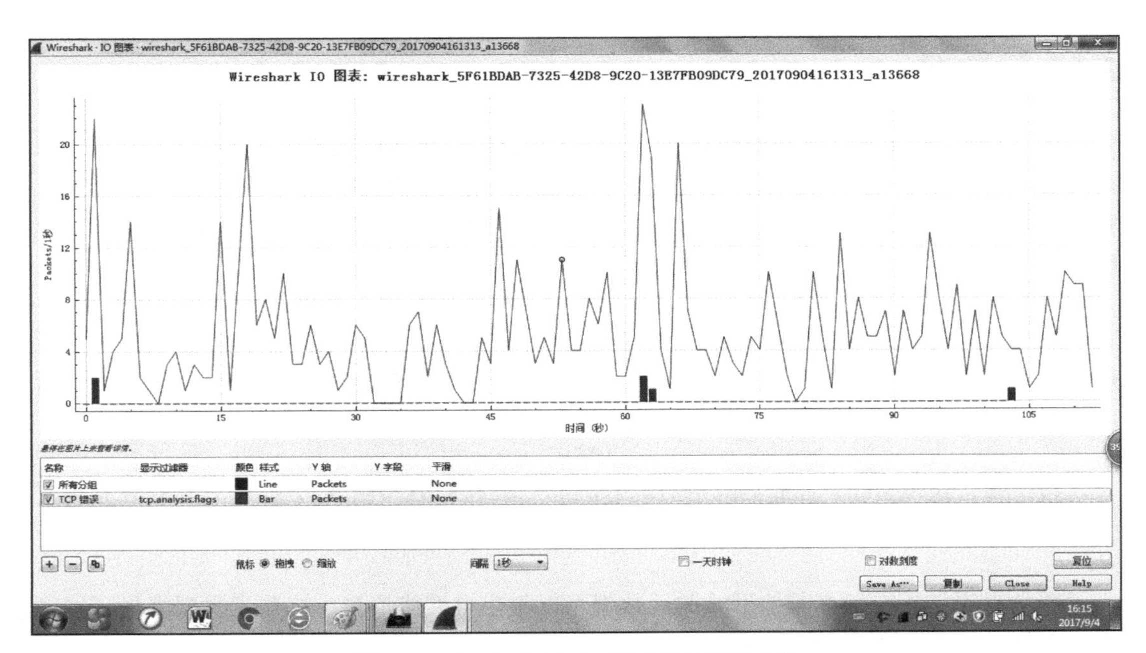

图 3.7　Wireshark 对 I/O 吞吐量的统计内容

Wireshark 对协议分级的统计如图 3.8 所示。

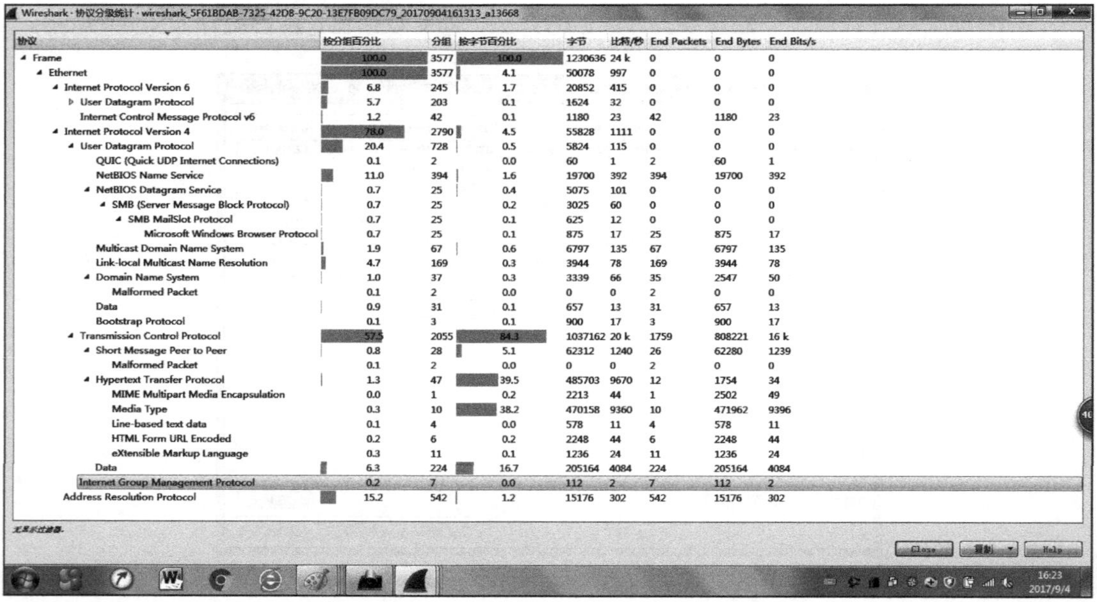

Wireshark · 协议分级统计 · wireshark_5F61BDAB-7325-42D8-9C20-13E7FB09DC79_20170904161313_a13668

协议	按分组百分比	分组	按字节百分比	字节	比特/秒	End Packets	End Bytes	End Bits/s
Frame	100.0	3577	100.0	1230636	24 k	0	0	0
Ethernet	100.0	3577	4.1	50078	997	0	0	0
Internet Protocol Version 6	6.8	245	1.7	20852	415	0	0	0
User Datagram Protocol	5.7	203	0.1	1624	32	0	0	0
Internet Control Message Protocol v6	1.2	42	0.1	1180	23	42	1180	23
Internet Protocol Version 4	78.0	2790	4.5	55828	1111	0	0	0
User Datagram Protocol	20.4	728	0.5	5824	115	0	0	0
QUIC (Quick UDP Internet Connections)	0.1	2	0.0	60	1	2	60	1
NetBIOS Name Service	11.0	394	1.6	19700	392	394	19700	392
NetBIOS Datagram Service	0.7	25	0.4	5075	101	0	0	0
SMB (Server Message Block Protocol)	0.7	25	0.2	3025	60	0	0	0
SMB MailSlot Protocol	0.7	25	0.1	625	12	0	0	0
Microsoft Windows Browser Protocol	0.7	25	0.1	875	17	25	875	17
Multicast Domain Name System	1.9	67	0.6	6797	135	67	6797	135
Link-local Multicast Name Resolution	4.7	169	0.3	3944	78	169	3944	78
Domain Name System	1.0	37	0.3	3339	66	35	2547	50
Malformed Packet	0.1	2	0.0	0	0	2	0	0
Data	0.9	31	0.1	657	13	31	657	13
Bootstrap Protocol	0.1	3	0.1	900	17	3	900	17
Transmission Control Protocol	57.5	2055	84.3	1037162	20 k	1759	808221	16 k
Short Message Peer to Peer	0.8	28	5.1	62312	1240	26	62280	1239
Malformed Packet	0.1	2	0.0	0	0	2	0	0
Hypertext Transfer Protocol	1.3	47	39.5	485703	9670	12	1754	34
MIME Multipart Media Encapsulation	0.0	1	0.2	2213	44	1	2502	49
Media Type	0.3	10	38.2	470158	9360	10	471962	9396
Line-based text data	0.1	4	0.0	578	11	4	578	11
HTML Form URL Encoded	0.2	6	0.2	2248	44	6	2248	44
eXtensible Markup Language	0.3	11	0.1	1236	24	11	1236	24
Data	6.3	224	16.7	205164	4084	224	205164	4084
Internet Group Management Protocol	0.2	7	0.0	112	2	7	112	2
Address Resolution Protocol	15.2	542	1.2	15176	302	542	15176	302

无显示过滤器。

图 3.8 Wireshark 对协议分级的统计内容

3.6 元数据

元数据（Metadata）又称中介数据、中继数据，是用于描述数据的数据，主要是描述数据属性（如数据的组织、数据域及其关系）的信息，用来支持如指示存储位置、历史数据、资源查找、文件记录等功能。为了获取元数据，我们从网络活动中提取关键元素，然后利用一些外部工具来理解它。

例如，我们在数据包的信息中看到很多关于源 IP 和目标 IP 地址的信息。这些 IP 地址是谁在管理，如何组织起来的？这些信息我们可以用 WHOIS 数据库进行查询，如图 3.9 所示是用 WHOIS 查询的某网站的 IP 地址信息。

接下来，用 WHOIS 查询某网站的域名信息，如图 3.10 ～图 3.12 所示。图 3.13 是用某软件查询的路由信息。

总的来说，还有很多其他形式的元数据可以衍生自网络流量，这些元数据提供了网络威胁活动中的一些关键重要信息。

```
IANA WHOIS 主机 : whois.iana.org
refer: whois.apnic.net
inetnum: 112.0.0.0 - 112.255.255.255
organisation: APNIC
status: ALLOCATED
whois: whois.apnic.net
changed: 2008-05
source: IANA
注册局 WHOIS 主机 : whois.apnic.net
inetnum: 112.160.0.0 - 112.191.255.255
netname: KORNET
descr: Korea Telecom
admin-c: IM667-AP
tech-c: IM667-AP
country: KR
status: ALLOCATED PORTABLE
mnt-by: MNT-KRNIC-AP
mnt-irt: IRT-KRNIC-KR
last-modified: 2017-02-03T02:21:58Z
source: APNIC
irt: IRT-KRNIC-KR
address: Seocho-ro 398, Seocho-gu, Seoul, Korea
e-mail: hostmaster($>nic.or.kr
abuse-mailbox: hostmaster($>nic.or.kr
admin-c: IM574-AP
tech-c: IM574-AP
auth: # Filtered
mnt-by: MNT-KRNIC-AP
last-modified: 2017-10-19T07:36:36Z
source: APNIC
person: IP Manager
address: Gyeonggi-do Bundang-gu, Seongnam-si Buljeong-ro 90
country: KR
phone: +82-2-500-6630
e-mail: kornet_ip($>kt.com
nic-hdl: IM667-AP
mnt-by: MNT-KRNIC-AP
last-modified: 2017-03-28T06:37:04Z
source: APNIC
```

图 3.9 某网站 IP 地址的 WHOIS 输出内容

```
root@KaliYL:~# whois baidu.com

Whois Server Version 2.0

Domain names in the .com and .net domains can now be registered
with many different competing registrars. Go to http://www.internic.net
for detailed information.

   Server Name: BAIDU.COM.CN
   Registrar: BEIJING INNOVATIVE LINKAGE TECHNOLOGY LTD. DBA DNS.COM.CN
   Whois Server: whois.dns.com.cn
   Referral URL: http://www.dns.com.cn


   Server Name: BAIDU.COM.MORE.INFO.AT.WWW.BEYONDWHOIS.COM
   IP Address: 203.36.226.2
   Registrar: INSTRA CORPORATION PTY, LTD.
   Whois Server: whois.instra.net
   Referral URL: http://www.instra.com


   Server Name: BAIDU.COM.S18.4BO.CN
   Registrar: XIN NET TECHNOLOGY CORPORATION
   Whois Server: whois.paycenter.com.cn
```

图 3.10　关于域名的元数据（1）

```
Whois database for failure to abide by these terms of use. VeriSign
reserves the right to modify these terms at any time.

The Registry database contains ONLY .COM, .NET, .EDU domains and
Registrars.
Domain Name: baidu.com
Registry Domain ID: 11181110_DOMAIN_COM-VRSN
Registrar WHOIS Server: whois.markmonitor.com
Registrar URL: http://www.markmonitor.com
Updated Date: 2017-02-13T01:04:21-0800
Creation Date: 1999-10-11T04:05:17-0700
Registrar Registration Expiration Date: 2017-10-11T00:00:00-0700
Registrar: MarkMonitor, Inc.
Registrar IANA ID: 292
Registrar Abuse Contact Email: abusecomplaints@markmonitor.com
Registrar Abuse Contact Phone: +1.2083895740
Domain Status: clientUpdateProhibited (https://www.icann.org/epp#clientUpdatePro
hibited)
Domain Status: clientTransferProhibited (https://www.icann.org/epp#clientTransfe
rProhibited)
Domain Status: clientDeleteProhibited (https://www.icann.org/epp#clientDeletePro
hibited)
Domain Status: serverUpdateProhibited (https://www.icann.org/epp#serverUpdatePro
hibited)
```

图 3.11　关于域名的元数据（2）

```
Registrant Phone Ext:
Registrant Fax: +86.1059928888
Registrant Fax Ext:
Registrant Email: domainmaster@baidu.com
Registry Admin ID:
Admin Name: Domain Admin
Admin Organization: Beijing Baidu Netcom Science Technology Co., Ltd.
Admin Street: 3F Baidu Campus No.10, Shangdi 10th Street Haidian District
Admin City: Beijing
Admin State/Province: Beijing
Admin Postal Code: 100085
Admin Country: CN
Admin Phone: +86.1059928888
Admin Phone Ext:
Admin Fax: +86.1059928888
Admin Fax Ext:
Admin Email: domainmaster@baidu.com
Registry Tech ID:
Tech Name: Domain Admin
Tech Organization: Beijing Baidu Netcom Science Technology Co., Ltd.
Tech Street: 3F Baidu Campus No.10, Shangdi 10th Street Haidian District
Tech City: Beijing
Tech State/Province: Beijing
Tech Postal Code: 100085
```

图 3.12　关于域名的元数据（3）

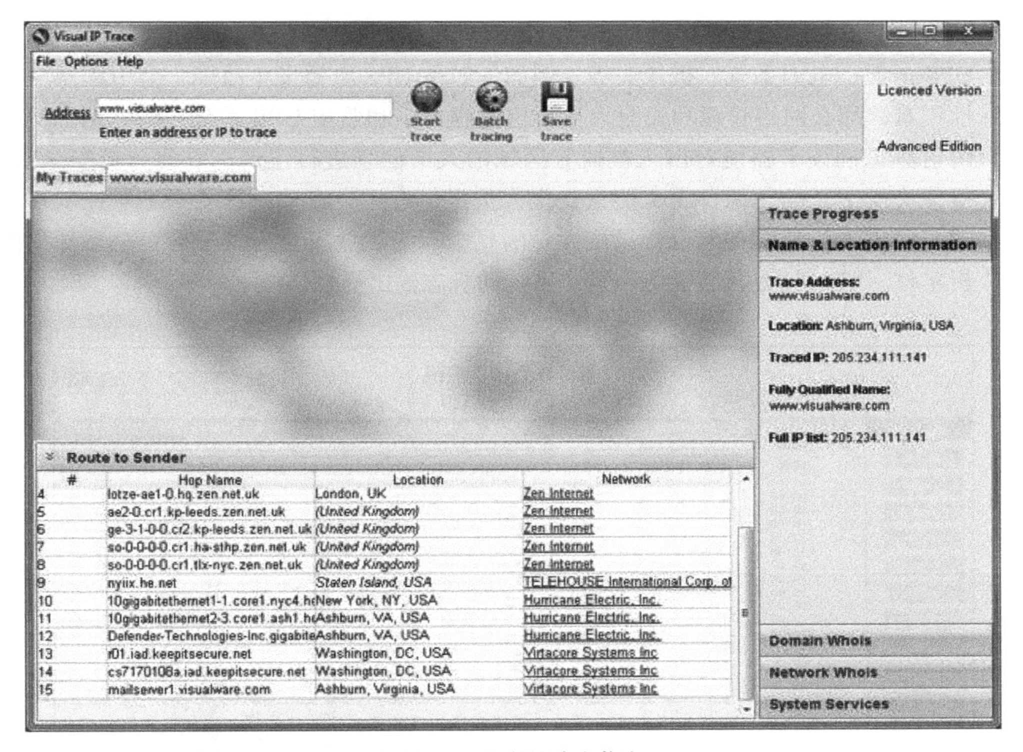

图 3.13　查询的路由信息

3.7　日志数据

日志数据是非常重要和有价值的网络安全数据类型之一，特别是当它被存储在一个安全的中央服务器上并且有多个日志来源相关联的时候。日志数据记录着特定事件、特定系统 / 环境的状态，它的来源众多，是由设备、系统或者应用程序所生成的原始日志文件，主要包括 Web 代理日志、防火墙日志、VPN 身份验证日志、Windows 安全日志以及 SYSLOG 数据等。日志数据也常称为事件日志，应用程序服务器、路由器、防火墙、网络设备以及其他许多类型的设备等都会产生事件日志，不同设备产生的日志各有不同，格式类型也有较大差异。日志数据可以存在本地设备上，也可以从多个设备集发送到一个或多个中央服务器上。收集网络安全数据为什么一定少不了日志数据？因为日志数据不仅记录了包含网络功能直接相关的信息和网络状态，还记录了所有的网络活动。日志数据越全面丰富，对于网络安全态势感知而言，重现场景就越容易。很多机构都设有日志的集中管理报告机制和系统，以便对各种事件进行监测和判断。

根据日志的来源，可以把日志分为物理设备日志、网络设备日志、操作系统日志和应用程序日志。

- **物理设备日志**：由与采集数据相关的物理设备所产生的日志数据，如访问控制系统、UPS电源、电力系统、摄像头等。例如，如果UPS电源发生故障，会引起网络可用性灾难，那么网络管理和安全人员希望远程控制和监控UPS系统；门禁识别所采用的射频识别读卡器能对出入被监管区域的人员信息进行记录，以便分析安全事件；摄像头所记录的图像日志也能为安全人员提供有用、有效的信息；工业控制系统中的一些生产控制设备上也记录了大量的日志，为工业安全人员分析安全事件提供分析素材。图3.14是某智能电力监控系统的日志输出样例。

智能电力监控系统

通讯状态　报警信息

2015-06-06 17:37:09　当前用户：

导航栏

运行日志

时间	Ua/V	Ub/V	Uc/V	Ia/A	Ib/A	Ic/A	P/w	Ep/kwh	分合状态	值班人员
07:00	[illegible]	[illegible]	215.06	[illegible]	[illegible]	215.06	215.06	215.06	[illegible]	[illegible]
08:00	[illegible]	[illegible]	215.06	[illegible]	[illegible]	215.06	215.06	215.06	[illegible]	[illegible]
09:00	[illegible]	[illegible]	215.06	[illegible]	[illegible]	215.06	215.06	215.06	[illegible]	[illegible]
10:00	[illegible]	[illegible]	215.06	[illegible]	[illegible]	215.06	215.06	215.06	[illegible]	[illegible]
11:00	[illegible]	[illegible]	215.06	[illegible]	[illegible]	215.06	215.06	215.06	[illegible]	[illegible]
12:00	[illegible]	[illegible]	215.06	[illegible]	[illegible]	215.06	215.06	215.06	[illegible]	[illegible]
13:00	[illegible]	[illegible]	215.06	[illegible]	[illegible]	215.06	215.06	215.06	[illegible]	[illegible]
14:00	[illegible]	[illegible]	215.06	[illegible]	[illegible]	215.06	215.06	215.06	[illegible]	[illegible]
15:00	[illegible]	[illegible]	215.06	[illegible]	[illegible]	215.06	215.06	215.06	[illegible]	李四
16:00	[illegible]	[illegible]	215.06	[illegible]	[illegible]	215.06	215.06	215.06	[illegible]	李四
17:00	[illegible]	[illegible]	215.06	[illegible]	[illegible]	215.06	215.06	215.06	[illegible]	李四
18:00	[illegible]	[illegible]	215.06	[illegible]	[illegible]	215.06	215.06	215.06	[illegible]	李四
19:00	[illegible]	[illegible]	215.06	[illegible]	[illegible]	215.06	215.06	215.06	[illegible]	李四
20:00	[illegible]	[illegible]	215.06	[illegible]	[illegible]	215.06	215.06	215.06	[illegible]	李四
21:00	[illegible]	[illegible]	215.06	[illegible]	[illegible]	215.06	215.06	215.06	[illegible]	李四
22:00	[illegible]	[illegible]	215.06	[illegible]	[illegible]	215.06	215.06	215.06	[illegible]	李四
23:00	[illegible]	[illegible]	215.06	[illegible]	[illegible]	215.06	215.06	215.06	[illegible]	王二
00:00	[illegible]	[illegible]	215.06	[illegible]	[illegible]	215.06	215.06	215.06	[illegible]	王二
01:00	[illegible]	[illegible]	215.06	[illegible]	[illegible]	215.06	215.06	215.06	[illegible]	王二
02:00	[illegible]	[illegible]	215.06	[illegible]	[illegible]	215.06	215.06	215.06	[illegible]	王二
03:00	[illegible]	[illegible]	215.06	[illegible]	[illegible]	215.06	215.06	215.06	[illegible]	王二
04:00	[illegible]	[illegible]	215.06	[illegible]	[illegible]	215.06	215.06	215.06	[illegible]	王二
05:00	[illegible]	[illegible]	215.06	[illegible]	[illegible]	215.06	215.06	215.06	[illegible]	王二
06:00	[illegible]	[illegible]	215.06	[illegible]	[illegible]	215.06	215.06	215.06	[illegible]	王二

武汉舜通智能科技有限公司

图3.14　物理设备日志数据显示内容

- **网络设备日志**：由防火墙、交换机、路由器、无线接入点等网络设备所产生的日志数据。企业级网络设备往往能产生大量日志数据，但由于网络设备自身存储容量有限，这些日志通常由Syslog[1]或SNMP[2]发送到远程服务器上。图3.15和图3.16是某路由器和某防火墙日志输出样例。

[1] Syslog，用于在IP网络中传输事件通知的一个客户端/服务器协议，大多数现代Linux/UNIX发行版都默认采用Syslog作为默认日志记录机制，甚至还有几种流行的Windows客户端，用于收集和转发日志到中央Syslog服务器。

[2] SNMP（简单网络管理协议）是基于TCP/IP协议族的网络管理标准，是一种在IP网络中管理网络节点的标准协议，用以监测连接到网络上的设备是否有任何引起管理上关注的情况。

选择要查看的日志类型：全部 选择要查看的日志等级：ALL

索引	时间	类型	级别	日志内容
181	Oct 22 17:08:03	DHCP	NOTICE	DHCPS:Recv REQUEST from 6C:F0:49:7A:38:A7
182	Oct 22 17:08:03	DHCP	NOTICE	DHCPS:Send ACK to 192.168.1.100
183	Oct 22 17:08:08	DHCP	NOTICE	DHCPS:Recv REQUEST from 6C:F0:49:7A:38:A7
184	Oct 22 17:08:08	DHCP	NOTICE	DHCPS:Send ACK to 192.168.1.100
185	Oct 22 17:08:16	DHCP	NOTICE	DHCPS:Recv REQUEST from 6C:F0:49:7A:38:A7
186	Oct 22 17:08:16	DHCP	NOTICE	DHCPS:Send ACK to 192.168.1.100
187	Oct 22 17:08:19	DHCP	NOTICE	DHCPS:Recv INFORM from 6C:F0:49:7A:38:A7
188	Oct 22 17:19:32	DHCP	NOTICE	DHCPS:Recv REQUEST from 88:53:95:D7:EA:2F
189	Oct 22 17:19:33	DHCP	NOTICE	DHCPS:REQUEST ip c0a800fd is not in the address pool
190	Oct 22 17:19:33	DHCP	NOTICE	DHCPS:Send NAK
191	Oct 22 17:19:33	DHCP	NOTICE	DHCPS:Recv DISCOVER from 88:53:95:D7:EA:2F
192	Oct 22 17:19:34	DHCP	NOTICE	DHCPS:Send OFFER with ip 192.168.1.102
193	Oct 22 17:19:35	DHCP	NOTICE	DHCPS:Recv REQUEST from 88:53:95:D7:EA:2F
194	Oct 22 17:19:35	DHCP	NOTICE	DHCPS:Send ACK to 192.168.1.102
195	Oct 22 17:41:20	DHCP	NOTICE	DHCPS:Recv REQUEST from 88:53:95:D7:EA:2F
196	Oct 22 17:41:20	DHCP	NOTICE	DHCPS:Send ACK to 192.168.1.102
197	Oct 22 17:43:10	DHCP	NOTICE	DHCPS:Recv REQUEST from 88:53:95:D7:EA:2F
198	Oct 22 17:43:10	DHCP	NOTICE	DHCPS:Send ACK to 192.168.1.102

图 3.15 网络设备日志数据显示内容（路由器）

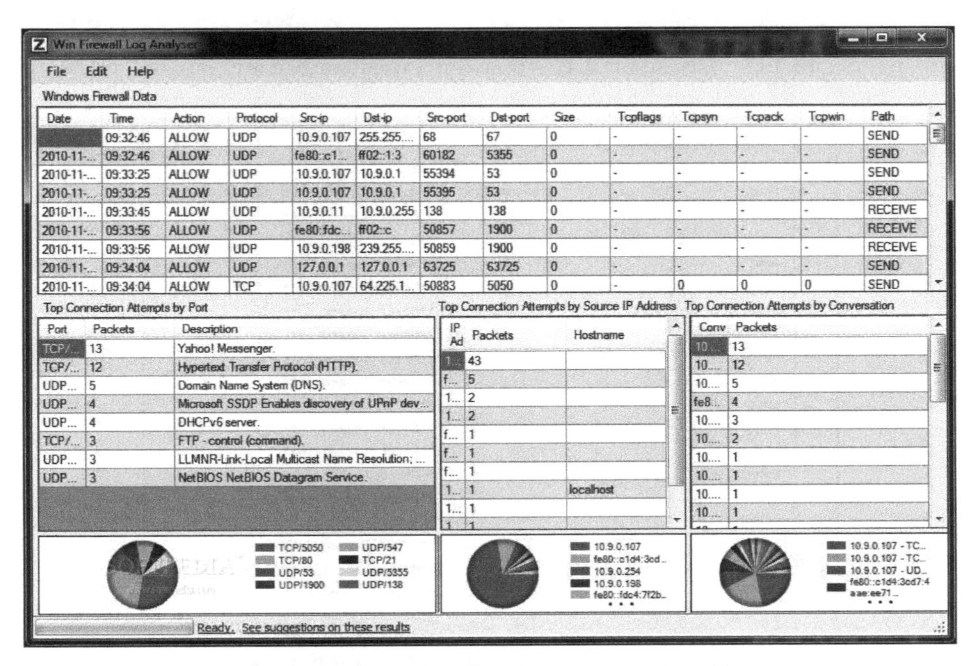

图 3.16 网络设备日志数据显示内容（防火墙）

- **操作系统日志**：大多数操作系统都有少量的日志记录功能，如常用的 Windows、Linux 和 UNIX 等系统，如图 3.17 和图 3.18 所示，都有存储和维护系统日志记录的能力，且这些日志一般是可定制的。该类日志通常包含登录/注销、系统启动/关闭、执行特权指令、服务活动和错误等信息。有些操作系统的内核日志还记录了大量信息，如开关机时间、CPU/RAM 信息、网络和文件系统数据等，分析人员可据此判断系统运行状况和事件发生情况。

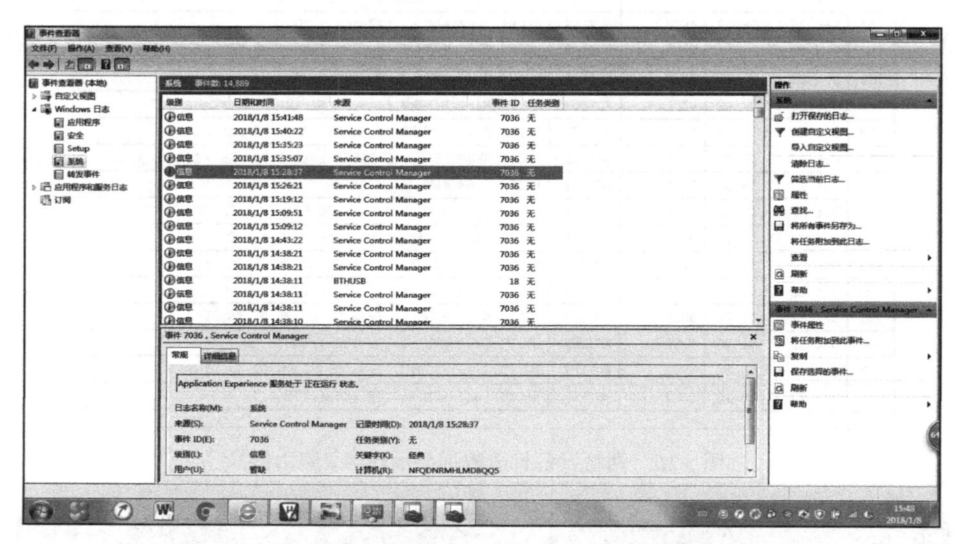

图 3.17　操作系统日志数据显示内容（Windows 系统事件日志）

```
1  [root@TestStation etc]# lastlog
2  Username         Port     From             Latest
3  root             pts/0    110.87.109.232   Wed Nov  2 10:34:20 +0800 2016
4  bin                                        **Never logged in**
5  daemon                                     **Never logged in**
6  adm                                        **Never logged in**
7  lp                                         **Never logged in**
8  sync                                       **Never logged in**
9  shutdown                                   **Never logged in**
10 halt                                       **Never logged in**
11 mail                                       **Never logged in**
12 uucp                                       **Never logged in**
13 operator                                   **Never logged in**
14 games                                      **Never logged in**
15 gopher                                     **Never logged in**
16 ftp                                        **Never logged in**
17 nobody                                     **Never logged in**
18 vcsa                                       **Never logged in**
19 saslauth                                   **Never logged in**
20 postfix                                    **Never logged in**
21 sshd                                       **Never logged in**
22 ntp                                        **Never logged in**
23 suda             pts/2    222.79.79.120    Tue Oct 25 16:00:01 +0800 2016
```

图 3.18　操作系统日志数据显示内容（Linux 系统事件日志）

- **应用程序日志**：由各种应用服务器程序产生的日志数据，如 Web 服务器、数据库服务器、邮件服务器、认证服务器、文件共享服务器、DNS 服务器、日志服务器等。包括网络的访问记录、调试信息、常规的程序启动 / 关闭等日志信息。应用程序日志的内容和形式变化较快，且很多可以自定义，对于安全人员来说收集和分析难度较大。图 3.19 是某邮件服务器日志输出样例。

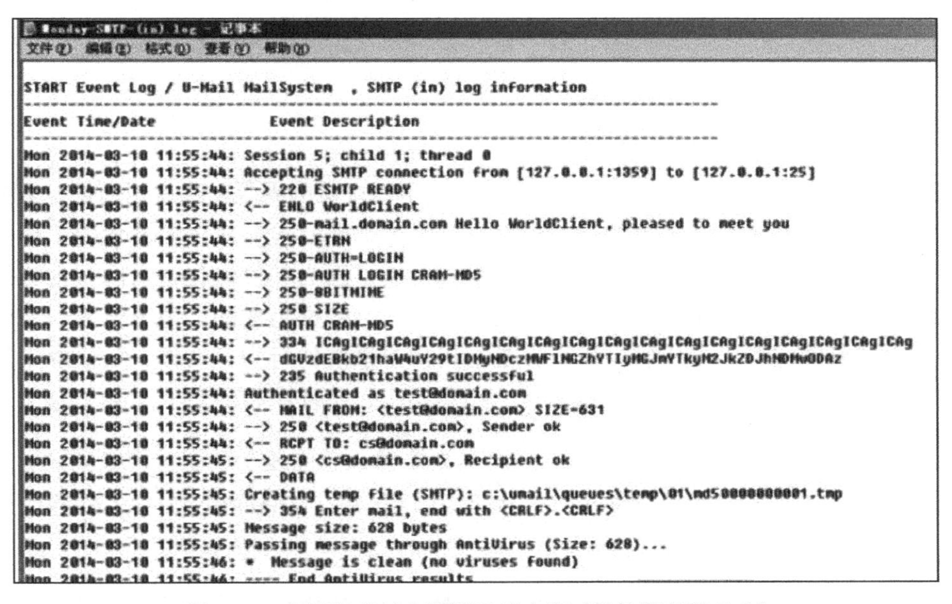

```
START Event Log / U-Mail MailSystem  , SMTP (in) log information
---------------------------------------------------------------------------
Event Time/Date               Event Description
---------------------------------------------------------------------------
Mon 2014-03-10 11:55:44: Session 5; child 1; thread 0
Mon 2014-03-10 11:55:44: Accepting SMTP connection from [127.0.0.1:1359] to [127.0.0.1:25]
Mon 2014-03-10 11:55:44: --> 220 ESMTP READY
Mon 2014-03-10 11:55:44: <-- EHLO WorldClient
Mon 2014-03-10 11:55:44: --> 250-mail.domain.com Hello WorldClient, pleased to meet you
Mon 2014-03-10 11:55:44: --> 250-ETRN
Mon 2014-03-10 11:55:44: --> 250-AUTH=LOGIN
Mon 2014-03-10 11:55:44: --> 250-AUTH LOGIN CRAM-MD5
Mon 2014-03-10 11:55:44: --> 250-8BITMIME
Mon 2014-03-10 11:55:44: --> 250 SIZE
Mon 2014-03-10 11:55:44: <-- AUTH CRAM-MD5
Mon 2014-03-10 11:55:44: --> 334 ICAgICAgICAgICAgICAgICAgICAgICAgICAgICAgICAgICAgICAgICAgICAgICAgICAg
Mon 2014-03-10 11:55:44: <-- dGVzdEBkb21haW4uY29tIDMyNDczMWF1NGZhYTIyMGJmYTkyM2JkZDJhMDMwODAz
Mon 2014-03-10 11:55:44: --> 235 Authentication successful
Mon 2014-03-10 11:55:44: Authenticated as test@domain.com
Mon 2014-03-10 11:55:44: <-- MAIL FROM: <test@domain.com> SIZE=631
Mon 2014-03-10 11:55:44: --> 250 <test@domain.com>, Sender ok
Mon 2014-03-10 11:55:44: <-- RCPT TO: cs@domain.com
Mon 2014-03-10 11:55:45: --> 250 <cs@domain.com>, Recipient ok
Mon 2014-03-10 11:55:45: <-- DATA
Mon 2014-03-10 11:55:45: Creating temp file (SMTP): c:\umail\queues\temp\01\md50000000001.tmp
Mon 2014-03-10 11:55:45: --> 354 Enter mail, end with <CRLF>.<CRLF>
Mon 2014-03-10 11:55:45: Message size: 628 bytes
Mon 2014-03-10 11:55:45: Passing message through AntiVirus (Size: 628)...
Mon 2014-03-10 11:55:46: *  Message is clean (no viruses found)
Mon 2014-03-10 11:55:46: ---- End AntiVirus results
```

图 3.19　应用程序日志数据显示内容（邮件服务器日志）

根据日志的记录架构，可以把日志分为本地日志、远程分散日志和集中管理日志。

- **本地日志**：记录在本地硬盘上，对于大多数操作系统、应用程序、网络设备和物理设备来说，这是默认配置方式，其最大的问题在于过于分散，给安全人员的收集工作带来一定难度，以及不同系统的时间统一存在困难、不同系统或设备输出的日志格式存在差异、存储的容量有限等。
- **远程分散日志**：日志通过网络被发送到不同的远程存储系统上，且按照日志类型存储在不同的服务器上，常见于 IT 资源非中心管理的环境。其好处在于远程存储的日志一般不会存在受本地系统入侵的风险，其时间可以通过时间服务器来进行统一，而且安全人员的收集工作量减少了很多。但其存在的问题在于传输网络的可靠性会影响日志的完整性和保密性，当网络中断或被攻击时日志数据可能丢失或被篡改。
- **集中管理日志**：多种不同来源的日志数据被集中聚合到一个中央日志服务器或一组同步的日志服务器上，以进行集中统一管理。这种记录架构模式通常最为可取，因为它解决了上述本地日志和远程分散日志架构模式存在的种种问题，解决了时间同步性、数据安全性、网络传输可靠性、存储空间等问题，而且使得日志数据的访问更加方便，安全人员可以根据需要快速调取日志并进行配置修改，对不同来源的日志可以采用相应工具进行关联和聚合，更清晰地还原出事件的全貌。

日志数据可以作为网络安全态势感知的一个重要数据类型和来源，可通过集中管理控制台进行日志聚合，并通过命令行或可视化工具进行查看，以及采用特定关键词检索、过滤、活动模式识别、特征分析和关联等技术进行日志分析。

3.8　告警数据

告警[1]数据是指当检测系统中某些量的值超过了所规定的界限，或者任何被配置检查的数据出现异常时，系统自动产生的警告信息。这种数据通常包含对告警的说明，连同一个显示异常数据的指针。通常，告警数据的容量非常小，因为其仅仅包含指向其他数据的指针。网络安全态势感知对于事件的分析往往是基于告警数据生成的。关于告警与事件的区别在于，告警允许安全人员应答，而事件是指用户对系统的行为、动作，如修改了某个变量的值，或者用户的登录 / 注销、站点的启动 / 退出等，事件不需要安全人员应答。

入侵检测系统（IDS）是告警数据的一个重要来源，它能监视和解析网络流量。安全人员能够在 IDS 的控制台上审查告警数据。图 3.20 和图 3.21 为 Snorby 平台上生成的告警信息输出样例。

以上数据类型所占用的容量是不同的，通常来说，完整内容数据的容量最大，其次是提取内容数据，再者是会话数据。而相对于上面三种数据，统计数据、元数据、日志数据和告警数据容量通常比较小，而且容量变化也会很大——这多半取决于你所收集的数据类型，以及你正在使用的数据源[2]。

在本章中，我们对网络安全数据的基本范围进行了概述，对每种数据类型的概念和特点进行了说明，并给出了若干图示，以便读者直观地理解。这些内容的重要性再怎么强调也不过分，只有明确了数据范围和数据类型，才能有的放矢地采集和获取数据，这是我们进行网络安全态势感知最基础的部分。

[1] 告警，有时也称为报警或警报。

[2] 数据源，顾名思义，数据的来源，是提供某种所需要数据的器件或原始媒体。在数据源中存储了所有建立数据库连接的信息。就像通过制定文件名称可以在文件系统中找到文件一样，通过提供正确的数据源名称，你可以找到相应的数据库连接。

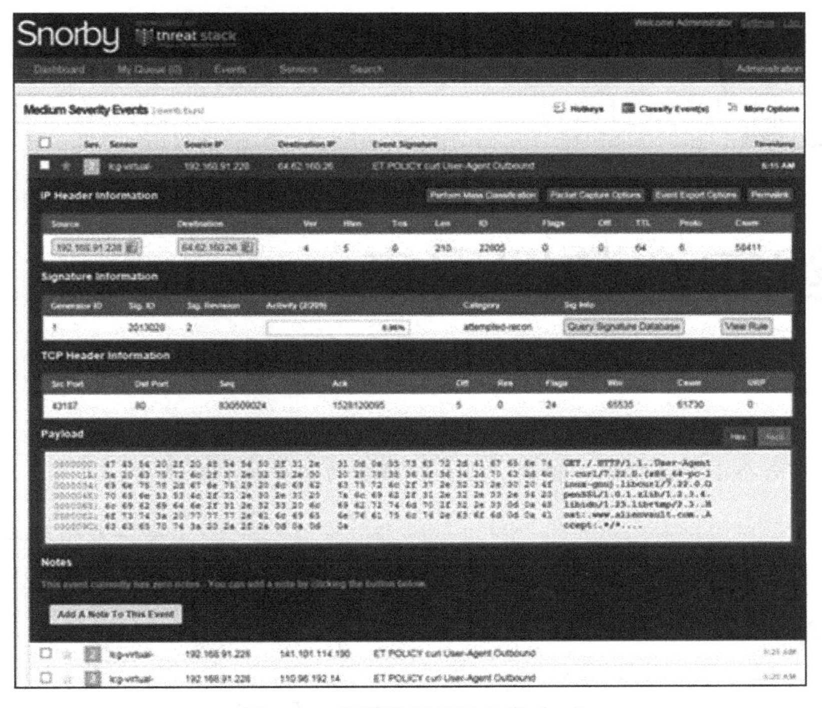

图 3.20　告警数据显示内容（一）

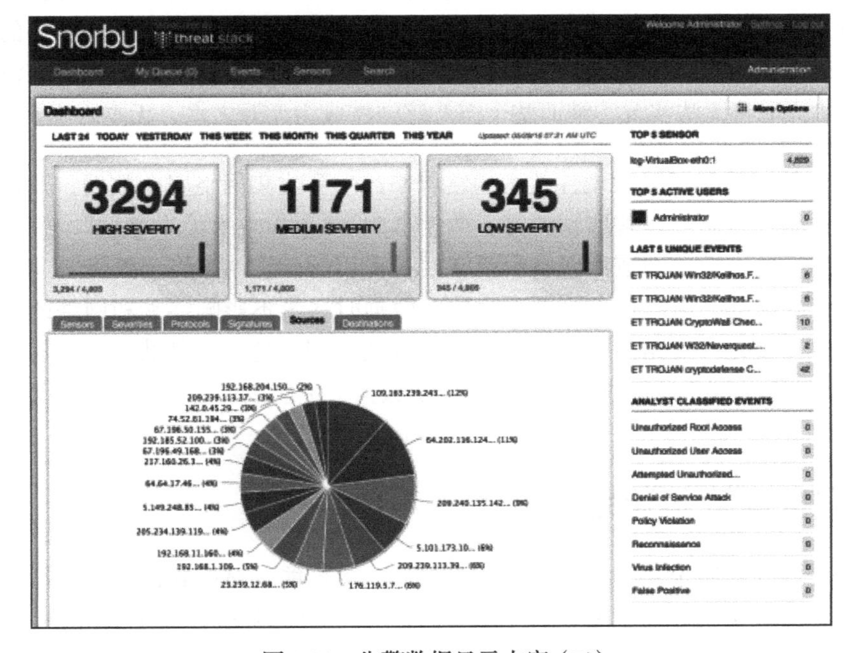

图 3.21　告警数据显示内容（二）

第4章

网络安全数据采集

如果我有六个小时去砍倒一棵树，我会花掉头四个小时去磨斧头。

——亚伯拉罕·林肯

4.1 引言

用本章开头林肯总统的那句话来形容数据采集的重要性，再适合不过了。对网络服务关键节点和网络检测设备的安全特征数据进行分析后发现，能不能采集到更多的数据，并从这些海量网络数据中抽取出影响安全态势的关键信息，是网络安全态势感知的基础。数据的采集处理对整个态势提取、分析和呈现有着重要的影响，如果数据分析不清、数据采集混乱，态势提取将无法实现，继而整个态势感知将成为无源之水、无本之木。

网络安全数据采集通过软硬件技术的结合来产生和收集网络安全数据，其目的是为态势提取提供素材，为态势理解和预测打下数据基础。“巧妇难为无米之炊”，我们必须对数据的采集做到心中有数，知道哪些数据是必要且可用的、它们来自于哪里、通过什么方式获取以及如何采集的，同时也应当在采集这些数据时尽量不影响终端和网络的可用性。网络安全态势感知就是“数据驱动安全”领域最好的应用，这也迫使我们（尤其是安全分析师）必须成为数据的高手，不仅仅知道如何分析数据，更应该清楚如何采集所需的数据。

4.2 制定数据采集计划

数据采集计划的制定并不是凭空想象出来的，也不能一蹴而就，而要遵循一定的方法和步骤，分阶段来实现。通常来说，至少涉及四个不同的阶段，即定义威胁、量化风险、识别数据源以及提炼有价值元素，如图 4.1 所示。

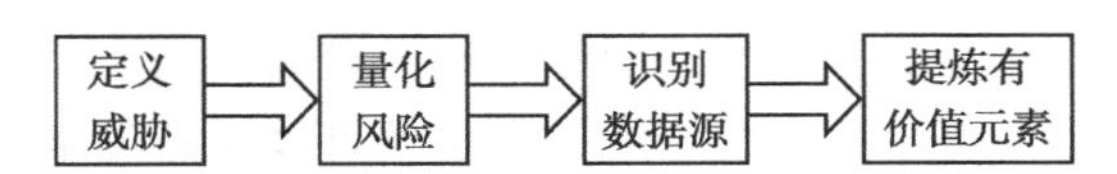

图 4.1　数据采集计划阶段划分

- **定义威胁**：这里的威胁并非来自竞争对手或者是行业竞争等，而是导致组织或个人数据的保密性、完整性和可用性[⊖]受到负面影响的因素。例如，某组织在内部网络通信过程中遭到了窃听，导致重要涉密信息被泄露，这就是保密性威胁；一家商业银行保存着大量客户的个人信息和账户信息，如果这家银行数据库里保存的信息遭到了非法篡改，就会造成客户的资金损失，这就是完整性威胁；一个主营电力生产的工业控制系统必须 7 × 24 小时连续运转，如果系统突然中断，就会造成组织受到重大经济损失，这就是可用性威胁。除了通过以问卷调查或人工提问的方式主观地判断组织所要保护的东西是什么（如资产）以及面临的威胁是什么，还可以采用一些高级的威胁建模方法和模型（比如 STRIDE[⊜]方法、攻击树、攻击库等）来识别和发现威胁。
- **量化风险**：也常被称为风险评估，即对组织信息资产所面临的威胁、存在的弱点、造成的影响，以及三者综合作用所带来风险的可能性进行量化。在明确定义威胁之后，需要分析组织中哪些弱点可能会被威胁所利用，推测威胁事件的发生会对组织造成怎样的损失。对风险进行定性评估固然有必要，但在数据采集计划制定过程中，需要尽可能地量化风险，最常用的方法就是用“影响”和“概率”的乘积来求得风险值。其中，“影响”表示威胁对组织造成的影响，可以分级度量；“概率”表示威胁发生的可能性，也可分级度量，二者的乘积即可简单地量化度量组织面临的风险值。除此之外，量化风险的方法还有许多，其内容丰富到足够写一本书，如果读者感兴趣，可以参考这方面的书籍资料。
- **识别数据源**：在确定了威胁和风险的基础上，接下来就是识别现实网络运行中主要的数据来源，为后续的态势提取提供数据基础。在第 3 章中，我们对网络安全数据源有了一个整体的介绍和类型划分，是为了方便读者从全局的角度来认识网络安全数据。但在制定数据采集计划时，需要根据具体情况和实际应用，针对性地选取容易造成入侵威胁、引起负面影响的位置所产生的数据。我们应当从风险值最高的威胁开始，分析这些威胁最可能出现在哪里并定位到该处，再依次逐级查找。
- **提炼有价值元素**：在识别出众多数据源后，我们需要单独检查每个数据源和认真分析数据源，提炼出真正有价值的元素，因为并非每种数据源都有采集的必要和意义。

⊖ 保密性（Confidentiality）、完整性（Integrity）和可用性（Availability）并称为信息安全的 CIA 三要素。

⊜ STRIDE 是几个词或词组的首字母缩写，即假冒（Spoofing）、篡改（Tampering）、否认（Repudiation）、信息暴露（Information Disclosure）、拒绝服务（Denail of Service）、权限提升（Elevation of Privilege），STRIDE 方法常用于网络安全威胁建模。

如果有些数据采集难度大、耗费资源多、所占存储空间大、管理起来复杂，且对我们进行安全分析不会造成太大的影响，那么就可以果断忽略。这一阶段应当从实际业务应用场景出发对每种数据源进行详细的分析，明确采集的位置点，核算其存储空间和保存周期，从而制定出合理的数据采集计划。

4.3 主动式采集

在制定好网络安全数据采集计划后，我们就要开始进行数据采集过程的实施了。理论上，我们都希望尽可能地获取完备和恰当的数据而不对环境产生任何影响，但在现实世界里，由于种种原因，我们很难做到“零痕迹”，只能说尽量把影响降到最低。网络安全人员经常会提到“主动式”或“被动式”数据采集，这两种方式还是有一定差异的。所谓“主动式采集”，也称为交互式采集，是指通过与网络上的工作主机交互操作的方式来采集网络数据，如通过控制台（Console）或者网络接口登录到网络设备上，以及通过扫描网络端口确定当前状态等方法。

在通过各类网络和安全设备主动采集数据时，这些设备并不能从生产环境中撤下来，否则会给组织带来一定的经济损失，所以采集过程肯定会对设备和网络环境造成一定的影响，我们只能尽量把影响程度降到最低。下面介绍几种常见的主动式采集方法。

4.3.1 通过 SNMP 采集数据

SNMP（Simple Network Management Protocol，简单网络管理协议）是一个应用层协议、数据库模型和一组资源对象，是检查和管理网络设备最常用的协议之一，常被用作传播和汇聚网络管理信息以及安全事件数据的重要手段。该协议能够从一个中央服务器轮询各个网络设备，也能把远程代理中的 SNMP 信息推送到某个中央汇聚点上。因为它往往由一个中央管理端和若干个被管理系统（上面运行着叫作 SNMP 代理的软件元件）所组成，被管理端通过 SNMP 向中央管理端发送报告。

中央管理端可以通过 GET（提取一项信息）、GETNEXT（提取下一项信息）和 GETBULK（提取多项信息）指令来轮询取回报告资讯，也可以让被管理端的代理使用 TRAP 或者 INFORM 指令来主动传送资讯（当某些重要事件发生时，中央管理端需要从不同的被管理端处收到信息，以对信息进行综合处理）。此外，中央管理端也可以通过 SET 指令传送配置更新或者控制的请求，达到远程控制和主动管理系统的目的。以上是 SNMP 的几个重要的基本命令。

在 SNMP 应用的网络中，每个被管理的设备（又称为网络节点或网络单元）可以是支持 SNMP 的路由器、交换机、服务器或主机，都存在一个“管理信息库”（MIB），用于采集并存储管理信息，SNMP 允许通过定义对 MIB 进行扩展。

SNMP 目前已经发展到第三版，SNMP v1 使用基于团体名进行报文认证，SNMP v2 在第一版的 SMI 规格资料形态上进行了增加和强化，SNMP v3 主要增加了 SNMP 在安全性和远端配置方面的功能，如加密封包、认证等。

4.3.2 通过 Telnet 采集数据

Telnet 即远程登录访问的标准协议，它为用户提供了在本地计算机上完成远程主机工作的能力。很多网络设备支持 Telnet 协议以进行远程访问，时至今日它的使用依然非常广泛。在终端使用者的主机上使用 Telnet 程序，用它连接服务器，即终端使用者可以在 Telnet 程序中输入命令，这些命令就像直接在服务器的控制台上输入一样，通过它可以主动获取被采集服务器的各类数据。除了能连接 Telnet 服务器之外，Telnet 客户端还能用来与 SMTP、HTTP 等其他多种服务器进行交互。

由于诞生于网络发展的早期，如同其他通信协议一样，Telnet 的安全性比较弱，所有的信息都以明文形式传输，用户登录过程及发送的指令和数据都是以不加密的形式在线缆中传输。用 Telnet 登录一个被监听的网络中的服务器时，你的用户名和口令很容易被“抓包”。尽管如此，现在仍有很多硬件设备采用 Telnet 这种远程访问方式，而非下面要介绍的 SSH 这类更加安全的远程访问方式。

4.3.3 通过 SSH 采集数据

SSH（Secure Shell Protocol，安全外壳协议）是建立在应用层基础上的专为远程登录会话和其他网络服务提供安全性的协议，能够对所有传输的数据进行加密。利用该协议能够使安全人员通过远程命令界面与包含网络安全数据的系统进行交互，可有效地防止远程管理过程中的信息泄露问题，弥补了 Telnet 所存在的安全问题，避免“中间人攻击”（man-in-the-middle）⊖、DNS 欺骗和 IP 欺骗等。使用 SSH 还有一个好处，就是传输的数据是经过压缩的，因此可以加快传输速度，提高我们获取远端数据的效率。

SSH 既能够代替 Telnet，也可以为 FTP、PoP 甚至 PPP 提供一个安全通道。目前，很多现代的网络设备也都支持 SSH 作为一种远程命令交互的方法。OpenSSH 就是一个被广泛使用的 SSH 实现，它遵循 BSD 许可，是一个开源免费软件。除了提供命令行交互之外，SSH 还实现了 SCP（Secure Copy Protocol，安全复制协议）功能，这个协议专门用来在网络系统之间传输文件。

⊖ “中间人攻击”就是“中间人”冒充真正的服务器接收数据，然后再冒充发送方把数据传给真正的服务器。服务器和发送方之间的数据传送被“中间人”截取后就会出现很严重的安全问题。

4.3.4　通过 WMI 采集数据

WMI（Windows Management Instrumentation，Windows 管理规范）是一项核心的 Windows 管理技术，主要用于管理本地和远程计算机。有了它，工具软件和脚本程序在访问操作系统的不同部分时不需要使用不同的 API，同时，操作系统的不同部分都可以插入 WMI。由于 WMI 允许通过一个公共的接口访问多种操作系统构成单元，因此不必分别对待各种底层接口或所谓的“提供者”。

作为一项 Windows 管理技术，WMI 可以访问、配置、管理和监视几乎所有的 Windows 资源，是一种主动获取网络和系统数据的技术，大大方便了用户或者安全管理人员对计算机进行远程管理，但它的易用性也导致了系统的安全性大幅降低。一般情况下，在本地计算机上执行的 WMI 操作也可以在远程计算机上执行，只要拥有该计算机的管理员权限。如果某人对远程计算机拥有权限并且远程计算机支持远程访问，那么他就可以连接到该远程计算机上并执行相应权限的操作。WMI 为远程控制提供了一个合法通道，能轻松获取网络上远程计算机系统的资源信息，并进行远程访问。

4.3.5　通过多种文件传输协议采集数据

很多类型的文件传输协议可以进行文件的双向传输，从而实现数据的采集和导出。常见的有以下几种：

- FTP（File Transfer Protocol，文件传输协议），用于 Internet 上控制文件的双向传输，同大多数 Internet 服务一样，FTP 也是一个客户端 / 服务器系统。FTP 由两部分组成，即 FTP 服务器和 FTP 客户端。依照 FTP 提供服务、进行文件传输的计算机就是 FTP 服务器，遵循 FTP 与服务器传送文件的计算机就是 FTP 客户端。其中，FTP 服务器用来存储文件，用户可以使用 FTP 客户端通过 FTP 访问位于 FTP 服务器上的资源。由于 FTP 传输效率非常高，在网络上传输大的文件时常常采用该协议。
  默认情况下，FTP 使用 TCP 端口中的 20 和 21 两个端口，其中 20 用于传输数据，21 用于传输控制信息。但是，是否使用 20 作为传输数据的端口与 FTP 使用的传输模式有关。FTP 一般支持两种传输模式，一种为 Standard，也就是 PORT 方式（主动模式）；一种为 Passive，也就是 PASV 方式（被动模式）。在主动模式下，FTP 客户端发送 PORT 命令到 FTP 服务器；在被动模式下，FTP 的客户端发送 PASV 命令到 FTP 服务器。当采用主动模式时，数据传输端口就是 20；当采用被动模式时，具体使用哪个端口需要服务器端和客户端协商决定。
- SFTP，SSH 的文件传输协议，可以与 SSH 一起使用，是能够安全地进行文件传输和处理的协议，它的功能多样，使用起来灵活，但是传输速度较慢，不如 FTP。
- TFPT（Trivial File Transfer Protocol，简单文件传输协议），是一个用来在客户端和

服务器之间进行简单文件传输的协议，提供不复杂、开销不大的文件传输服务，比 FTP 功能要简单些，运行在 UDP 69 端口上。其服务器端的程序很小，因此适合运行在内存和存储空间都极其有限的系统中。TFTP 在安全性上存在较大问题，但应用却很广泛，许多网络设备如 IP 电话、防火墙等常会用到 TFTP。在许多路由器和交换机中，TFTP 被用来备份和恢复文件。在主动采集网络安全数据时，安全人员有时会使用 TFTP 从路由器、交换机、防火墙等不支持 SFTP、FTP 的设备中导出数据和文件。

- HTTP（Hyper Text Transfer Protocol，超文本传输协议），互联网上应用最广泛的一种网络协议，几乎所有的 WWW 文件都必须遵守这个标准，是一个客户端与服务器端请求和应答的标准，服务器端一般是网站。目前大多数网络设备几乎都会带一个 Web 管理界面，通过 HTTP 或者 HTTPS 就可以访问配置菜单、事件日志以及其他数据。采用该协议几乎不需要用户安装客户端程序就能轻松访问设备。在服务器端存放的大多是超文本信息，比如 HTML 文件，客户端需要通过 HTTP 传输所要访问的超文本信息。HTTP 包含命令和传输信息，不仅可用于 Web 访问，也可以用于其他因特网 / 内联网应用系统之间的通信，从而实现各类应用资源超媒体访问的集成。
- HTTPS（Hyper Text Transfer Protocol over Secure Socket Layer，安全套接字层超文本传输协议），简单来说就是 HTTP 的安全版，是以安全为目标的 HTTP 通道，即 HTTP 加入 SSL 层，SSL 依靠证书来验证服务器的身份，并为浏览器和服务器之间的通信加密。不像 HTTP 采用明文传输，HTTPS 采用具有安全性的 SSL 加密传输，二者连接方式也存在差异，用的端口号也不同。

大部分情况下，默认使用的是不加密的 HTTP 来访问 Web 界面，但也有许多设备提供 SSL 加密的访问接口。对于安全人员来说，对于图形化的 Web 界面信息的主动采集反倒不如命令行式的工具方便，要么自己用手记录下来，要么拍照或者截屏。

4.3.6　利用 JDBC/ODBC 采集数据库信息

JDBC（Java DataBase Connectivity，Java 数据库连接）是一种用于执行 SQL 语句的 Java API，可以为多种关系数据库提供统一访问。有了 JDBC，向各种关系数据库发送 SQL 语句就是一件容易的事了。换句话说，有了 JDBC，就不必为访问数据库专门写一个程序，只需用 JDBC API 写一个程序就够了。简单来说，JDBC 可以做三件事情：与数据库建立连接、发送操作数据库的语句并处理结果，从而实现对数据库的快速访问与操作。

ODBC（Open Database Connectivity，开放数据库连接）是微软公司开放服务结构中有关数据库的一个组成部分，它建立了一组规范，并提供了一组对数据库访问的标准 API，它的功能与 JDBC 类似。ODBC 的 API 也能利用 SQL 来完成大部分任务，实现对数据库的访问和操作。由于它的使用难度比 JDBC 高，所以其应用没有 JDBC 那么广泛。

以上两种数据库连接方法，均可以轻松实现对数据库的访问，为安全人员进行数据库信息的主动采集提供相应的手段。

4.3.7　通过代理和插件采集数据

代理（Agent）是运行在传感器中（可分布在多个主机上），用来收集和发送数据到服务器的一段脚本，主要负责从各安全设备、安全工具的插件中采集相关信息（比如服务日志、报警日志等），并将采集到的各类信息统一格式后传给服务器。从采集方式上看，代理属于主动采集方式，可以形象理解为由网络安全态势感知服务器安插在各个监控网段的"耳目"，由它们收集数据并主动推送到传感器中，然后传感器又连接着消息队列系统、缓存系统以及存储系统。代理的主要功能是接收或抓取插件发送过来或生成的日志，经过归一化处理后有序地传送到网络安全态势感知系统的服务器中，但它的功能实现并不那么容易，因为它要考虑代理和服务器之间的网络中断、拥堵和丢包等种种情况。

近年来有一种轻量化分布式代理机制很受关注，叫作移动代理（Mobile Agent），我们来看一下它的特点和工作过程。移动代理是指能够携带代码、数据及执行状态在网络中根据既定的路线在主机间迁移，并能够在新的位置从断点处继续执行的程序。它能够按照用户的意愿代替用户完成特定的操作，并最终将计算结果返回源主机，在完成任务的过程中伴随着与不同移动代理、不同代理服务器进行通信。移动代理以驻守代理的形式驻守在主机上，能够在多平台（如 Windows、Linux、Mac OS 等）系统上分布式收集网络主机的信息，如 CPU、内存信息、网络流量信息、磁盘读写信息、进程与端口信息等，并将所取得的数据存入数据库中以备后用。作为一种全新的分布式计算模式，它能够有效地提高网络性能、减少网络流量、提高网上资源利用率，在大规模分布式网络应用中具有极大的优势。

插件（Plugin）是一种遵循一定规范的应用程序接口编写出来的程序，它只运行在程序规定的系统平台下，而不能脱离指定的平台单独运行。如何区分代理和插件？代理是一个传感器中内置的命令，可按照规定的方法使用其内部本身就有的功能。而插件是传感器中没有的，是人们按照这个传感器所支持的接口开发的程序，应用于此传感器以增强其功能，或者简化某些用代理很难实现或者无法实现的功能。

网络安全态势感知系统中的插件大多安装在传感器上，一般来说，可分为采集插件和监视插件。虽然都是插件，可工作原理却不同。采集插件是在传感器信息产生后由代理自动向服务器发送，采集插件需要主动采集安全设备接口上的信息，主要通过 SNMP、Syslog、WMI 等协议进行采集，其中有些需要通过代理来主动地对所采集数据进行抓取，有些则被动接收采集来的数据。监控插件必须由服务器主动发起查询请求，监控插件中定义了需要主动采集的安全设备接口，该模块接收控制中心发出的命令和查询，如著名的 Nmap[㊀]、Nessus[㊁]就可以作为监控插件加载到传感器中，接收控制中心的命令以进行网络监控。

4.3.8　通过漏洞和端口扫描采集数据

漏洞扫描是基于漏洞数据库，通过扫描等手段对指定的远程或本地计算机系统的安全脆弱性进行检测，发现可利用漏洞的一种安全检测或渗透攻击行为。如果未经过允许，它并非合法，且有可能造成目标系统出问题，因为它会产生流量和修改操作。然而，它也是一种主动获取系统信息的检查手段。通过漏洞扫描，安全人员能够了解网络的安全设置和运行的应用服务，还能发现安全漏洞。依据扫描执行方式和对象的不同，可分为针对网络的、针对主机和针对数据库的漏洞扫描。

一个端口就是一个潜在的通信通道，也就是一个入侵通道。端口扫描虽然曾一度被当成是网络入侵手段，但它确实也是一种主动采集网络安全数据的方法。端口扫描是一种主动行为，它的原理是当一个主机向一个远端服务器的某一个端口提出建立一个连接的请求时，如果对方安装了此项服务就会应答，反之则不会。利用这个原理，若对所有熟知端口或选定的某个范围内的端口分别建立连接，并记录远端服务器所返回的应答，通过记录和查看就能知道目标服务器上都安装了哪些服务。通过扫描设备端口，可以发现远程设备和服务器开放了哪些端口、端口的分配及提供的服务，以及它们的软件版本。对目标计算机进行端口扫描，可以得到许多有用的信息和数据。

4.3.9　通过“蜜罐”和“蜜网”采集数据

“蜜罐”是一种在互联网上运行的计算机系统，是专门为吸引并诱骗那些试图非法“闯入”他人计算机系统的人而设计的。作为一种对攻击方进行欺骗的技术，“蜜罐”的部署能够诱使攻击方对自己实施攻击，从而了解攻击方所采用的工具和方法，推测出攻击的意图和动机。但事实上，“蜜罐”也是一种很好的主动式网络安全数据采集器。“蜜罐”就像是一个情报收集系统，是网络安全人员周密布设的“黑匣子”，通过故意布设让人攻击的目标，引诱攻击者前来攻击，随着攻击者入侵，其可以掌握一些最新的攻击方法以及被攻击系统所存在的漏洞。“蜜罐”收集的入侵数据非常有价值，一台合格的“蜜罐”系统应当具有发现攻击、产生告警、强大的记录能力、欺骗、协助调查等功能。“蜜网”的功能与“蜜罐”

㊀ Nmap，也就是 Network Mapper，最早是 Linux 下的网络扫描和嗅探工具包，用来扫描网络上计算机开放的网络连接端，并且推算计算机运行哪个操作系统。

㊁ Nessus 是目前全世界使用最广泛的系统漏洞扫描和分析软件，它可以提供完整的计算机漏洞扫描服务，并随时更新其漏洞数据库，可同时在本机或远端上遥控，进行系统的漏洞分析扫描。

类似，只是“蜜网”并非单台计算机，而是多台计算机组成的网络。

根据安全管理人员的需要和系统设置要求的不同，可将“蜜罐”大致分为实系统“蜜罐”和伪系统“蜜罐”。前者运行着真实的系统，并带有真实可入侵的漏洞，因此记录收集的信息更为真实；后者也是建立在真实系统之上，但平台和漏洞存在非对称性，它能更好地防止“蜜罐”被入侵者破坏，也能模拟出一些不存在的漏洞，缺点是更容易被识破。

数据采集是“蜜罐”/“蜜网”的一项附加能力，如果安全管理人员能让“蜜罐”记录下来进出系统的每个数据包，那么就能收集到大量有效信息，从而对攻击行为进行充分的分析。“蜜罐”上面自带的日志文件也是很好的数据来源，但日志文件比较容易被攻击者删除，所以通常采用的办法就是让“蜜罐”向在同一网络上但防御机制较为完善的远程系统日志服务器发送日志备份。对于采用加密技术的攻击者，可以通过修改目标计算机的操作系统以确保所有输入的字符、传输的文件以及其他信息都记录到另一个监控系统的日志里面。

除了上述主动采集方式，还有两种手段也是非常重要的主动采集手段，那就是通过网络爬虫采集数据以及通过传感器采集数据，我们分别在第 2 章的 2.6.2 节和 2.6.1 节中对这两种方式进行了详细介绍，请读者参考相应节的内容，在此不再赘述。

4.4　被动式采集

被动式采集是指在网络上采集数据时，不发出第二层（数据链路层）或更高层的数据。流量获取常常被列为被动式数据采集。与主动式采集所不同的是，被动式采集往往不需要发送或修改一个数据帧就能获取流量，在采集过程中对环境的影响也比主动式采集轻微。下面介绍几种被动式采集网络安全数据的媒介和方法。

4.4.1　通过有线和无线采集数据

通过物理的线缆与另一个站点连接来采集或截取数据是一种简单的被动式采集途径。以网线为例，网线中电压的变化可以很方便地在一个一对多的结构中被放大和重新分配。通过监听经过网线传输的数据，安全人员可以被动地采集网络流量。线缆能在站点之间建立点到点的连接，常见的线缆类型是铜质线缆和光缆。

铜质线缆中广泛使用的是同轴电缆和双绞线。前者是由一根被绝缘材料包裹住的铜线，外加包裹的铜屏蔽材料所构成，在使用同轴电缆的网络中，若能接触到中间那根负责传导的铜芯，就能访问共享该物理媒介上的所有流入和流出数据了。后者含有多对铜线，每对铜线都绞在一起，使得它们产生的电磁干扰相互抵消，若能接触到交换网络中某对双绞线里的所有铜线，那就能访问流经该线路上的所有数据。

光缆是把光纤包裹后形成的线缆，它的核是光纤。光纤是由一束捆在一起的细玻璃丝或塑料丝制成的传导纤维，它依靠光的全反射原理进行传输。由于光在光导纤维的传导损耗比电在电线传导的损耗低得多，所以光缆常被用作长距离的信息传递。

- **网络分流器**：如果在网络上部署一个商用的双绞线网络分流器，就能轻松捕获线缆中所有双绞线的电压变化情况了。网络分流器通过串接的方式直接插入网络线缆中并发送一份网络通信给其他设备，它的分流模式将被监控的 UTP 链路（非屏蔽链路）用 TAP⊖分流设备一分为二，分流出来的数据接入采集接口，为网络安全监控或态势感知系统采集数据。网络分流器的工作原理是通过对网络分流器输入数据进行复制、汇聚、过滤，通过协议转换把万兆 POS 数据转换为千兆 LAN 数据，按照特定的算法进行负载均衡输出，输出的同时保证同一会话的所有数据包或者同一 IP 用户的所有数据包从同一个接口输出。它不会对已有的网络设备的负载带来任何影响，对当前网络中的所有设备几乎是透明的，这与端口镜像等方式相比具有极大优势，是典型的高性能场景的首选解决方案，常用于关键线路的监控和数据采集。
- **网络分路器**（Inline Network Tap）：是一个物理层设备，它部署在两个原本物理连接的网络设备之间，它会转发所有数据包，同时复制一份到一个单独的端口。网络分路器通常有四个端口，其中两个用于维持正常连接，另外两个用来“镜像”流量（每个端口“镜像”一个方向上的信号）。很多网络分路器是采用硬件来复制数据的，这就对流量捕获提供了非常高保真的支持。有些网络分路器会设计成在被动转发数据包时不需要外接电源的方式，有些则需要外接电源，而前者不会因为分路器断电而造成断网。高级一些的网络分路器还可以为入侵检测进行负载均衡，有的还具有流量过滤的功能，甚至是深度包检测能力（DPI）。
- **光纤分光器**：也称为光纤分路器。正如网络分路器部署在铜质线缆中，光纤分光器则部署在光缆连接的设备之间，也是一个三通设备。在数据通过光纤传输的过程中，其将光数据复制一份以供监控和采集用。只是在把分光器接到光纤线上的时候，需要在光缆上安装上接子（一种物理设备），并把它插到分光器的各个端口上，部署的过程需要断网。比起网络分路器，光纤分光器会导致明显的信号衰减，而且监听难度也大得多。因为铜质线缆只要接触到铜芯就能检测出铜芯上电压的变化，而光缆中玻璃光纤维传导的是光而不是电信号，捕获散杂光子比电压要难得多。网络安全人员往往需要用一种叫作光时域反射仪（Optical Time-Domain Reflectmeter，OTDR）来辅助分析和检测光纤中的光信号，定位光纤断点的位置。

⊖ TAP（Test Access Point）也叫分光器 / 分路器（网线），分光是数据通过光纤传输，分路是数据通过网线传输，类似于“三通”的意思，即原来的流量正常通行，同时分一股出来供监测设备分析使用。

- **刺穿式搭接器**（Vampire Taps）：是一种刺穿铜质线缆的绝缘屏蔽层，能直接接触到铜芯并检测铜芯上电压的变化，使用户直接访问网络传输信号的设备。与网络分流器、网络分路器和光纤分光器所不同的是，安装刺穿式搭接器的时候不需要断网，但需要小心部署，因为如果操作不当就会造成线缆连接处受到破坏。对于电话通信行业的人员来说，刺穿式搭接技术并非陌生，因为电话线经常需要排接和分类，大多数通信工程师都能够快速地部署这种设备。需要注意的是刺穿式搭接器无法用在光缆中，该设备一般用在铜质线缆上，用于监测铜质线缆上传输的电信号。
- **感应线圈**：只要是传递电压的线缆，都会释放出各种频段的电磁信号，对于非屏蔽双绞线 UTP 之类的无保护线缆来说，由于没有外壳的保护，其释放的电磁信号就更强了。感应线圈就是这样一种设备，它能把较弱的电磁信号转换成比原来强得多的信号。当把感应线圈部署在这类线缆的附近时，它就能捕获到线缆释放和泄漏的电磁信号，并把它们还原成数字信号的样式，进而采集到线缆上传输的各类数据。感应线圈对环境造成的影响几乎为零，所以通信双方不会有任何察觉，其也是一种被动式采集网络安全数据的工具。

除了有线方式，还有一类媒介也可以进行数据的采集，那就是无线电波。我们当今的生活离不开 WiFi，它就是一类包含 IEEE 802.11 标准[⊖]的无线通信方式。无线电波能穿透空气，它天生就是公共媒介。与有线传输相比，它不受物理媒介的限制。无论是否有连接，所有通过无线电波传播的信号都可以被可接收范围内的点所捕获。无线电波的这一天然属性使得被动地采集无线网络流量变得非常容易。哪怕无线通信被加密，只要我们获取了一个预先共享的密钥，就能监听所有站点的所有流量，也可以破解加密算法以截取加密的无线网络流量。因此，无论是否加密，网络安全人员只要借助必要的硬件（比如支持 802.11 标准的网卡），就能获取和分析无线电波传输的流量并得到大量信息，比如广播 SSID、无线接入点的 MAC 地址、加密 / 认证算法、客户端 MAC 地址、数据包内容等。

4.4.2　通过集线器和交换机采集数据

集线器英文名为 Hub，“中心”的意思。当信号到达集线器后，会被广播到整个网络中。以太网就是将包发送到所有的设备，然后由设备根据接收方 MAC 地址来判断应该接收哪些包，而集线器就是这一架构的忠实体现——它就是负责按照以太网的基本架构将信号广播出去。集线器的主要功能是对接收到的信号进行再生、整形、放大，以扩大网络的传输距离，将信号发送给所有与其连接的网络。它工作在 OSI（开放系统互连）参考模型第一层，即“物理层”。与网卡、网线等传输介质一样，集线器属于局域网的基础设备、纯硬件

⊖ IEEE 802.11 是电气和电子工程师协会（IEEE）发布的一系列无线局域网（WLAN）通信的国际标准，这些标准规定了 WLAN 相关协议使用 2.4、3.7 和 5GHz 频率通信。

网络底层哑设备，它提供的只是物理连接，基本上不具有类似交换机的“智能记忆”能力和“学习”能力，也不具备交换机所具有的 MAC 地址表。它不会存储足够的信息以供追踪与谁连接过以及如何连接的，也不会维护哪个设备连在哪个端口上的信息。所以它在发送数据时是没有针对性的，而是采用广播方式将其发送到所有相连物理的端口上。如果网络中有集线器，那么只要连上它，就能嗅探到该子网中其他各台设备的所有流量。无线局域网中常用的 WAP 就是一种特殊的集线器。

集线器的广播特性使得你很容易利用它，被动地监听到流经网络中的所有流量数据。但也正因如此，别人同样能获取网络中的流量信息，你通过监听发出的信号也一样会被别人捕获到，导致一定的风险。此外，使用集线器最大的坏处是会显著加剧流量的延迟，从而对流量采集产生影响。所以正如硬币的两面，集线器的好处和坏处都很明显。

交换机（Switch）工作在 OSI 模型第二层——数据链路层，有时也工作在第三层——网络层，是一种用于电（光）信号转发的网络设备。交换机可以为接入它的任意两个网络节点提供独享的电信号通路，这种把多点连接成局域网的能力类似集线器，但与之不同的是，交换机具有记忆功能，在它的 CAM 表（存储着 MAC 地址和端口对应关系）中记录了哪个节点与哪个端口相连接，因此能用于划分数据链路层广播，也就是说交换机的每个端口都是它自己的冲突域。CAM 表能够使交换机在端口对端口的基础上实现流量隔绝，每个单独的节点只能接收到发送给它的流量，而不会接收到发送给其他节点的流量，一个交换网段的流量都是终端对终端的，即便它们在技术上共享了同一个物理媒介时也是如此，这些是集线器做不到的。

通过交换机被动地获取网络流量是安全人员经常使用的方法，其采用的技术途径常被称为“端口镜像（端口监控）”，这也是交换机自带的功能。你可以激活并开启该功能，通过配置一个叫作 SPAN⊖的端口，把来自某个或某几个端口的流量复制到或重定向到其他一些端口上，以便进行网络安全数据采集和分析。有些厂商的交换机支持远程流量监控（能让直连本地交换机的采集主机采集到远程交换机端口的镜像）以及高级过滤功能（比如，在把流量重定向给采集主机的同时过滤具有特定 MAC 地址的主机发出的流量）。还有一些高端交换机本身就具备抓取并分析数据包的功能。甚至一些交换机还能支持虚拟端口（如聚合端口或以太网通道端口）的流量监控。需要提及的是，无论何种类型的端口镜像，都要在其旁边部署一台用于镜像的主机或工作站，用以嗅探指定端口的流量。

通常，如果拥有管理员权限，很容易对交换机配置端口镜像功能。一旦完成了端口镜像，就可以在该端口接一个嗅探器并轻松被动地捕获所有的流量。即使没有管理员权限，

⊖ SPAN（Switched Port Analyzer，交换端口分析器）是思科公司生产的交换机设备上提供的用于端口镜像的模块。

也可以采用一些攻击技术来获取交换机流量（主动式），如 MAC 泛洪攻击、ARP 欺骗，前者是直接攻击交换机的 CAM 表，使得 CAM 表被填满，让交换机进入应急模式，把不在 CAM 表中的所有流量转发到每一个端口上；后者是攻击局域网中所有主机的 ARP 表，把应当发给受害者的所有 IP 包都发送到攻击者那里，从而截取网络流量。

4.4.3　通过 Syslog 采集数据

Syslog 常被称为系统日志或系统记录，也可指系统日志协议，是在一个 IP 网络中转发系统日志信息的标准。它是在美国加州大学伯克利软件分布研究中心的 TCP/IP 系统实施中开发的，目前已成为工业标准协议，可用它来记录设备的日志。Syslog 记录着系统中的任何事件，管理者可以通过查看系统记录随时掌握系统情况。系统日志通过 Syslog 进程记录系统的有关事件，也可以记录应用程序运作事件。通过适当配置，还能够实现运行 Syslog 协议的机器之间的通信。通过分析这些网络行为日志，可以追踪和掌握与设备和网络有关的情况。

作为一种被动采集网络数据的协议，Syslog 提供了一种传递方式，即允许一个设备通过网络把事件传递给事件信息接收者（也称为日志服务器）。Syslog 协议和进程的最基本原则就是简单，在协议的发送者和接收者之间不要求有严格的相互协调。由于每个进程、应用程序和操作系统都会或多或少需要独立完成，因此在 Syslog 信息内容里会有一些不一致的地方。所以，协议中并没有任何关于信息的格式或内容的假设。Syslog 协议就是简单地被设计用来传送事件信息，但是对事件的接收不会进行通知。事实上，Syslog 信息的传递可以在接收器没有被配置甚至没有接收器的情况下开始。反过来，在没有被清晰配置或者定义的情况下，接收器也能够接收到信息。

由于其能将来自诸多不同类型系统的日志记录整合到集中的数据库中，很多网络设备都支持 Syslog 协议，其中包括路由器、交换机、应用服务器、防火墙和其他网络设备。

4.4.4　通过 SNMP Trap 采集数据

在 4.3.1 节中我们介绍了 SNMP（简单网络管理协议），并对它的几个基础关键命令进行了说明。其中，SNMP 的 TRAP 或者 INFORM 指令可以使被 SNMP 管理的设备主动地通知 SNMP 中央管理端，而不是等待 SNMP 中央管理器端的轮询。

在网络管理中，被管理设备的代理可以在任何时候向中央管理端工作站报告错误情况，如预制定阈值越界程度等，代理并不需要等到中央管理工作站为获得这些错误而轮询的时候才报告。这些错误情况就是 SNMP Trap（自陷），它是一种标准的报告机制，广泛应用在各种网络管理软件中，是一种被动获取网络安全数据的方法。例如在 Linux 系统中，我们可以选择 net-snmp 来处理绝大多数与 SNMP 相关的工作，net-snmp 提供了接收 SNMP Trap 的守护程序 snmptrapd，可将选定的 SNMP 消息记录到系统日志 syslog.NT 事件日志或者文本文件中，或是转发到其他 SNMP 管理程序，可以利用 snmptrapd 作为后台 SNMP Trap 服务器负责接收被管理设备发送过来的 Trap 消息。C/C++ 语言可以直接调用 API 来进行 SNMP Trap 的处理，需要在 include 中包含以下头文件，再进行相应的设置和操作：

```
#include <net-snmp/net-snmp-config.h>
#include <net-snmp/net-snmp-includes.h>
```

4.4.5　通过 NetFlow/IPFIX/sFlow 采集流数据

NetFlow/IPFIX/sFlow 这三个协议是会话或者流数据常用的交换技术。在 3.4 节会话数据中，我们介绍了 NetFlow 和 IPFIX，在这里稍作回顾的同时进行补充说明。

NetFlow 由思科创造，主要由思科路由器支持，是思科设备 NLOS 软件中内嵌的一种功能，用来将网络流量记录到设备的高速缓存中，从而提供非常精准的流量监测。它提供网络流量的会话级视图，记录下每个 TCP/IP 事务的信息，也许它不像 TCPdump 那样提供网络流量的完整记录，但当汇集起来的时候它更易于管理和阅读。一个 NetFlow 系统通常包含三个部分：探测器、采集器和报告系统。探测器主要用来监听网络数据，采集器主要用来收集探测器传来的数据，而报告系统通过采集器收集的数据产生易读的报告。由路由器和交换机所输出的 NetFlow 数据记录主要由过期的数据流以及详细的流量统计数据所组成。这些数据流中包含与来源和目的相关的信息，以及端到端会话使用的协议和端口，这些信息能帮助网络管理和安全人员监控和调整网络流量。NetFlow 常用于对互联网异常流量的分析，通过 NetFlow 数据可以对异常流量的种类、流向、产生后果、数据包类型、地址、端口等多方面进行分析。

IPFIX 即 IP 数据流信息输出，是网络流量监测的国际标准。IPFIX 是 IETF 的一个工作组，它的主要工作就是制定用于 IP 网络中流信息测量的标准协议，即 IPFIX 协议。因为 IETF 在互联网行业的权威性，IPFIX 制定的一系列 RFC 形式的标准是专业网络流量监测产品及其企业都会参考的重要文献。IPFIX 对流的定义是在一个时间间隔内，经过观察点的一系列 IP 包。属于同一个流的 IP 包应当具有以下共同属性：一是某些 IP 层头字段、传输层头字段或者应用层头字段；二是包自身的某些特征，如 MPLS 标签号；三是与路由器对包处理方式相关的字段，如下一跳 IP 地址、输出接口等。通过根据共同属性对捕获的数据包进行重组，还原回原始流信息，从而进行流量的监测。

sFlow 是由 InMon、HP 和 FoundryNetworks 于 2001 年联合开发的一种网络监测技术，它采用数据流随机采用技术，可提供完整的第二层（数据链路层）到第四层（传输层）甚至全网络范围内的流量信息，可以适应超大网络流量（如大于10Gbit/s）环境下的流量分析，让安全管理人员更详细、实时地分析网络传输流的性能、趋势和存在的问题。正是由于基于NetFlow计数器和统计的传统工具进行大规模网络监控和管理变得越来越困难，sFlow已经成为一项以线速运行的“一直在线”的技术。与使用端口镜像、探针和旁路监测技术的传统网络监控解决方案相比，sFlow大大降低了实施费用，若采用它，一种面向每一个端口的全网络监视和安全态势感知解决方案将成为可能。

4.4.6 通过Web Service/MQ采集数据

以下要介绍的这两种都是应用程序与应用程序之间进行数据传输和交换的方法。Web Service是一个平台独立、低耦合、自包含、基于可编程的可用网络模块，用于开发分布式的、互操作的应用程序，可使用开放的XML（标准通用标记语言下的一个子集）来描述、发布、发现、协调和配置具体的应用程序。Web Service技术能使得运行在不同机器上的不同应用无需借助附加的、专门的第三方软件或硬件，就可以相互交换数据或集成。按照Web Service规范实施的应用之间，无论它们使用的语言、平台或内部协议是什么，都可以相互交换数据。Web中广泛用到的技术如TCP/IP、HTML、.NET、Java和XML都是Web Service的技术基础。

作为一种利用网络进行应用集成的解决方案，Web Service一般支持三种协议来交流数据，分别是HTTP-GET、HTTP-POST和SOAP。在这三种协议中，HTTP是众所周知的协议，它是XML Web Service数据传输的标准，其中包括使用SOAP传输数据。HTTP-GET和HTTP-POST是使用HTTP谓词以及与之关联的请求语义，将参数作为名称/值对编码和传递的标准协议。SOAP（Simple Object Access Protocol，简单对象访问协议）是一种以XML为基础的轻型协议，用于分散的、分布式计算环境中交换信息。它提供一种将数据进行打包和编码的方法，以用于网络的数据传输。任何人都可以使用SOAP与任何一个XML Web Service进行通信，甚至于这个XML Web Service不是建立在.NET平台上的，比如Java的。

MQ（消息队列）是IBM公司发明的一种应用程序对应用程序的通信方法，用于搭建企业服务总线（ESB）的基础传输层，为SOA提供强大、安全、稳定、可靠的消息传递。应用程序通过写和检索出入队列的针对应用程序的数据（消息）来通信，而无需通过专用连接来链接它们。应用程序之间通过在消息中发送数据进行通信，而不是通过直接调用彼此来通信。IBM的WebSphere MQ支持两种不同的应用程序编程接口：Java消息服务（JMS）和消息队列接口（MQI）。在WebSphere MQ服务器上，JMS绑定方式被映射到MQI中，应用程序与其本地队列管理器通过使用MQI进行直接对话。MQ的产品支持应用程序通过不同组件如处理器、子系统、操作系统以及通信协议的网络彼此之间进行通信。

4.4.7　通过 DPI/DFI 采集和检测数据

DPI（深度包检测）是一种基于应用层的流量检测和控制技术，当 IP 数据包、TCP 或 UDP 数据流通过基于 DPI 技术的带宽管理系统时，该系统通过深入读取 IP 包载荷的内容来对 OSI 七层协议中的应用层信息进行重组，从而得到整个应用程序的内容，然后按照系统定义的管理策略对流量进行整形操作。虽然它是一种检测技术，但也可归为被动式网络安全数据采集手段的一种。DPI 技术一般来说分为三种：基于“特征字”的识别技术、应用层网关识别技术、行为模式识别技术。第一种类型通过对业务流中特定数据报文中的“指纹”（如特定的端口、特定的字符串或特定的位序列）信息的检测以确定业务流所承载的应用，通过对“指纹”信息的扩展和升级可以很方便地进行功能扩展，实现对新协议的检测；第二种类型主要用于某些业务流与控制流分离的情况，首先识别出控制流，并根据控制流的协议通过特定的应用层网关对其进行解析，从协议内容中识别出相应的业务流；第三种类型是基于对终端已经实施的行为的分析，判断出用户正在进行的动作或者即将实施的动作，常用于无法根据协议判断的业务的识别。以上三种检测识别技术分别用于不同类型协议的识别，无法相互替代。在某些厂商生成的 DPI 设备和系统中，有的具备其中一种识别能力，有的具有多种识别能力。安全人员通过部署这些 DPI 设备和系统，可以进行应用层的包捕获和检测。

DFI（深度流检测）是 DPI 在持续改善中衍生出来的检测技术，也可用于网络安全数据采集和一定的检测。与 DPI 进行应用层的载荷匹配所不同的是，DFI 采用的是一种基于流量行为的应用识别技术。正如前面所介绍过的，流是一定时间内具有相同的目的地址、源地址、目的端口地址、源端口地址和传输协议报文的集合。DFI 就是以流为基本研究对象，从庞大流数据中提取流的特征，如流大小、流速率等，从而判断一个流是否正常的技术。在各类网络安全问题中，数据流可能产生一系列异常，如持续大流量、瞬时高速流、广播流、较小流等，此时，使用深度流检测技术就能从中发现异常。DFI 由于不需要对应用层数据进行深挖，只需要提取流特征以及做统计，因此具有良好的性能，并且可以查出一些加密的异常。DFI 技术主要分为三个部分：流特征选择、流特征提取和分类器分析。其中常见的流特征包括流中数据包的总个数、流中数据包的总大小、流的持续时间、一定的流深度下流中包的最小和最大长度以及均方差、一定流深度下流中最小和最大时间以及均方差、一定的流深度下某方向上的数据包总和。分类器先以样本集训练出分类模型，然后对待识别的数据流统计特征进行分析，识别出与攻击有关的恶意流量。在深度流检测中，首先对会话流进行识别，提取其流特征，然后经由分类器进行分析，如果判断为异常则可采取相应的处理行为；如果判断为可疑流量，则可结合其他方法如上下行流量对称法、时间跨度衡量法、行为链关联法等进行延迟监控判别。

由于 DPI 和 DFI 技术实现机制不同，它们在实现效果上各有优点。DFI 处理速度相对快，维护成本相对较低。在识别准确率上，DPI 由于采用逐包分析、模式匹配技术，对流量中的具体应用类型和协议可以做到比较准确的识别，而 DFI 仅对流量行为进行分析，识别准确度相对较低。但如果数据包进行加密传输，采用 DPI 则不能识别应用类型，而 DFI 则不受加密的影响。当然，DPI 和 DFI 技术虽然是网络安全数据采集手段，但已不局限于此了，它们更多的还有检测技术的成分。我们将在本书第二部分中单列一章，专门介绍各类检测技术。

除了以上方式之外，还有很多其他采集手段，如我们常见的 E-Mail，即电子邮件，它也是一种信息交换的通信手段，而且是互联网上应用最广的服务。电子邮件可以承载文字、图片、图像、声音等多种形式的内容，安全人员通过它可以主动发送，也可以被动免费获取大量资讯和专题邮件并实现轻松的信息搜索。

4.5　数据采集工具

网络安全数据采集工具大致分为两类，一类是开源的数据采集工具（多为软件或套件形式），另一类是根据一些特定要求定制开发的数据采集工具。前者往往通过在互联网上就能免费下载使用，后者则作为商业产品出售或者作为内部使用，而定制化的数据采集产品通常基于特殊的硬件设备（这些硬件被用来提高性能）。

开源数据采集工具非常多，初步列举如下：

- 广为人知的图形化的，用来抓取、过滤和分析数据包的 Wireshark。
- 以命令行形式进行网络抓包和协议分析的 Tshark。
- 能以最少的资源最大化抓包能力的、专门用来抓取数据包的 dumpcap。
- 基于 UNIX 系统，较早出现的网络流量抓取、过滤和分析工具 TCPdump。
- 采用零拷贝机制的高性能完整数据包捕获工具 Netsniff-NG。
- 强有力的网络安全监控与数据收集工具 Dsniff 套件。
- 具有强大分析能力的专业流数据分析工具套件 Argus。
- 具有强大的流导出数据分析能力，用于收集和存储流数据的命令行工具集 SiLK。
- 开源的、模块化的、易扩展的数据流收集和分析工具集合 flow-tools。
- 轻量级的 NetFlow 生成与采集管理工具 Fprobe。
- 能够提供 IPFIX 输出的流生成和分布式收集工具 YAF。
- 用来显示和记录 HTTP 流量的专用数据包嗅探器 Httpry。
- 具有可定制输出能力的全面的协议分析工具 Justniffer。
- 高性能、高稳定性的数据包捕获工具 Daemonlogger。
- 可移植的、高度可扩展的日志检测、聚合和分析工具 Splunk。

- 基于 GPL 授权的分布式开源日志聚合与分析工具 DAD。
- 流行的日志收集、代理和 Web 缓存工具 Squid。
- 提取互联网流量、捕获和解析网络应用层数据包工具 Xplico。
- OFT 协议专用解码和数据提取工具 oftcat。
- SMTP 专用解码和数据提取工具 smtpdump。

此外，还有我们在第 2 章介绍过的基于大数据的采集工具和系统——Flume 日志收集系统、网络爬虫、Sqoop 数据抽取工具和 Kafka 分布式消息队列系统等，以及一些其他工具如 Tcpxtract、NetworkMiner、Softflowd、BASH 工具、ELSA、Nagios、Logstash、Fluentd 等。

虽然市面上不乏大量优秀的网络安全数据采集工具，但针对特定业务量身定制的数据采集工具仍然是一个较为普遍的需求。有的是简单的数据采集代理软件，有的则是软硬件一体化的数据采集设备，更高级的数据采集设备中还增加了检测（入侵检测、DPI、DFI）和一定的分析功能。有的会依托重型数据采集平台（如 DPDK），有的则依托轻型数据采集平台（如 PFring）。总之，定制化的网络安全数据采集工具没有固定的标准，根据用户的需求而定，具有较大的差异。

4.6　采集点部署

在认识了那么多采集方式和工具软件之后，最为重要的事情就是进行采集点的部署，也就是决定把采集点安置在网络上的哪些物理位置，这些位置决定了你能采集到什么样的数据，以及进行网络安全态势感知的效果。数据采集的总体目标是确保网络安全态势感知的关键数据源能够被发现和识别。

4.6.1　需考虑的因素

在进行采集点部署前，我们需要重点考虑以下内容：

- **数据冗余**：在采集数据时，应当尽量降低数据冗余，对于重复、无用数据要尽量避免，也就是说，采集点的位置应当是尽可能单一地获得目标数据的位置，而不是随意部署的容易引起重复采集的位置。
- **时间同步**：各采集设备或软件的时间同步是非常重要的，如果个别采集器时间不准确，那么所导出的数据很难与其他采集器导出的数据进行关联聚合。所以，在采集数据时，请务必保证所有采集器的时间同步。
- **采集覆盖面**：很多组织在采集数据时往往优先考虑边界设备，如防火墙等。虽然这些边界设备上产生的数据量相对来说更为重要，但内部网络的数据同样有价值。所以，在进行采集点部署时我们应当兼顾边界和内部网络，对于有数据流发生的地方都应当覆盖到，这样才不会有所遗漏而对后续分析和态势理解造成影响。

- **成本／收益**：网络上流经的数据量如细沙，是否要采集到所有数据？答案是否定的。因为每个组织的资源都是有限的，我们必须对采集的成本和收益进行分析衡量，确定哪些数据是必要的、哪些是多余的，并找出关键节点，在预算范围内尽可能采集较多的数据。
- **存储空间**：每种设备的存储容量和吞吐量都是有限的，启动数据记录处理和导出功能必然会影响网络设备的性能。我们应当根据自身实际和需求估算要采集的数据量，并为每种数据类型确定一个可行的保留期限。对采集设备和部件的吞吐量也要做到心中有数，可以采用一些先进的零拷贝[1]技术，应用一些必要的过滤器或对数据流进行分割式输出。

4.6.2　关注网络出入口点

每个网络都有自己的网络出入口点，这是我们首先应当关注的位置，比较常见的有：

- 内网的边界处。
- 互联网网关处。
- VPN[2]通道的节点连接处。
- 与合作伙伴网络相连接处。
- 无线网络边缘处。

这些位置往往会有较为繁忙的网络数据经过，也是安全问题容易发生的地方，因此，我们在部署采集点时应当把网络拓扑结构图铺在桌面上，重点查看这些位置并进行相应的采集工具布设。

4.6.3　掌握 IP 地址分布

除了找准网络出入口点这类关键位置，最好对全网的 IP 地址分布有一个整体的了解。因为有些网络之间会存在 IP 地址转换，比如最常见的 NAT（Network Address Translation，网络地址转换），专用网内部的一些主机本来已经分配到了本地私有 IP 地址（内部网络使用的 IP 地址），通过 NAT 就能转换成全球公有 IP 地址并与因特网进行连接。

对每个子网的 IP 地址（包括内部 IP 地址和外部 IP 地址）有所掌握，能够避免我们在进行数据采集时错误地放置采集器的位置，尤其是能产生告警数据的设备，导致溯源定位混乱。

[1] 零拷贝：不需将网络流量复制到内核空间，而是直接存放在用户空间上。

[2] VPN（虚拟专用网络）是在公用网络上建立的专用网络，用于加密通信，在企业网络中有广泛的应用。

4.6.4　靠近关键资产

如 4.6.1 节所述，对网络出入口点进行采集器放置是有前提的，那就是在不考虑任何成本 / 收益、资源占用以及组织所面临的威胁的情况下。这当然也是理想的状况，即有充足的时间、金钱和资源供我们消耗，为了数据采集可以付出所有。然而，现实并非如此，种种局限使得我们必须有所权衡、有所考量，有限的资金、时间和资源使得我们不可能对每个网络出入口点都布设采集工具。

我们应当花费一定的时间估算数据采集的成本 / 收益，准确定位所需数据源，因为它是组织面临威胁的关键，提炼关键要素，并由此判断哪些资产的风险值高㊀，需要重点保护，进而将采集器部署在尽量靠近关键资产的位置上。安全管理人员需要知道网络安全态势系统对哪些资产进行保护，哪些资产在保护范围之外。大致的做法是：对于风险值最高、最为敏感的核心资产区域的网络出入口点，应当首先进行采集器布设；再按照风险值从大到小、资产重要性从高到低依次排查，按需布设；同时兼顾硬件开销和承受能力。

4.6.5　创建采集全景视图

当选好采集点之后，我们可以创建一个网络安全数据采集全景视图，供后续分析使用。该视图应当至少包含如表 4.1 所示内容。

表 4.1　采集全景视图所含内容

1	网络整体逻辑架构和物理位置
2	所有对网络数据采集有影响的网络设备名称和分布
3	所有网络设备 IP 地址（包括内部 / 外部地址）
4	所有服务器、工作站和设备组的名称和分布
5	所有服务器、工作站和设备组的 IP 地址（包括内部 / 外部地址）
6	所有采集点位置、采集工具以及每个采集点对应的采集范围区域

为了让读者有更直观的认识，我们以某网络为例绘制了一张网络安全数据采集全景视图，如图 4.2 所示。

在图 4.2 的网络中一共部署了 4 个传感器，分别用来感知和采集不同子网中的网络安全数据。有了这张全景视图，安全人员就能从宏观上整体掌 握所要感知的网络，知道要在哪些位置上进行采集点部署，以及采集哪些关键区域的网络安全数据，从而为后续数据采集的实施和分析处理打下良好的基础。

㊀ 这些在 4.2 节中有详细说明。

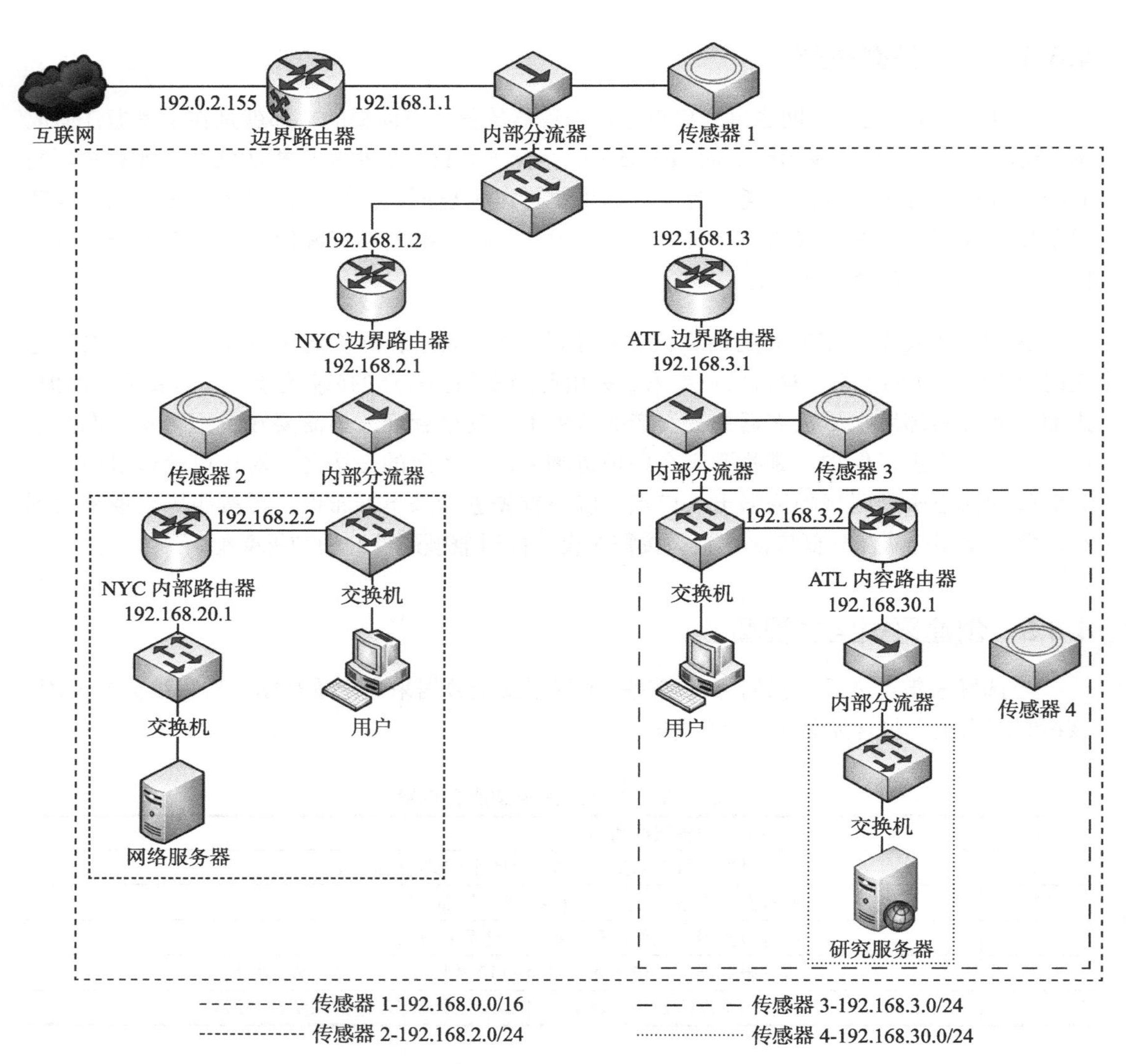

图 4.2　某网络安全数据采集全景视图

第5章

网络安全数据预处理

胸中有“数”就是说，对情况和问题一定要注意到它们的数量方面，要有基本的数量分析。任何质量都表现为一定的数量，没有数量也就没有质量。

——毛泽东，《毛泽东选集》

5.1 引言

正如博思艾伦咨询公司副总裁乔希·沙利文所说的“压根儿就没有干净的数据集”，现实世界的数据是“肮脏的”，主要体现在数据不完整（感兴趣的属性没有值）、含有噪声（数据中存在着错误或异常，偏离期望值）、不一致（数据内涵出现不一致）、重复、高维度等诸多方面。在网络安全领域，时时刻刻发生的网络数据量更是巨大，并且多半来自多个异种数据源，数据的复杂度和“肮脏”程度更甚。没有高质量的数据就没有高质量的数据分析结果，高质量的决策必须依赖高质量的数据。如何对网络安全数据进行预处理，提高数据质量，从而提高分析结果的质量，是我们必须面对和解决的问题。

数据采集之后通常要对其进行预处理，用于数据预处理的技术有很多，如清洗、集成、归约和变换等，这些技术并非互相排斥，而是可以一起使用的。预处理的目的是保证从数据采集、存储直到分析、可视化的整个过程中不引入太多错误和无关的数据。本章我们将对数据预处理的主要内容和几种典型的数据预处理方法进行介绍和说明。

5.2 数据预处理的主要内容

数据预处理的主要内容包括数据审核、数据筛选和数据排序。

5.2.1 数据审核

数据审核主要包括以下四个方面：

- 准确性审核：从数据的真实性与精确性角度检查资料，其审核的重点是检查在调查过程中所发生的误差。
- 适用性审核：根据数据的用途，检查数据解释说明问题的程度。具体包括数据与所选主题、与目标总体的界定等是否匹配。
- 及时性审核：检查数据是否按照规定时间发送，如未按规定时间发送，则要检查未及时发送的原因。
- 一致性审核：检查数据在不同存储空间是否一致，数据内涵是否出现不一致、矛盾或不相容等情况。

对于不同来源的数据，在审核的内容和方法上有所不同。对于原始数据应主要从完整性和准确性两个方面进行审核。完整性审核主要是检查收集的数据是否全面，是否有所遗漏。准确性审核主要包括检查数据是否真实地反映了客观情况，内容是否符合实际；检查数据是否有错误，计算是否正确等。对于通过其他渠道取得的二手数据，除了对其完整性和准确性进行审核外，还应该着重审核数据的适用性和时效性。二手数据可以来自多种渠道，有些数据可能是为特定目的而获得的，或者是已经按照特定需要做了加工处理。对于使用者来说，应该首先弄清楚数据的来源和口径，以便确定是否符合数据分析处理需要、是否需要重新加工整理等。此外，还要对数据的时效性进行审核，一般来说，网络安全态势感知需要实时监控，应尽可能使用最新的实时获取数据。

5.2.2　数据筛选

数据通过审核后，应对审核过程中发现的错误尽可能予以纠正。当发现的数据错误不能予以纠正，或者有些数据不符合分析处理要求而又无法弥补时，就需要对数据进行筛选。

数据筛选主要包括两方面的内容：

- 将某些不符合要求的数据或有明显错误的数据予以剔除。
- 将符合某种特定条件的数据筛选出来，对不符合特定条件的数据予以剔除。

数据筛选在数据预处理中的作用是十分重要的，筛选的数据的质量好坏直接影响后续网络安全数据分析和态势理解的正确性。具体的数据筛选方法我们会在后面进行详细说明。

5.2.3　数据排序

数据排序是指按照一定顺序将数据进行排列，以便数据分析人员发现一些明显的特征或趋势并找到解决问题的线索。除此之外，排序还有助于对数据检查纠错，为重新归类或分组等提供依据。在某些场合，排序本身就是分析的目的之一。排序可借助于计算机轻松完成。

5.3　数据预处理方法

网络安全数据的预处理至少应包括三个过程：一是数据清洗，即将原始数据通过数据规整和数据标注进行清洗，形成精准的安全数据；二是数据融合，基于已知的特征将基础安全数据进行合并，形成具有相同特征或属性的数据族，减少数据分析量；三是数据关联⊖，即结合 IP 关系、时序关系、交互特征等进行数据关联，形成基础的数据关系网络图谱。

我们常常用完整性、一致性和准确性这三个因素来衡量数据质量，如果在这三个方面数据能满足其应用要求，那么它是高质量的。然而，由于各种机器或人为的原因，现实世界的数据会出现缺失、不一致和错误等情况，此外数据的时效性、可信性也会影响对数据的理解和处理。数据预处理采用的方法和技术有很多，如合并、降维、属性变换、特征子集选择、清洗与精简、整合与集成、重构、数据转换、数据融合等，在大数据的应用中还有一些高级的预处理手段，如写缓冲、读 / 写优先级仲裁以及索引定位等，但较为常用的基本方法主要包括以下几种，下面将依次进行介绍：

- 数据清洗
- 数据集成
- 数据归约
- 数据变换
- 数据融合

5.4　数据清洗

很多数据是“脏”的，如果不经过清洗，可能会导致分析过程陷入混乱，引起不可靠的输出，所以我们需要对“脏”数据进行“清洗”。数据清洗（Data Cleaning）有时也被称为数据清理或数据过滤，即除去源数据集中的噪声数据和无关数据，处理遗漏数据和清洗“脏”数据，除去空白数据域，通过填写缺失的值光滑噪声数据，识别或删除离群点并解决不一致性来“清洗”数据。《纽约时报》将数据清洗称为“看门人工作”，并且称数据分析人员百分之八十的时间都花费在数据清洗任务上。尽管安全分析师的工作重在安全分析，但也必须懂得对数据的处理技巧。

网络安全数据清洗的过程大致为：将不同途径、不同来源、不同格式的安全数据进行格式转换、垃圾过滤、数据去重、格式清洗等操作去除“脏”数据。以网络攻击知识库、网络安全情报库、黑白名单库等为基础，在海量原始数据规整过程中同步进行数据标注，将异常、报警、威胁、五元组等关键信息标记出来，形成精准的基础安全数据。

⊖ 网络安全态势感知中的数据关联主要是对网络安全事件的关联分析，常常也被归入态势理解的范畴。

5.4.1 不完整数据

不完整数据是指感兴趣的属性没有值。假设你需要分析某网络内的资产和属性数据，但很多元组的一些属性没有记录值。虽然这些属性出现了空值，但并不意味着它是错误数据，这时我们就需要为这些属性填上数值以将其补充完整，可以用到的方法如下：

- 人工填充：这是最笨、最原始的方法，费时费力，对于小规模数据还可以采用，但对于大规模数据尤其是数据量很大、缺失值很多的时候，这个方法可能就难以奏效。
- 忽略元组：如果个别元组的属性值空缺并不会影响整体数据的分析，则可以忽略。但如果元组的属性空缺比例过高，以致影响对数据的整体理解，那么该方法就不太可取。
- 用全局常量填充：用一个全局常量把不完整的属性值进行统一替换，如 unknown。该方法虽然补全了缺失值，但对数据分析并没有起到太大的帮助，甚至可能会引起一些误解。
- 用属性中间值填充：所谓中间值，是指数据分布在“中间”的值，如对于对称分布的数据而言可以使用均值，而不对称分布的数据可以使用中位数作为中间值。将不完整元组的缺失属性值用中间值进行填充也是常用的一种方法。
- 用相似样本的属性中间值填充：如果能找到不完整元组的同类，对于不完整元组的缺失属性值，用其同类样本的属性中间值进行填充也是一种选择。
- 用最可能的值填充：还可以使用各种推理模型和工具，如回归、贝叶斯形式化方法、决策树等进行归纳推理，得到可能性较大的推测值来预测不完整元组的缺失属性值。

总的来说，前两种方法较为原始，应用不广泛，之后的三种方法填入的数据正确率较低，而最后一种方法相对来说是较优的策略，准确度较高。

5.4.2 不一致数据

不一致数据（Incongruent Data）是指数据内涵出现不一致、矛盾和不相容等情况。数据的不一致可能是由于数据冗余造成的，也有可能是由于并发控制不当，或者是各种故障和错误造成的。数据冗余导致的不一致往往是由于重复存放的数据未能进行一致性更新；并发控制不当体现于多用户共享数据库，而更新操作未能保持同步；最后一种则是由于硬件故障和软件故障造成数据丢失或者数据损坏等情况发生。

对于不一致数据的处理方法，有时也被称为数据集成。我们将在 5.5 节中进行详细介绍。

5.4.3 噪声数据

噪声数据（Noisy Data）是指存在错误或异常（偏离期望值）的数据，通常为无意义的数据，也包括那些难以被机器正确理解和翻译的数据。引起噪声数据的原因有很多，可能是采集数据的设备出现故障、数据输入或数据传输过程中出现错误、存储介质的损坏等。对噪声数据进行处理是数据清洗的一个重要环节，去除噪声以“光滑”数据的常用方法如下：

- **分箱**（Binning）：它是通过考察数据周围邻近的值来“光滑”有序数据值。这些有序的值被分布到一些“箱”中，每个“箱”中的数据值都被替换为箱中所有数据的均值或者中位数或者边界值，从而进行“光滑”。“箱”可以是等宽的，也可以是不等宽的。一般来说，“箱”的宽度越大，光滑效果越明显。该技术也是离散化技术的一种。
- **回归**（Regression）：是用一个函数拟合数据来“光滑”数据的技术。常见的回归方法有线性回归，通过找出拟合两个属性（或变量）的“最佳”直线，使得一个属性可以用来预测另一个。当然也有多元线性回归，它涉及更多的属性，且数据拟合到一个多维曲面上。
- **聚类**（Clustering）：通过把数据对象划分为子集来检测离群点。每个子集形成一个簇，簇中的对象彼此相似，但与其他簇中的对象不相似。落在某个簇集之外的值被视为集群点，可以去除。

当然除上述三种之外，还有很多其他的数据噪声去除方法，如有些基本的统计描述技术（如散点图和盒图）和数据可视化技术一样也能用于识别代表噪声的离群点，对数据进行“光滑”，由于篇幅有限，不一一介绍。

5.4.4　数据清洗过程

上面介绍的不完整数据、不一致数据和噪声数据都是会导致不正确的数据，我们简单介绍了一些应对和处理方法，然而，实际上对数据进行清洗并不是那么轻松简单的事情，它还涉及一些重要过程。

数据清洗过程中要做的第一件事就是检测偏差。造成偏差的原因有多种，有的是人为的有意或无意造成的数据输入错误，有的是设备或系统造成的错误，有的是设计过程中的失误，有的是传输过程中的错误，有的是内涵不一致的数据表示，还有的是过期的数据。对于种种数据偏差，我们需要对数据本身的特性有一定的认识，比如：数据有哪些属性，每个属性的数据类型和定义域是什么，数据的分布是均匀的还是不均匀的，一组数据的平均值、中位数是什么，数据期望值、方差是什么，大部分数据都落在哪个区间？等等，这些关于数据的知识有助于我们判断正常数据范围和异常数据值。此外，我们还要对不一致数据进行问题查找，根据唯一性、连续性等规则和空值规则来考察数据是否缺失、一致等。

数据清洗过程中的第二件事就是数据规整。一旦发现了数据偏差，我们就需要对数据进行更正和修改，即数据规整，用一些推测值或正确值来替换有偏差的数据。有时仅仅通过人工修改就能对数据进行规整，有时则需要较为复杂的变换步骤，须采用一些高级的数据转换工具和手段来辅助。

以上两个步骤不是一次性完成，而是迭代执行的，需要多次迭代才能达到较好的结果。

5.4.5　数据清洗工具

在实际应用中，有很多商用或开源的工具可以帮助我们进行数据清洗。

这些工具有的采用简单的领域知识（如拼写检查），检查并纠正数据中存在的错误和偏差。在数据来源较多的情况下，还可以采用分析和模糊匹配技术进行数据清洗。此外，还有一些被称为数据审计的工具可以辅助使用，这类工具通过分析数据发现规则和联系，并检测违反这些条件的数据来发现错误和偏差，如它们可以采用统计分析来发现相关性或者通过聚类来识别离群点。当然，也有一些基本的统计分析和数据可视化工具可以辅助发现数据错误和偏差点。

对于存在不一致性需要进行数据变换的数据，我们可以采用一些数据迁移工具来进行简单的变换，如常见的 ETL 工具，就能允许用户通过图形用户界面进行数据变换，我们在 2.6.4 节中介绍的 Sqoop 就是一种数据迁移工具，用于在 Hadoop 和关系数据库（结构化存储器）之间交换数据，进而改进数据的互操作性，它也是数据清洗工具的一种。

5.5　数据集成

数据的不一致性也是常见的引起数据错误的原因，我们在 5.4.2 节中已经介绍过。为了减少数据集的不一致性和冗余，我们需要对数据进行集成，也就是对来自多个数据存储的数据进行合并处理、解决语义模糊性的过程。数据集成就是将若干个分散的数据源中的数据，逻辑地或物理地集成到一个统一的数据集合中，其核心任务是要将互相关联的分布式异构数据源集成到一起，提供统一的数据接口，使用户能够以透明的方式访问这些数据源。集成是指维护数据源整体上的数据一致性以提高信息共享利用的效率；透明的方式是指用户无需关心如何实现对异构数据源数据的访问，只关心以何种方式访问何种数据。

5.5.1　数据集成的难点

数据分析之前多半需要进行数据集成。数据集成即将多个数据源中的数据合并，存放在一个一致的数据存储中，如存放在数据仓库或者大数据平台中。网络安全态势感知的数据源可能包括多个数据库、数据立方体或一般文件，常见的如各种 DBMS、各类 XML 文档、HTML 文档、电子邮件、文本文件、包捕获数据等结构化和非结构化数据。

数据集成的难点主要体现在以下方面：

- **异构性**。被集成的数据源来自多个渠道，数据模型异构给集成带来很大困难。这些异构性主要表现在语法、数据语义、数据源使用环境等。例如，在语法异构上，源数据和目的数据之间命名规则及数据类型存在不同，需要实现字段到字段、记录到记录的映射，解决其中名字冲突和数据类型冲突。还有一些不常见的语法异构，如数据源在构建时隐含了一些约束信息，在数据集成时这些约束隐藏可能会造成错误。在语义异构上，常常是需要破坏字段的原子性，直接处理数据内容，常见的语义异构有字段拆分、字段合并、字段数据格式变换、记录间字段转移等。语法异构和语义异构的区别可以追溯到数据源建模时的差异：当数据源的实体关系模型相同，只是命名规则不同时，造成的只是数据源之间的语法异构；当数据源构建实体模型时采用了不同的粒度划分、不同的实体间关系以及不同的字段数据语义表示，必然会造成数据源间的语义异构，给数据集成带来很大麻烦。此外，复杂的关系模型也会造成很多语义异构现象。
- **分布性**。数据源是分布在不同系统和设备中的，需要依靠网络进行数据传输，这就涉及网络传输性能以及如何保证安全性等问题。
- **自治性**。各个数据源有很强的自治性，可以在不通知集成系统的前提下改变自身的结构和数据，这就给数据集成系统的鲁棒性提出挑战。

5.5.2 数据集成类型层次

数据集成可以分为以下四个类型层次。

1. 基本数据集成

在基本数据集成的过程中会遇到很多问题，其中最难的问题之一就是通用标识符问题，当同一业务实体存在于多个系统源中并且没有明确的办法确认这些实体是同一实体时，就会产生这类问题。处理该问题的办法有：

- 隔离。保证实体的每次出现都指派一个唯一标识符。
- 调和。确认哪些实体是相同的，并且将该实体的各次出现合并起来。
- 指定。当目标元素有多个来源时，指定某一系统在冲突时占主导地位。

数据丢失问题也是很常见的问题之一，一般解决办法是为丢失的数据产生一个非常接近实际的估计值来进行处理。

2. 多级视图集成

多级视图主要用于对数据源之间的关系从低层次向高层次进行集成：底层数据表示方

式为局部模型的局部格式，如关系和文件；中间数据表示方式为公共模式格式，如扩展关系模型或对象模型；高级数据表示方式为综合模型格式。视图的集成化过程为两级映射：

- 数据从局部数据库中经过数据翻译、转换并集成为符合公共模型格式的中间视图。
- 进行语义冲突消除、数据集成和数据导出处理，将中间视图集成为综合视图。

3. 模式集成

模式集成的指导理论很少，其设计的好坏常常视设计者的经验而定，它属于数据库设计问题。在实际应用中，数据源的模式集成和数据库设计仍有相当大的差距，最明显的表现是在模式集成时出现的命名、单位、结构和抽象层次等发生冲突的问题，无法照搬数据库模式设计的经验来进行处理，需要根据具体情况而定。

在众多互操作系统中，模式集成的基本框架有属性等价、关联等价和类等价等，但最终都可以归类为属性等价。

4. 多粒度数据集成

多粒度数据集成是异构数据集成中最难的部分，理想的多粒度数据集成模式应当是自动逐步抽象。多粒度数据集成包括数据综合和数据细化两个方面。

- 数据综合也称为数据抽象，实际上是特征提取和归并的过程，它是指由高精度数据经过抽象形成精度较低但粒度较大的数据，其作用过程为从多个较高精度的局部数据中获得较低精度的全局数据，并对各局域数据进行综合，提取其主要特征。
- 数据细化指通过由一定精度的数据获取精度较高的数据，实现该过程的主要途径有时空转换、相关分析或者由综合中数据变动的记录进行恢复等。

5.5.3　数据集成方法模式

数据集成能把不同来源、格式、特点性质的数据在逻辑上或物理上有机地集中，从而提供全面的数据共享。在数据集成领域，目前已经有很多成熟的框架可以利用，下面将对这几种数据集成方法模式做一个基本的分析。

- **联邦模式。**这种模式常常会构造一个联盟数据库，可以是集中数据库系统、分布式数据库系统或者其他联邦式系统类型，它由半自治数据库系统构成，相互之间分享数据，联盟中各数据源之间相互提供访问接口。在这种模式下又分为紧耦合和松耦合两种情况，紧耦合提供统一的访问模式，一般是静态的，在增加数据源上比较困难；而松耦合则不提供统一的接口，但可以通过统一的语言访问数据源，松耦合的前提是解决所有数据源语义上的不一致等问题。

- **中间件模式**。中间件位于异构数据源系统（数据层）和应用程序（应用层）之间，向上为访问集成数据的应用提供统一的数据模式和通用访问接口，向下则协调各数据源系统。中间件模式主要是采用统一的全局数据模型来访问异构的数据库、遗留系统、Web 资源等。各数据源的应用程序独立完成自身的任务，中间件系统为异构数据源提供一个高层次检索服务。它是当前比较流行的一种数据集成方法，通过在中间层提供一个统一的数据逻辑视图，隐藏底层的数据细节，使得用户可以把集成数据源看为一个统一整体。能否实现该模型的关键在于如何构造一个逻辑视图，使得不同数据源之间能映射到这个中间层上。
- **数据仓库模式**。数据仓库是面向主题、集成的、与时间相关和不可修改的数据集合，它将各种应用系统集成在一起，为统一的历史数据分析提供坚实的平台，对信息处理提供支持。其中，数据被归类为广义的、功能上独立、没有重叠的主题。数据仓库技术在另外一个层面上表达数据之间的共享，它主要是为了针对某个应用领域提出的一种数据集成方法。

以上几种方法模式在一定程度上解决了应用程序之间的数据共享和互通的问题，但也存在差异：联邦模式主要面向多个数据库系统的集成，其中数据源有可能要映射到每一个数据模式，当集成的数据量和数据库系统很大时困难重重；而中间件和数据仓库模式更适应海量数据的集成，我们在网络安全态势感知的应用上可以更多借鉴这两种模式。

5.6　数据归约

网络安全数据量浩如烟海、多如细沙，通过数据清洗和数据集成，仅仅能去除一部分无用或错误数据，但对后续的数据分析和态势理解预测并不能节约更多的时间和工作量，因为数据量仍然很大，我们还需要进行一定的手段和方法来减少需要处理的数据量。网络安全数据归约属于数据融合的范畴，其大致过程为：按照数据的来源、类别、属性、时间等进行融合，形成来源明确、类别统一、属性一致、时间有序的源数据。结合 IP 特征、流量特征、行为特征等，对同类特征指标、同类行为规律的数据进行融合处理，形成在表达的内容、反映的效果、目标的指向上具有共性的数据族。

对于小型或中型数据集，一般的数据预处理步骤已经足够，但对真正大型数据集来讲，在进行数据分析以前更可能采取一个中间的、额外的步骤——数据归约。所谓归约，就是在尽可能保持数据原貌的前提下，最大限度地精简数据量。数据归约主要有两个途径：属性选择和数据采样，分别针对原始数据集中的属性和记录。数据归约可用来得到海量数据集的归约表示，被归约后的数据集虽然小，但仍大致保持原始数据的完整性。

数据归约常用到的策略包括特征归约、维归约、样本归约、数量归约和数据压缩等，接下来进行一一介绍和分析。

5.6.1 特征归约

用于分析的数据集可能包含数以百计的特征（或属性），其中大部分特征可能与网络安全态势感知任务不相关或者是冗余的。特征归约是从原有的特征中删除不相关、弱相关或冗余的特征，或者通过对特征进行重组来减少特征的个数，进而找出最小特征集，使数据类的概率分布尽可能地接近使用所有特征得到的原分布。其原则是在保留甚至提高原有判别能力的同时，尽可能地减少特征向量的维度。特征归约算法的输入是一组特征，输出的是该组特征的一个子集。特征归约一般包括 3 个步骤：

- 搜索：在特征空间中搜索特征子集，每个子集称为一个状态，由选中的特征所构成。
- 评估：输入一个状态（子集），通过评估函数或预先设定的阈值输出一个评估值，使评估值达到最优。
- 分类：使用最终的特征集来完成分类算法。

我们通常使用统计显著性检验来确定“最好的”和“最差的”特征，这种检验假定属性间是相互独立的。特征归约的基本方法有：① 逐步向前选择，即从空特征集开始，确定特征集中“最好的”特征，将其加入归约集中，不停进行迭代，将剩下的原特征集中的“最好的”特征添加进来；② 逐步向后删除，即从整个特征集开始，不断删除特征集中“最差的”特征，反复迭代；③ 组合式方法，即将逐步向前选择和逐步向后删除方法结合使用，每次选择一个“最好的”特征，并在剩余特征中删除一个“最差的”特征，依次迭代；④ 决策树归纳，即在每个节点上，算法会选择“最好的”特征，并将数据划分成类，每个内部节点表示一个特征上的测试，每个分支对应于测试的一个结果，每个外部节点表示一个类预测。

特征归约处理的效果体现在：归约后的数据大量减少；数据分析处理精度提高；数据预处理结果简单且特征减少。

5.6.2 维归约

不同于特征归约，维归约的主要目的是减少所考虑的随机变量或属性的个数。维归约常用的方法有小波变换和主成分分析，它们都是通过把原始数据变换或投影到较小的空间，来对数据进行降维。

小波变换：一种线性信号处理技术，将数据向量 $\boldsymbol{X}$ 变换成不同的数值小波系数向量 $\boldsymbol{X}'$，每个元组看作一个 n 维数据向量，即 $\boldsymbol{X}=(x_1, x_2,\cdots, x_n)$，描述 n 个数据库属性在元组上的 n 个测量值。小波变换常用于多维数据，如数据立方体，一般按以下方法实现。首先将变换用于第一个维，然后第二个维，以此类推。其计算复杂度与立方体中单元的个数呈线性关系。对于稀疏或倾斜数据以及具有有序属性的数据，小波变换能给出很好的结果。据测量，小波变换的有损压缩优于 JPEG 压缩。在实际应用中，许多领域如时间序列数据分析、计算机视觉和指纹图像压缩都会用到小波变换。

主成分分析：主成分分析又称 K-L 方法，搜索 k 个最能代表数据的 n 维⊖正交向量，其中 $k \leqslant n$，将原数据投影到较小的集合中。

主成分分析基本过程为：①对输入数据规范化，使每个属性都落入相同区间；②计算 k 个标准正交向量，作为规范化输入数据的基，这些向量称为主成分，输入数据是主成分的线性组合；③对主成分按强弱（方差大小）降序排列；④去掉较弱的成分（方差较小的）来归约数据。该法可用于有序和无序的属性，且能处理稀疏和倾斜数据，多用来做多元回归和聚类分析的输入。多维数据可通过归约为二维问题来处理。不同于小波变换适合高维数据，主成分分析能更好地处理稀疏数据。

5.6.3　样本归约

样本都是已知的，通常数目很大，质量或高或低，可能有或者没有关于实际问题的先验知识。所谓样本归约，是指从完整的数据集中选出一个有代表性的样本的子集。所选取子集大小的确定要以计算成本、存储要求、估计量的精度以及其他一些与算法和数据特性作为衡量因素。

数据分析的初始数据集描述了一个极大的总体，而采用样本归约后，对数据的分析只能基于样本的一个子集。初始数据集中最大和最关键的维度数就是样本的数目，也就是数据表中的记录数。当我们确定数据的样本子集后，就用它来提供整个数据集的一些信息，这个样本子集通常又称为“估计量”，它的质量依赖于所选取样本子集中的元素。数据取样过程总会造成取样误差，这对所有的方法和策略来讲都是不可避免的，当样本子集的规模变大时，取样误差一般会降低，所以数据集越大，采用样本归约的效果越好。

与采用整个数据集的数据进行分析相比较，样本归约具有以下优点：一是成本低，二是速度更快，三是范围更广，四是在有些情况下可以获得更高的精度。因此，样本归约也是较为常见的数据归约方法之一。

5.6.4　数量归约

数量归约是指用可替代的、较小的数据表示形式来替换原数据。数量归约可以是有参的，也可以是无参的。对于有参方法而言，则使用一个模型来估计数据，只需要存放模型

⊖ 假设待归约的数据由用 n 个属性或维描述的元组或数据向量组成。

参数，而不需要存放实际数据。有参的数量归约有以下两种：

- 回归：线性回归和多元回归。
- 对数 – 线性模型：近似离散多维概率分布。

无参的数量归约有以下四种：

- 直方图：采用分箱近似数据分布，其中 V– 最优和 MaxDiff 直方图是最精确实用的。
- 聚类：将数据元组视为对象，将对象划分为群或聚类，使得在一个聚类中的对象“类似”而与其他聚类中的对象“不类似”，在分析时使用数据的聚类代替实际数据。
- 抽样：与样本归约有一定交叉，用数据的较小随机样本表示大的数据集，如简单选择 *n* 个样本（类似样本归约）、聚类选样和分层选样等。
- 数据立方体聚集：数据立方体存储多维聚集信息，每个单元存放一个聚集值，对应多维空间的一个数据点，在最低抽象层创建的称为基本立方体，在最高层抽象的称为顶点立方体。

数量归约是数据离散化技术的一种，它将具有连续型特征的值离散化，使之成为少量的区间，每个区间映射到一个离散符号，这种技术的好处在于简化了数据描述，并易于理解数据和最终分析结果。

5.6.5　数据压缩

数据压缩通过采用一定的变换方法和技术，对原始数据进行归约或“压缩”表示。如果能够通过对“压缩”后的数据进行重构，还原出原始数据，且这个过程不损失信息，那么可以说这种数据压缩是无损的。如果我们只能近似地重构并还原原始数据，那么该数据归约则称为有损的。通常，维归约和数量归约也可以视为某种形式的数据压缩。

当然，还有许多其他方法可以用来进行数据归约。我们应当注意的是，花费在数据归约上的计算时间不应超过或“抵消”在归约后的数据上进行分析和挖掘所节省的时间，这样的归约才有意义和有价值。

5.7　数据变换

数据预处理阶段还有一种常用的技术就是数据变换。数据变换又称为数据转换，是指将数据从一种表示形式变为另一种表现形式的过程。通过一定的数据变换，数据被转换或统一成适合于进行分析的形式，为网络安全态势理解提供更有效的数据形式。

5.7.1 数据变换策略

常见的数据变换策略有以下几种：

- 光滑：也就是去掉数据中的噪声。这与前面介绍的数据清洗过程有一定交叉。
- 属性（特征）构造：由给定的属性构造新的属性并添加到属性集中，以辅助后续分析。
- 聚合：对数据进行汇总和集中，可以为多个抽象层的数据分析构造数据立方体。这与前面介绍的数据归约过程也有一定交叉。
- 标准化：把属性数据按比例缩放，使之落入一个特定的小区间。
- 离散化：将数值属性的原始值用区间标签或概念标签替换，这些标签可以递归地组织成更高层概念，导致数值属性的概念分层，对于同一个属性可以定义多个概念分层。
- 概念分层：将某些属性泛化到较高的概念层，这些高层次概念层蕴含在数据库的模式中，可以在模式定义级自动定义。

5.7.2 数据变换处理内容

根据上述策略，数据变换通常包含以下处理内容：

- 平滑处理：该过程可以帮助消除数据中的噪声，主要技术方法有聚类方法、分箱方法和回归方法等。
- 合计处理：对数据进行总结或合计操作。这样操作常用于构造数据立方体或对数据进行多粒度分析。
- 泛化处理：用更抽象或更高层次的概念来取代低层次或数据层的数据对象。
- 标准化处理：就是将有关属性数据的比例投射到特定小范围之中。

5.7.3 数据变换方法

我们从上面已经了解到数据变换的常用策略和处理内容，下面介绍几种有代表性的数据变换方法。

- 分箱方法。这是一种基于指定的箱个数的自顶向下的分裂技术。例如，通过使用等宽或等频分箱，然后用箱均值或中位数替换箱中的每个值，可以将属性值离散化，就像用箱的均值或箱的中位数“光滑”一样。该技术可以递归地作用于结果划分，产生概念分层。由于并不使用类信息，其是一种非监督的离散化技术。它对用户指定的箱个数很敏感，也容易受离群点的影响。
- 直方图分析方法。该方法也是一种非监督的离散化技术。直方图由一系列高度不等的纵向条纹或线段表示数据分布的情况，可以使用各种划分规则来定义直方图。一般来说，等频直方图是较理想的情况，数据值被划分为多个分区，每个分区包括相同个数的数据元组。直方图分析方法可以递归地用于每个分区，自动地产生多级概念分层，直到达到一个预先设定的概念层数为止，也可以对每一层使用最小区间长度来控制递归过程，最小区间长度设定每层每个分区的最小宽度，或每层每个分区中值的最少数目。

- 聚类、决策树和相关分析方法。**聚类**分析即将一个属性的值划分成簇或组，每个簇中的值相似，由聚类分析产生的簇的集合称作一个聚类。聚类可以用来产生一个属性的概念分层，其中每个簇形成概念分层的一个节点。在相同的数据集上，不同的聚类方法可能产生不同的聚类，聚类的策略有自顶向下的划分策略和自底向上的合并策略，在前一种策略中，每一个初始簇或分区可以进一步分解成若干子簇，形成较低的概念层；在后一种策略中，通过反复地对邻近簇进行分组，形成较高的概念层。**决策树**是一种树形结构，也称作分类树，其中每个内部节点表示一个属性上的测试，每个分支代表一个测试输出，每个节点代表一种类别。决策树是一种常用的分类方法，一般采用自顶向下划分的策略，它也是一种监督学习方法。决策树方法的主要思想是选择划分点（熵是最常用于确定划分点的度量），使得一个给定的结果分区包含尽可能多的同类元组，选择某个属性值的最小化熵为划分点并递归地划分结果区间，得到该属性的概念分层。**相关分析**是对不同特征（属性）或数据之间的相关关系进行分析的一种统计方法。按相关的程度分为完全相关、不完全相关和不相关；按相关的方向分为正相关和负相关；按影响因素的多少分为单相关和复相关。常用的相关分析方法有图表相关分析（折线图及散点图）、协方差及协方差矩阵、相关系数、一元回归及多元回归、信息熵及互信息等。上述方法各有特点，其中图表方法最为直观，相关系数方法可以看到变量之间两两的相关性，回归方程可以对相关关系进行提炼并生成模型用于预测，互信息可以对文本类特征间的相关关系进行度量。
- 标准化方法。在数据预处理过程中，由于所采用的度量单位对数据分析有一定影响，不同的度量单位会产生不同的结果，为了帮助避免对度量单位选择的依赖性，需要采用一定的标准化（或规范化）手段，对度量单位进行数据变换，使之落入较小的共同区间。一般在没有标准化的情况下，用较小的单位表示属性会导致该属性具有较大值域，对这样的属性常会赋予较高的“权重”，而标准化方法则会尽量赋予所有属性相等的权重。常用的数据标准化方法有三种，即最小 – 最大规范化、z 分数规范化和按小数定标规范化。对于涉及神经网络的分类算法或者基于距离度量的分类和聚类的情况，标准化方法特别有用，在没有数据的先验知识时标准化也是很有用的。
- 概念分层方法。该方法一般适用于对标称数据的数据变换。标称属性具有有穷多个不同值，这些值呈无序排列，采用人工定义概念分层非常耗时和枯燥，因此可以利用数据库隐藏的模式自动地对其进行定义和分层。概念分层可以把数据变换到多个粒度层，常见的方法有：①采用人工判别方式在模式级显式地说明属性的部分序（如偏序或全序），进而容易地定义概念分层。通常，标称属性或维的概念分层涉及一组属性。②通过显式数据分组说明分层结构的一部分。在大型数据库中，通过显式的值枚举定义整个概念分层是不现实的，然而，对于小部分中间层数据，可以很容易地显式说明分组。③说明属性集但不说明它们的偏序。通过说明一个属性集形成概念分层，但并不显式地说明它们的偏序，然后由系统自动地产生属性的序（根据给定属性集中每个属性不同值的个数），构造有意义的概念分层，具有最多不同值的属性放在分层结构的最底层。一个属性的不同值个数越少，其所在概念分层结构中所处的层次越高。④只说明部分属性集。在定义分层时，通过人工方式可能对分层结构中应当包含什么不那么清楚，因此在分层结构说明中可能只包含相关属性的一小部分，为了处理这种部分说明的分层结构，可以在数据库模式中嵌入数据语义，使得语义密切相关的属性能够聚集在一起，这样一个属性的说明可能触发整个语义密切相关的属性组聚拢，进而形成一个完整的分层结构。

5.8 数据融合

5.8.1 数据融合与态势感知

数据融合与整个态势感知过程的关系都极为密切，不仅仅在态势提取阶段，在态势理解和预测阶段也会用到大量的数据融合算法模型，甚至前面几节介绍的预处理方法有些也会与数据融合方法有交叉，因为数据融合不仅仅是一种数据处理方法，还是一门学科。我们先来看看数据融合的产生背景。早在 20 世纪 70 年代军事领域就提出了“多源数据融合”的概念，多源数据融合就是模仿人和动物处理信息的认知过程。人或动物首先通过眼睛、耳朵和鼻子等多种感官对客观事物实施多种类、多方位的感知，获得大量互补和冗余的信息，然后由大脑对这些感知信息依据某种未知的规则进行组合和处理，从而得到对客观对象统一与和谐的理解和认识。人们希望用机器来模仿这种由感知到认知的过程，于是产生了新的边缘学科——数据融合。数据融合也称为信息融合，是指对多源数据进行多级别、多层次、多方面的集成、关联、处理和综合，以获得更高精度、概率或置信度的信息，并据此完成需要的估计和决策的信息处理过程。

数据融合技术起源于军事领域，也在军事领域得到广泛应用，其应用范围主要有：①组建分布式传感器网络进行监视，比如雷达网络监视空中目标、声呐网络监视潜艇。②实用多传感器对火力控制系统进行跟踪指挥。③在指挥控制系统中进行应用，进行态势和威胁估计。④侦察和预警等。美国军队的军事情报分析动态显示专家系统、多传感器多平台跟踪的情报相关处理器系统、陆军战术指控系统，法国的防空指挥控制系统，德国“豹 2”坦克的信息系统都应用了数据融合技术。在民用方面，数据融合被成功应用于机器人和智能仪器系统、遥感图像分析与理解、气象预报、安全防范、工业监控、智能交通、经济金融等诸多领域。

在第 1 章我们介绍过，态势感知的概念源于空中交通监管，态势感知过程以态势数据的融合处理为中心，态势感知模型的建立大多以数据融合模型为基础，态势感知过程的数据处理流程也与数据融合模型的处理流程非常相似。最早提出“网络空间态势感知”概念的 Tim Bass 设计的基于多传感器数据融合的入侵检测框架，就是将数据融合领域中的 JDL 模型应用到网络安全态势感知领域的结果。由此可见，网络空间态势感知从诞生之初就与数据融合技术密不可分。数据融合技术是态势感知技术的基础，态势感知需要结合网络中各种设备的多样信息以得到一个综合结果，对数据的处理和融合是态势感知过程的中心。网络环境中的各种设备信息、安全告警信息及网络流量信息等繁杂多样的信息构成了网络中的多源异构数据，态势感知的目的是对这些数据进行融合处理并得到网络的总体态势。数据融合技术能有效融合所获得的多源数据，充分利用其冗余性和互补性，在多个数据源之间取长补短，从而为感知过程提供保障，以便更准确地生成网络空间态势信息。

5.8.2 数据融合的层次分类

数据融合作为一种多级别、多层次的数据处理，作用对象主要是来自多个传感器或多个数据源的数据，经过数据融合所做的操作，使得通过数据分析而得到的结论更加准确与可靠。按照信息抽象程度可以把数据融合分为 3 个层次，从低到高依次为数据级融合、特征级融合和决策级融合。

- 最低层为数据级融合，也称为信号级融合。对未经处理的各个数据源的原始数据进行综合分析处理，进行的操作只包括对数据的格式进行变换、对数据进行合并等，最大程度地保持了原始信息的内容。这种处理方式可以处理大量的信息，但是操作需要的时间较长，不具备良好的实时性。
- 中间一层为特征级融合。在对原始数据进行预处理以后，对数据对象的特征进行提取，之后再进行综合处理。通过数据的特征提取，在获得数据中重要信息的同时，去掉一些不需要关注的信息，这样就实现了信息的压缩，减小了数据的规模，满足了实时处理的要求。
- 最高层是决策级融合。在决策级融合之前，已经对数据源完成了决策或分类。决策级融合根据一定的规则和决策的可信度做出最优决策，因此具有良好的实时性和容错性。

在当前复杂的网络环境中存在着多种多样的安全设备，这些安全设备从不同的角度对网络上不同的内容进行监控，所提供的安全事件信息的格式也各不相同。将处在不同位置、所提供信息格式也不相同的网络安全设备看作网络安全状态信息采集传感器，那么采用数据融合技术对各种网络安全事件信息进行预处理操作，在此基础上进行归一化、态势聚合计算等操作，就可以实现对网络运行状况以及面临的威胁情况等的实时评估。在对多传感器产生的原始安全信息进行压缩和特征提取等低层数据融合操作后，其输出结果就可以为高层次的态势评估提供依据。数据融合以及相关的算法在网络安全管理和安全态势分析与评估中得到了很多应用。

5.8.3　数据融合相关算法

数据融合继承自许多传统学科并且运用了许多新技术，是一种对数据进行综合处理的技术。按照不同的分类方法，有的将数据融合方法分为三大类，即直接操作数据源（如加权平均、神经元网络）、利用对象的统计特性和概率模型进行操作（如卡尔曼滤波、贝叶斯估计、统计决策理论）和基于规则推理的方法（如模糊推理、证据推理、产生式规则等）；有的将数据融合方法分为两大类，一类是经典方法，主要包括基于模型和基于概率的方法，如加权平均法、卡尔曼滤波法、贝叶斯推理、Dempster-Shafer 证据理论（简称 D-S 证据理论）、小波分析、经典概率推理等，另一类是现代方法，主要包括逻辑推理和机器学习的人工智能方法，如聚类分析法、粗糙集、模板法、模糊理论、人工神经网络、专家系统、进化算法等。

1. 经典方法

加权平均法是最简单直观的数据融合方法，它将不同传感器提供的数据赋予不同的权重，加权平均生成融合结果。其优点是直接对原始传感器数据进行融合，能实时处理传感器数据，适用于动态环境，缺点是权重系数带有一定的主观性，不易设定和调整。

卡尔曼滤波法常用于实时融合动态底层冗余传感器数据，用统计特征递推决定统计意义下的最优融合估计。其优点是它的递推特性保证系统处理不需要大量的数据存储和计算，可实现实时处理；缺点是对出错数据非常敏感，需要有关测量误差的统计知识作为支撑。

贝叶斯推理法基于贝叶斯推理法则，在设定先验概率的条件下利用贝叶斯推理法则计算出后验概率，基于后验概率做出决策。贝叶斯推理在许多智能任务中都能作为对于不确定推理的标准化有效方法，其优点是简洁、易于处理相关事件；缺点是难以区分不确定事件，在实际运用中定义先验似然函数较为困难，当假定与实际矛盾时，推理结果很差，在处理多假设和多条件问题时相当复杂。

D-S 证据理论的特点是允许对各种等级的准确程度进行描述，并且直接允许描述未知事物的不确定性。在 D-S 证据理论中使用了一个与概率论相比更加弱的信任函数，信任函数的作用就是能够准确地把不知道和不确定之间的差异区分开来。其优点是不需要先验信息，通过引入置信区间、信度函数等概念对不确定信息采用区间估计的方法描述，解决了不确定性的表示方法。缺点在于其计算复杂性是一个指数爆炸问题，并且组合规则对证据独立性的要求使得其在解决证据本身冲突的问题时可能出错。

2. 现代方法

聚类分析法是一组启发式算法，通过关联度或相似性函数来提供表示特征向量之间相似或不相似程度的值，据此将多维数据分类，使得同一类内样本关联性最大，不同类之间样本关联性最小。其优点是在标识类应用中模式数目不是很精确的情况下效果很好，可以发现数据分布的一些隐含的有用信息。缺点在于由于其本身的启发性使得算法具有潜在的倾向性，聚类算法、相似性参数、数据的排列方式甚至数据的输入顺序等都对结果有影响。

粗糙集理论的主要思想是在保持分类能力不变的前提下，通过对知识的约简导出概念的分类规则。它是一种处理模糊性和不确定性的数学方法，利用粗糙集方法分析决策表可以评价特定属性的重要性，建立属性集的约简以及从决策表中去除冗余属性，从约简的决策表中产生分类规则并利用得到的结果进行决策。

模板法应用“匹配”的概念，通过预先建立的边界来进行身份分类。它首先把多维特征空间分解为不同区域来表示不同身份类别，通过特征提取建立一个特征向量，对比多传感器观测数据与特征向量在特征空间中的位置关系来确定身份。模板法的输入是传感器的观测数据，输出的是观测结果的身份，其缺点是边界建立时会互相覆盖从而使身份识别产生模糊性，同时特征的选择和分布也会对结果有很强的影响。

模糊理论是基于分类的局部理论，建立在一组可变的模糊规则之上。模糊理论以隶属函数来表达规则的模糊概念和词语的意思，从而在数字表达和符号表达之间建立一个交互接口。它适用于处理非精确问题，以及信息或决策冲突问题的融合。由于不同类型的传感器识别能力不同，模糊理论中考虑了信源的重要程度，更能反映客观实际，提高了融合系统的实用性。

人工神经网络是模拟人脑结构和智能特点，以及人脑信息处理机制构造的模型，是对自然界某种算法或函数的逼近，也可能是对一种逻辑策略的表达。人工神经网络在数据融合方面应用广泛，如前向多层神经网络及其逆推学习算法、对向传播神经网络等。神经网络处理数据容错性好，具有大规模并行模拟处理能力，具有很强的自学习、自适应能力，某些方面可以替代复杂耗时的传统算法。

专家系统也称基于知识的系统，是具备智能特点的计算机程序，该系统具备解决特定问题所需专门领域的知识，是在特定领域内通过模仿人类专家的思维活动以及推理与判断来求解复杂问题。其核心部分为知识库和推理机，知识库用来存放专家提供的知识，系统基于知识库中的知识模拟专家的思维方式来求解问题。推理机包含一般问题求解过程所用的推理方法和控制策略，由具体的程序实现。推理机如同专家解决问题的思维方式，知识库通过推理机来实现其价值。专家系统可用于决策级数据融合，适合完成那些没有公认理论和方法、数据不精确或不完整的数据融合。

不同数据融合算法的优缺点以及适用范围如表 5.1 所示。

表 5.1　各种数据融合算法对比分析

	方法	优点	缺点	应用
经典方法	加权平均法	能实时处理动态传感数据，适合动态环境	权重系数带有一定主观性，且不易设定和调整	图像融合、航迹关联、监测监控、多个传感器对同一参数的测量
	卡尔曼滤波法	适合于线性系统；递推特性使系统不需要大量的数据存储和计算，可以实时处理	只能处理线性问题；计算量大，需要关于测量误差的统计知识；对出错数据很敏感	动态低层次冗余多传感器数据的实时融合、目标识别、多目标跟踪、惯性导航等
	贝叶斯推理法	计算量不大；简洁明了，易于处理相关事件	难以区分不知道与不确定信息；难以定义先验概率和似然函数；当存在多个可能假设和多条件相关事件时，计算复杂性迅速增加	态势评估、人脸识别、故障诊断、目标识别、压力检测等测量结果具有正态分布特性的测量系统
	D-S 证据理论	容错能力强；能区分不确定和不知道信息；先验效率难以获得时该方法更有效	组合规则的计算复杂性是一个指数爆炸问题；组合规则要求的证据的独立性，难以解决证据本身冲突问题	目标识别、监控检测、故障诊断、医疗诊断和决策分析等
现代方法	聚类分析法	可以发掘出数据中隐含的、深入的有用信息，在模式数目不很精确时较为有效	算法具有潜在倾向性，相似性参数、聚类算法、数据的排列方式以及输入顺序等都对结果有影响；适用条件苛刻	多传感器多目标测量控制、目标识别分类、航迹关联等
	粗糙集理论	学习能力强，具有发现隐含知识、揭示潜在规律并转化为逻辑规则的优势；知识的表达、学习和分析纳入统一的框架中，无须提供所需处理数据集合之外的任何先验知识，客观、科学	决策表核的确定和属性约简算法较难构建；计算量大，在实时环境中可能无法满足要求	决策分析、目标识别
	模板法	在非实时环境中效果好	计算量大，不适用实时环境；身份识别容易产生模糊性，特征的选择和分布也会对结果有很大影响	目标识别
	模糊理论	实现主观与客观间的信息融合；可解决信息或决策冲突问题	运算复杂；缺乏自学习和自适应能力；难以构造、生成和调整有效隶属函数和指标函数	目标识别、图像分类、身份确认、故障诊断等

（续）

	方法	优点	缺点	应用
现代方法	人工神经网络	自适应性强、有层次性、容错性好，具有大规模并行处理能力、自学习能力，能有效利用系统自身信息，映射任意函数关系	运算量大；寻找全局最优解困难；知识表达困难，学习速度慢、不适合表达基于规则的知识	高维数特征层融合的对向传播神经网络、决策层融合的神经网络、图像处理、语音信号处理、目标识别等
	专家系统	采用解释特性、分类保存专业知识，具有间接训练功能；可实现高水平推理	设计开发困难；实时性较差；目标特别复杂时可能会失效	态势估计、威胁估计问题

此外，关联分析这个方法也很适合网络安全数据的融合预处理。常见的有：一是依据数据族的属性相似度进行关联，如数据族指向的目标相同、端口相同或目标地址相同等，建立关联关系。二是依据时间顺序进行关联，如同一 IP 在网络流量、操作日志、应用审计、监测报警等数据上具有时序特征的，建立关联关系。三是 IP 交互关联，在 IP 通信、数据流向、请求与应答等存在交互行为的，建立关联关系。通过上述数据关联，可将原始数据进行重新组织，以梳理出数据的流向、行为、脉络、层次等关系，形成数据关系图谱。

第三部分

态 势 理 解

第6章

网络安全检测与分析

创造始于问题，有了问题才会思考，有了思考，才有解决问题的方法，才有找到独立思路的可能。

——陶行知，教育家、思想家

6.1 引言

对态势的理解是人们组合、分析、解读和保留信息的过程。在态势提取的基础上，我们可以采取一系列方法和技术来对安全态势进行进一步的理解和处理，这其中包括安全检测和分析、态势指标构建和态势评估等。本章重点对网络安全检测和分析的相关技术进行介绍和说明。

网络安全检测是指通过对采集来的数据进行检查，并根据观察到的异常事件和数据产生告警的过程，往往通过某个软件来完成，这类过程也称为网络安全检测机制。这种检测常常通过一种叫入侵检测的技术来实现，当然也不限于此，还有其他一些方法，如入侵响应、入侵取证等。当已经采集到的安全数据通过预处理和验证并在其中发现异常时，就会进入这个过程。一旦网络安全检测机制生成告警数据，且这些数据可提供给安全人员进行分析，这一过程将宣告结束，就能够进入网络安全分析环节。

安全分析常常发生在需要进行人工调查的时候，涉及从其他数据源[1]收集更多的调查数据并开展与这些数据有关的研究。它是网络安全态势感知中最复杂也最耗时的部分。在这一过程中，一个安全事件可能会被升级为一个分级的安全事故，由安全人员开展对应的应急响应措施。安全分析并非机械化过程，不能单纯靠软件完成，它对人的能力要求较高，需要安全分析人员的高度参与，且没有统一的、固定的标准，主观性较强。在安全分析过

[1] 例如威胁情报。

程中，安全人员通过对采集来的各种信息和安全检测机制检查后的输出结果进行分析，来判断网络和相关资产是否受到损害。

6.2 入侵检测

作为一项广受关注的网络安全技术，入侵检测是最近十余年发展起来的一种动态监控、预防或抵御系统入侵行为的安全机制。所谓入侵检测是指对入侵⊖行为的发觉，它通过从计算机网络或系统中的若干关键点收集信息，并对这些信息进行分析，从而发现网络或系统中是否有违反安全策略的行为和遭到攻击的迹象。而实施入侵检测的软件与硬件的结合就是入侵检测系统（简称 IDS），它通过收集计算机系统和网络的信息并对这些信息加以分析，对被保护系统进行安全审计、监控、攻击识别以及做出实时的反应。

6.2.1 入侵检测通用模型

入侵检测是通过检测计算机网络和系统，以发现违反安全策略的**事件**的过程。本书第二部分详细介绍过网络安全数据的范围、采集和预处理等相关知识，但是并非所有的网络安全数据都会被分析或者值得分析。对于需要进行分析的数据，我们统称为**事件**。入侵检测就是针对事件进行分析处理的。一个典型的入侵检测系统至少应该包括 3 个功能模块：①提供事件记录流的信息源；②发现入侵迹象的分析引擎；③基于分析引擎的响应部件。DARPA（美国国防部高级研究计划署）提出的 CIDF（公共入侵检测框架）阐述了入侵检测的通用模型，如图 6.1 所示。

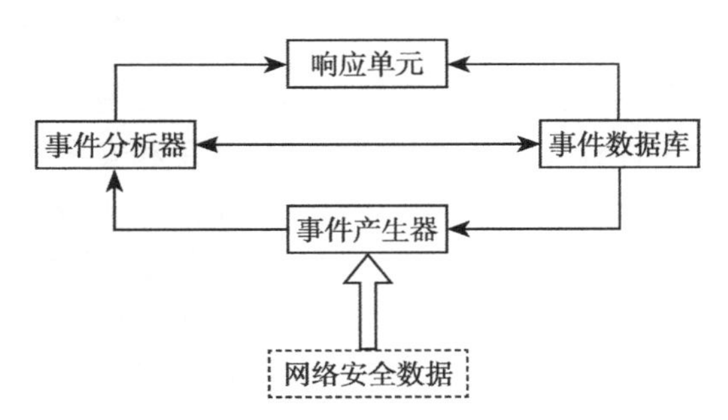

图 6.1　入侵检测通用模型

从图 6.1 中可见，入侵检测系统主要由以下四个组件组成：

- 事件产生器：从整个网络环境中获取事件（需要分析的有价值的网络安全数据），并

⊖ 所谓入侵，是指任何企图危及计算机资源的完整性、机密性或可用性的行为。入侵可分为外部入侵和内部入侵两种，前者一般指系统的非法用户，如黑客，后者多为有越权使用系统资源行为的合法用户。

向系统的其他部分提供这些事件。这就涉及数据采集，如何确保信息收集的可靠性、正确性和完备性是关键，在进行软件工具设计时，应当确保其具有相当强的坚固性，能够防止被篡改等。

- 事件分析器：对事件产生器提交的事件进行分析，并产生分析结果。它是入侵检测的核心，它的效率高低直接决定了整个入侵检测的性能。其分析方法主要有基于异常/行为的检测分析和基于误用/知识的检测分析两种，我们在后面会详细说明。
- 响应单元：当事件分析器发现入侵迹象后，下一步就是对事件分析器分析的结果做出反应，可以是简单的告警，也可以是更为复杂的响应操作。
- 事件数据库：用于存放各种中间和最终数据的地方，可以是简单的文本文件，也可以是复杂的数据库。考虑到数据的庞大性和复杂性，一般都采用成熟的数据库产品来支持，以充分发挥数据库长处，方便其他模块对数据进行添加、删除、访问、排序和分类等操作。

其中，前三个组件以软件程序的形式出现，最后一个组件则往往是文件或者数据库形式。由于入侵检测模型中的事件产生器需要采集网络中大量的安全类数据，因此常常将入侵检测的功能组件部署在传感器（探针）上，2.6.1 节对此有所介绍，请读者前后对照参考。

6.2.2 入侵检测系统分类

通过对现有的入侵检测技术和入侵检测系统的研究，可从以下几个方面对入侵检测系统进行分类。

根据检测所用数据的来源不同，可将入侵检测系统分为以下三类：

- **基于主机的入侵检测系统**：此种类型的数据来源主要是被监测系统的操作系统事件日志、应用程序的事件日志、系统调用、端口调用和安全审计记录等。通过比较这些审计记录文件的记录与攻击签名⊖，以发现它们是否匹配，若匹配则检测系统向安全人员发出入侵告警，以便采取措施。此种类型适用于交换网环境，无需额外硬件，能监视特定的目标并检测出不通过网络的本地攻击，检测准确率较高，但缺点是过于依赖主机的操作系统及其审计子系统，实时性和可移植性差，无法检测针对网络的攻击，不适合检测基于网络协议的攻击。
- **基于网络的入侵检测系统**：此种类型的数据源是网络上的原始数据包，利用一个运行在混杂模式下的网络适配器来实时监视并分析通过网络进行传输的所有通信业务。该类型不依赖于被监测系统的主机操作系统，能检测到基于主机的入侵检测系统发现不了的网络攻击行为，提供实时的网络行为检测，且具有较好的隐蔽性，但缺点

⊖ 攻击签名（Attack Signature）是一种用特定的方式来表示已知的攻击模式。

是由于无法实现对加密信道和基于加密信道的应用层协议数据的解密，导致对某些网络攻击的检测率较低。

- **基于混合数据源的入侵检测系统：**该类型由于常常配置成分布式模式，因此又称为**分布式入侵检测系统，**它以多种数据源为检测目标，既能发现网络中的攻击信息，也能从系统日志中发现异常，检测到的数据较丰富，综合了上述两种类型优点的同时还能弥补其不足，克服了单一结构的缺陷。但混合型入侵检测系统增加了网络管理的难度和开销。

根据检测分析方法的不同，可将入侵检测系统分为以下三类（这也是最常见的分类法）：

- **误用检测系统：**也称为**基于知识**的检测，它通过收集非正常操作的行为特征，建立相关的特征库，当监测的用户或系统行为与库中的记录相匹配时，即认为这种行为是入侵。它根据已知入侵攻击的信息（知识、模式等）来检测系统中的入侵和攻击，其前提是假定所有入侵行为和手段都能识别并表示成一种模式（攻击签名），那么所有已知的入侵都可以用匹配的方法发现。如何表达入侵的模式，以及把真正的入侵和正常行为区分开来是其关键。误用检测的优点是误报率低，对计算能力要求不高，局限在于只能发现已知攻击，对未知攻击无能为力，且模式库难以统一定义，特征库也必须不断更新。
- **异常检测系统：**也称为**基于行为**的检测。异常检测首先总结正常操作应该具有的特征（用户轮廓），当用户活动与正常行为有重大偏离时即被认为是入侵。由于入侵活动并不总是与异常活动相符合，因此其通常做法是构造异常活动集并从中发现入侵性活动子集。对于特征[1]、阈值[2]和比较频率[3]的选择是异常检测的关键。异常检测的优点是对于未知的入侵行为的检测非常有效，但局限性在于并非所有的入侵都表现为异常，因此误报率高，其实时性检测要求所需计算量大，更新速度慢。
- **误用和异常检测混合的入侵检测系统：**以上两种类型可以混合在一起，做到优势互补，如图 6.2 所示。

[1] 异常检测首先要建立用户的“正常”行为特征轮廓，这个正常模型选取的特征量既要能准确体现用户行为特征，又要能使模型最优化，以最少的特征覆盖用户行为。

[2] 异常检测一般先建立正常的特征轮廓并以此作为比较基准，这个基准即为阈值。阈值选得过大，漏警率就高；阈值选得过小，则虚警率就高。

[3] 比较频率是指经过多长时间比较当前行为和已建立的正常行为特征轮廓来判断入侵的发生与否。经过的时间过长，检测的漏警率会高；经过的时间过短，检测的虚警率会高。正常行为特征轮廓会不断更新，这也会影响比较频率。

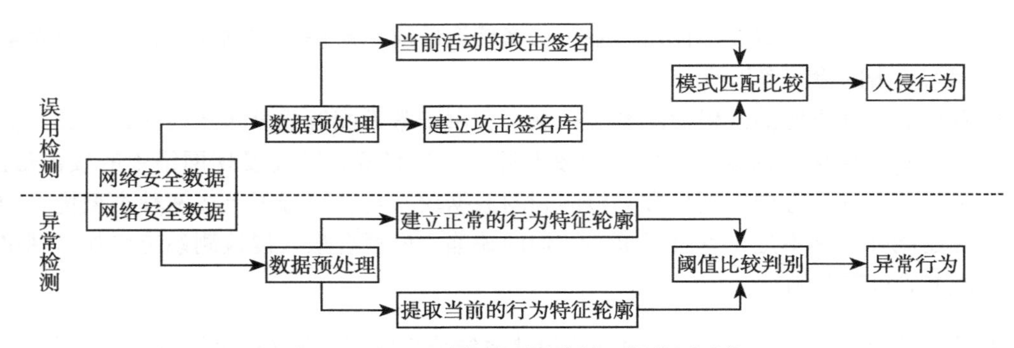

图 6.2　误用和异常检测混合的入侵检测系统

根据入侵检测工作方式不同，可将入侵检测系统分为以下两类：

- **实时检测系统：**也称在线式检测系统，是指对网络数据包、主机审计数据等进行实时监测并分析，可以快速反应。在高速网络中，难以保证其实时性和检测率。
- **非实时检测系统：**也称离线式检测系统，是指通过事后分析审计事件和文件等，从中检测出入侵攻击。虽然无法实时反应，但可以运用更复杂的分析方法发现实时检测系统难以发现的攻击，检测率高。

通常，尤其是在高速网络环境下，由于要分析的网络安全数据非常大，单纯采用实时检测进行分析不现实，往往是在线和离线相结合进行检测。首先用实时方式对数据进行初步分析，对能够确认的入侵攻击进行告警，然后对可疑行为再用离线方式做进一步检测，对实时分析产生的告警进行补充。

根据体系结构不同，可将入侵检测系统分为以下两类：

- **集中式入侵检测系统：**数据的收集、分析以及响应全都集中在一台主机上运行，该类型适合于网络环境比较简单的情况。
- **分布式入侵检测系统：**数据的收集、分析和响应等分布在网络中不同计算机、设备上，一般按照层次性原则进行组织，适合复杂网络环境、数据量较大的情况。

根据对入侵攻击的响应方式不同，可将入侵检测系统分为以下两类：

- **被动响应检测系统：**顾名思义，在检测出入侵后只会发出告警通知安全人员，并不采取主动防护措施对目标系统进行保护。
- **主动响应检测系统：**在检测出入侵后，不仅产生告警，还会自动对被保护系统采取安全对策和响应措施，有的还会对攻击者实施反击。

6.2.3　入侵检测的分析方法

入侵检测系统根据检测分析方法不同可分为误用检测系统和异常检测系统，显然，入侵检测的分析方法主要包括误用检测和异常检测。除此之外，还有 2000 年前后出现的协议分析方法，它的出现极大地减小了计算量，减少了误报率，其误报率是传统方法的 1/4 左右。下面将依次进行介绍。

1. 误用检测

误用检测是较早出现的入侵检测分析方法，属于第二代入侵检测技术㊀，它是基于知识（模式）的检测方法，根据已知的入侵模式来检测入侵。入侵者通常会利用系统或网络中的弱点来实施攻击，而这些弱点可以编成某种模式，形成一个模式库，如果入侵者的攻击方式正好能匹配上入侵检测系统中的模式库，那么就可认为有入侵行为发生，其模型如图 6.3 所示。

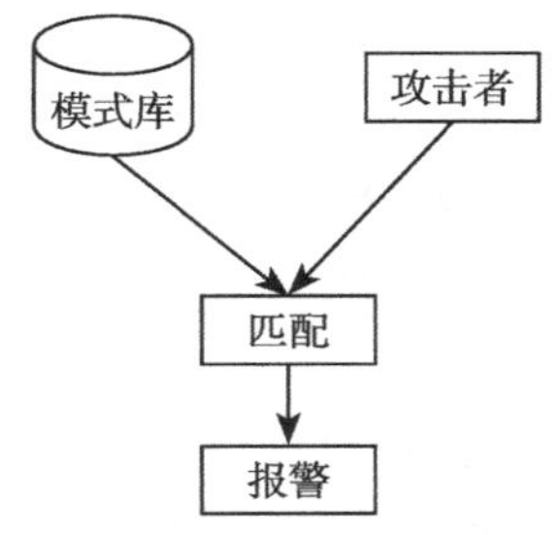

图 6.3 误用入侵检测模型

误用检测非常依赖于模式库，这个模式库是对误用行为的一个解释集，包含了大量对入侵指示器已知的具体行为的描述信息，没有它，入侵检测就难以检测到入侵行为。误用检测的基本原理是对已知攻击按照某种方式进行精确编码，通过捕获攻击及重新整理，可确认入侵活动是基于同一弱点进行攻击的入侵方法的变种。然而，对于模式的定义和描述并不固定，准确度也低，这就造成了该类检测方法的误报率较高，而且基于已知攻击的假设使得其只能检测到已知入侵，而对于未知入侵则无能为力。尽管如此，误用检测仍是非常常见的一种入侵检测方法，主要包括以下几种类型：

- 模式匹配方法：最基本、最简单的误用检测方法，它将已知的入侵特征转换成模式，存放在模式数据库中，在检测过程中将捕获的事件与模式数据库中的入侵模式进行匹配，若匹配成功则认为有入侵行为发生。
- 专家系统方法：最传统、最通用的误用检测方法，它基于通用的规则系统，将有关待解决问题领域知识的描述与根据事件集进行推理匹配的过程相分离，允许用户像 if-then 规则㊁一样输入攻击信息，然后以审计事件的形式输出事实，系统根据输入的信息评估这些事实。用户并不需要理解专家系统㊂的内部功能和过程，但需要编写决定引擎和规则的代码，规则集的每条入侵检测规则都对应某个入侵脚本场景。其缺点是系统能力受限于专家知识，不适合处理大批量数据，因采用解释器而影响速度，无法对连续有序数据进行处理，也难以处理不确定事件。

㊀ 入侵检测核心技术和方法至今已经历三代，第一代主要是主机日志分析、模式匹配；第二代是基于网络和基于主机的 IDS，主要为误用检测，多以 Snort 为核心；第三代是基于行为的异常检测和协议分析，前者能识别未知攻击，后者误报率低。

㊁ if 端指示入侵的条件，放在规则的左边，then 端即当满足这些规则时执行右边的动作。

㊂ 专家系统是由安全专家根据专家知识进行构建的系统库。

- 状态转换方法：最灵活、最强有力的误用检测方法，它允许使用最优模式匹配技巧来结构化处理误用检测问题。该方法使用系统状态和状态转换表达式来描述和检测已知入侵，常用的状态转换方法有状态转换分析法和有色 Petri 网。前者的优点是提供了一个直接、高级、与审计记录独立的概要描述，允许用户描绘构成攻击概要的部分顺序信号动作，系统保存的硬连接信息使它更容易表示攻击情景，且能检测出协同的缓慢攻击；后者的优点是速度快，模式匹配引擎独立于审计格式，特征在跨越审计记录方面非常方便，可移植性强，模式能根据需要进行匹配，事件的顺序和其他排序约束条件可以直接体现出来。

2. 异常检测

异常检测出现得较晚，属于第三代入侵检测技术，它是基于行为的检测方法，根据系统或用户的非正常行为和使用计算机资源的非正常情况来检测入侵行为。它首先需要建立正常用户特征轮廓，然后将实际用户行为与这些轮廓进行比较，并标识出正常的偏离，发现异常行为。其检测模型如图 6.4 所示。

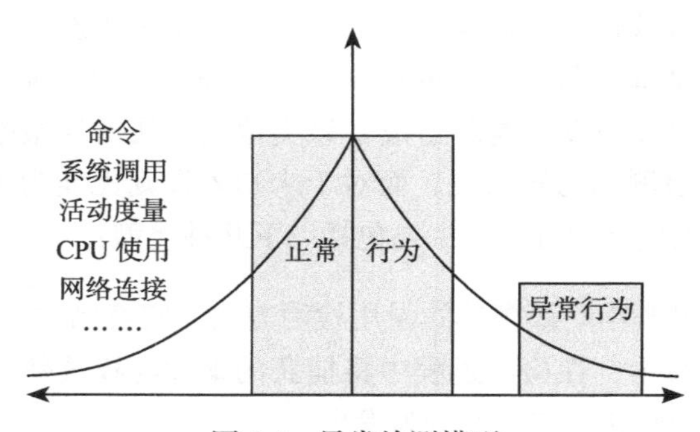

图 6.4 异常检测模型

异常检测的基本前提假设是用户的正常行为表现为可预测、一致的、有规律的系统使用模式，它通过描述正常行为的模式来检查和标记非正常（异常）行为。然而，并非所有的异常行为都是入侵行为，入侵行为只是异常行为的一个子集，这里存在 4 种可能性：

- 入侵性而非异常：具有入侵性但因为不是异常导致无法被 IDS 检测到，造成漏检。
- 非入侵性却异常：不具有入侵性，但因为是异常所以被 IDS 检测到，造成误报。
- 非入侵性也非异常：既非入侵，也不是异常，IDS 不做评价，也不告警。
- 入侵且异常：具有入侵性且因为活动异常，IDS 检测到并发出告警。

异常检测的基础是异常行为模式系统的误用。将轮廓定义成度量集，度量衡量用户特定方面的行为，每一个度量与一个阈值相联系，设置的异常阈值不恰当会造成 IDS 出现较高的误报率和漏检率。因此，异常检测完成后必须人工验证，因为没有人知道给定的度量集是否足够完备并能表示所有的异常行为。异常检测的研究既是热点也是难点，方法也较多，常见的有以下几种：

- 量化分析：最常用的异常检测方法，其检测规则和属性以数值形式表示。该技术经常假定一些计算，包括从简单的加法到比较复杂的密码学计算，这些技术的结果后来成为误用检测和异常检测统计方法的基础。常见的方法如阈值检测（用户和系统行为根据某种属性计数进行描述）、启发式阈值检测（在阈值检测基础上进一步使它适合于观察层次）、基于目标的集成检查（对在一个系统客体中一次变化的检查，该系统客体通常不应发生不可预测的变化）、量化分析和数据精简（从庞大的事件信息中删除过剩或冗余信息的处理）等。
- Denning 的原始模型：该模型在 1986 年由 Dorty Denning 提出，他主张在一个系统中可包括 4 个统计模型，即可操作模型（将度量值与阈值相比较，当度量值超出阈值时触发一个异常），平均和标准偏差模型（假定行为信任区域的一个度量值为一些参数的平均值的标准偏差，一个新的行为落在信任区域内则为正常，落在其外部则为异常），多变量模型（基于两个或多个度量值来执行），Markov 处理模型（将事件的每个不同类型作为一个状态变量，使用一个状态转换矩阵来描述不同状态间的转换频率，频率过低则为异常），每种模型适合于一个特定类型的系统度量。
- 统计方法：系统生成原始的行为特征文件，异常检测系统定期从原来的特征文件产生新的特征文件，典型的如 IDES/NIDES 项目、美国空军开发的 Haystack 异常检测系统等。其优点是系统可以自适应地学习用户行为，可以被训练从而适应入侵检测模式，不需要经常维护和更新，而是依靠几个因素充分精细地区分用户行为。缺点是当入侵者知道他的活动被监视时，他可以研究异常检测的统计方法，在异常检测系统可接受的范围内产生审计事件，逐步训练异常检测系统，从而使其相应活动偏离正常范围，最终将训练后的入侵事件作为正常事件对待。
- 基于规则的方法：该方法的潜在假定与统计方法的假定类似，不同之处在于基于规则的方法使用规则集来表示和存储使用模式。比较有代表性的方法是 Wisdom and sense 方法以及 TIM（基于时间的引导机）方法。前者将规则（反映系统主体和客体过去的行为）保存在一个树形结构中，采用线程类来对规则集进行操作，一个新的行为通过与线程进行比较，来判断是否为异常。后者采用一个引导方法来动态产生定义入侵的规则，在事件顺序中查找模式，若某个事件匹配了规则头，但下一个事件不在规则集中，则判断为异常。
- 非参统计度量：早期的统计方法都使用参数方法来描述用户和其他系统实体的行为模式，用户行为模式的分布一般都假定为高斯分布或正态分布等，当假定不正确时，异常检测的错误率很高。为此，美国杜兰大学提出用非参技术来执行异常检测，该方法提供很少的可预测使用模式来容纳用户的能力，并允许分析器考虑不容易由参数方案容纳的系统度量，这其中涉及非参数据区分技术，尤其是群集技术。该方法的前提是根据用户特性把表示的用户活动数据分成两个明显区别的群，即一个指示异常活动，一个指示正常活动。其优点是有多种群集算法可以采用，且比采用参数方法的检测速度和准确度高，缺点是设计超出资源使用的扩展特性会降低分析的效率。

- 神经网络：也属于非参分析技术。神经网络由多个简单的神经元处理单元，通过具有不同权的链接进行交互而构成，其知识由神经网络的结构决定。将神经网络用于异常检测方法是通过训练神经网络，使之能够根据给定的前 n 个动作或命令预测出用户下一个动作或者命令。网络对用户常用的命令集进行训练，一段时间后网络便可以根据已存在网络中的用户特征文件来匹配真实命令，任何不匹配的事件或命令都被视为异常。其优点是不需要依赖统计假设，不用考虑如何衡量特征的问题，容易更新，适应新的用户群，缺点在于需要长期训练才能确定下来，且容易被入侵者利用（训练）。

3. 协议分析

协议分析是至今出现最晚的入侵检测分析方法，是第三代入侵检测系统探测攻击手法的主要技术，它利用网络协议的高度规则性快速探测是否存在攻击，通过辨别数据包的协议类型，以便使用相应的数据分析程序来检测数据包。它将所有协议构成一棵协议树（二叉树），如图 6.5 所示，某个特定协议是该树结构中的一个节点，对网络数据包的分析就是一条从根到某个叶节点的路径。只要在程序中动态维护和配置这个树结构，就能实现非常灵活的协议分析功能了。

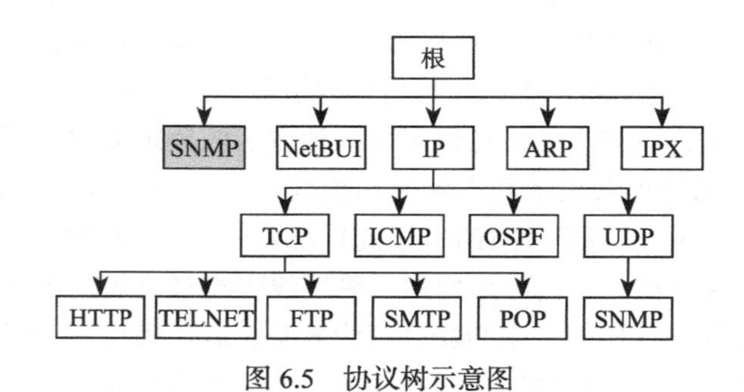

图 6.5　协议树示意图

树节点数据结构中应当包含以下信息：

- 协议名称：协议的唯一标志。
- 协议代号：为提高分析速度而采用的编号。
- 下级协议代号：在协议树中其父节点的编号，如 TCP 的父节点是 IP，则其下级协议是 IP 协议。

- 协议特征：用于判定一个数据包是否为该协议的特征数据，它是协议分析模块判断该数据包的协议类型的主要依据。
- 数据分析函数链表：包含对该协议进行检测的所有函数的链表。该链表的每一个节点包含可配置的数据，如是否启动该检测函数。

协议分析技术的主要优势在于采用命令解析器（用在不同的协议层次上）能够对每个用户命令做出详细分析，如果出现 IP 碎片，可以对数据包进行重装还原，然后再进行分析，协议分析大大降低了误用检测中常见的误报现象，可以确保一个特征串的实际意义被真正理解，而且基于协议分析的入侵检测性能非常高，对高速网络的检测率也不会下降。

除了上述三种常见的入侵检测方法，还有一些其他方法也会被用于入侵检测，如免疫系统方法、遗传算法、基于代理的检测、数据挖掘等，读者可以参考相关资料进行了解。

6.2.4　入侵检测技术的现状和发展趋势

入侵检测技术已经成为网络安全的核心技术之一，也是网络安全态势感知中的重要组成部分。它在国内的应用远远谈不上普及，还是一门比较新的技术，不是所有厂商都有研究入侵检测产品的实力。就目前来看，入侵检测产品大多存在以下一些问题：

- 误报和漏报的矛盾：入侵检测系统产生了大量的告警，然而真正有效的不多，会对安全人员管理造成负担，而减少告警虽然减轻了安全人员的负担，但代价是容易对一些入侵行为进行漏报，这两者之间的矛盾需要根据实际情况平衡。
- 被动分析和主动发现的矛盾：入侵检测系统大多是采用被动监听的方式发现网络问题，无法主动发现网络中的安全隐患和故障，如何解决这两者的矛盾也是入侵检测产品面临的问题。
- 安全和隐私的矛盾：入侵检测系统可以对网络中所有数据进行检测和分析，提高了网络的安全性，但同时也对用户隐私构成一定风险，这两者之间的矛盾如何取舍也需要考虑。
- 海量信息和分析代价的矛盾：随着大数据时代的到来，网络安全数据呈几何级增长，入侵检测产品能否高效检测和处理海量安全数据也是制约其发展的重要因素。
- 功能性和可管理性的矛盾：随着入侵检测产品功能的增加，如何在功能增加的同时不加大管理的难度也是一个需要解决的问题。
- 单一产品和复杂网络应用的矛盾：入侵检测系统的主要目的是检测网络攻击，但仅仅检测网络攻击远远无法满足当前复杂的网络应用需求，如何与其他安全产品进行配合、如何对攻击事件进行处置等都是需要考虑的。

随着现代网络规模的不断扩大、网络拓扑结构的日益复杂、网络速度的不断提升，以及入侵手段的日益多样复杂化，传统的入侵检测系统面临着诸多挑战：如何采用分布式计算技术来设计入侵检测系统，如何从诸多检测分析方法中选取合适的方法进行检测？这都是我们需要面对和解决的新问题。对于入侵检测来说，检测分析是核心，因此算法的先进性很必要，优秀的算法能够降低误报率，提升对未知攻击的检测能力、对变形攻击的检测能力以及自适应。从未来网络安全大环境来看，入侵检测技术将重点朝以下几个方面发展：

- 改进的入侵检测能力：当前的入侵检测能力还存在很多缺陷，需要改进。改进后的入侵检测系统不仅仅是基于语法的检测，更能够进行基于事件语义的检测，这样就不受被检测系统的平台、协议和数据类型限制，检测能力更加强大。此外，入侵检测功能应当与网络安全管理结合起来，改进入侵检测系统的易用性和易管理性，能够支持各种取证调查，既提供自动检测，也提供人工分析选项。
- 高度的分布式结构：入侵检测采用高度的分布式监控结构将是未来的趋势，因为分布式体系结构不仅能采用许多具有不同定位策略的自主代理，功能更加灵活，还可以很好地适应和实现某些更为先进的入侵检测算法，如免疫系统方法，进而提升入侵检测的检测分析能力。
- 广泛的数据源：随着大数据时代的到来，网络安全数据快速增长，入侵检测系统需要检测的数据不仅是流量，还有很多其他类型数据，呈现出多样异构等特点，因此未来入侵检测技术必须能支持对广泛数据源产生的数据进行检测分析。
- 高效的安全服务：过去在大型的中央通信和网络提供商处都会部署入侵检测系统，如今随着家庭网络服务逐渐增多，入侵检测可以以更多的“姿态”存在。如果入侵检测能够为家庭网络提供服务，那么它可能作为集成网络访问包的一部分提供给用户，也可以与网络管理工具相结合并允许个人用户根据需求来设置检测功能。

6.3　入侵防御

入侵检测虽然能够对发现的攻击进行告警，起到一定的预警作用，但由于不具备整体防御能力，因此并不能有效地抵御攻击者的攻击，于是入侵防御技术诞生了，通常其也以软件程序的形式部署在硬件设备上，称为入侵防御系统（简称 IPS）。入侵防御系统虽然更像是安全防护设备（如防火墙、防病毒软件），但它对于网络安全态势感知来说，也是一款非常优秀的深度检测系统。

6.3.1　入侵防御产生的原因

入侵防御的产生主要有以下几个原因：

- 串行部署的防火墙可以拦截低层次攻击行为，但对应用层的深层攻击行为无能为力。

- 旁路部署的入侵检测系统可以及时发现那些穿透防火墙的深层攻击行为，作为防火墙的有益补充，但却无法进行实时的阻断。
- 在入侵检测系统和防火墙联动的情况下，依靠前者来发现，依靠后者来阻断。但由于迄今为止没有统一的接口规范，加上越来越频发的“瞬间攻击”，使得 IDS 与防火墙联动在实际应用中的效果并不显著。

由此产生了 IPS 产品，它是一种能防御防火墙所不能防御的深层入侵威胁（含有入侵检测技术）的在线部署（采用防火墙串行部署方式）安全产品。入侵防御系统也像入侵检测系统一样，专门深入网络数据内部，查找它所认识的攻击代码特征，过滤有害数据流，丢弃有害数据包并进行记载和分析。除此之外，入侵防御系统还结合考虑应用程序或网络传输中的异常情况，来辅助识别入侵和攻击。例如，用户或用户程序违反安全条例、数据包在不应该出现的时段出现、作业系统或应用程序弱点的空子正在被利用等。入侵防御系统虽然也考虑已知入侵特征，但是它并不依赖于已知入侵特征。

使用入侵防御系统的目的在于及时识别攻击程序或有害代码及其克隆和变种，采取防御措施，及早阻止入侵，防患于未然，或者至少使其危害性尽量降低。入侵防御系统一般作为防火墙和防病毒软件的补充来投入使用。在必要时，它还可为追究攻击者的刑事责任而提供法律上有效的证据。

6.3.2　入侵防御的工作原理

防火墙是实施访问控制策略的系统，对流经的网络流量进行检查，拦截不符合安全策略的数据包。传统的防火墙旨在拒绝那些明显可疑的网络流量，但仍然允许某些流量通过，因此防火墙对于很多入侵攻击仍然无计可施。入侵检测技术通过监视网络或系统资源，寻找违反安全策略的行为或攻击迹象并发出告警，但大多数入侵检测系统都是被动的（旁路部署），而不是主动的（串行部署）。这就造成在攻击实际发生之前，它们往往无法预先发出告警。

入侵防御则能够提供主动防护，其设计宗旨是预先对入侵活动和攻击性网络流量进行拦截，避免其造成损失，而不是简单地在恶意流量传送时或传送后才发出告警。它是通过直接嵌入到网络流量中（串行）实现这一功能的，即通过一个网络端口接收来自外部系统的流量，经过检查确认其中不包含异常活动或可疑内容后，再通过另外一个端口将它传送到内部系统中。因此，有问题的数据包以及所有来自同一数据流的后续数据包都能在 IPS 设备中被清除。其具体工作原理如下：

- IPS 拥有数目众多的过滤器，能防止各种攻击。当新的攻击被发现后，IPS 就会创建一个新的过滤器。其数据包处理引擎是专业定制的集成电路，可以深层检查数据包内容。如果有攻击者利用第 2 ～ 7 层[㊀]的漏洞发起攻击，IPS 能从数据流中检查出这些攻击并加以阻止，而传统防火墙只能对第 3、4 层进行检查，无法检测应用层内容。防火墙的包过滤技术不会针对每一字节进行检查，因而无法发现攻击活动，而 IPS 可以做到逐一字节地检查数据包，所有流经 IPS 的数据包都被分类[㊁]。每种过滤器负责分析相对应的数据包。通过检查的数据包可以继续前进，包含恶意内容的数据包就会被丢弃，被怀疑的数据包则需接受进一步的检查。

- 对于不同的攻击行为，IPS 需要不同的过滤器。每种过滤器都设有相应的过滤规则，为了确保准确性，这些规则的定义非常广泛。在对传输内容进行分类时，过滤引擎还需要参照数据包的信息参数，并将其解析至一个有意义的域中进行上下文分析，以提高过滤准确性。
- 过滤器引擎集合了流水和大规模并行处理硬件，能够同时执行数千次的数据包过滤检查。并行过滤处理可以确保数据包能不间断地快速通过系统，不会对速度造成影响。这种硬件加速技术对于 IPS 具有重要意义，因为传统的软件解决方案必须串行地进行过滤检查，导致系统性能大打折扣。

6.3.3 入侵防御系统的类型

1. 基于主机的入侵防御系统

基于主机的入侵防御系统通过在主机 / 服务器上安装软件代理程序，来防范网络攻击入侵操作系统以及应用程序。基于主机的入侵防御技术可以根据自定义的安全策略以及分析学习机制来阻断对服务器、主机发起的恶意入侵，保护服务器的安全弱点不被不法分子利用，进而整体提升主机的安全水平。在具体组成上，它采用独特的服务器保护途径，利用由包过滤、状态包检测和实时入侵检测组成的分层防御体系，这种体系能够在提供合理吞吐率的前提下最大限度地保护服务器的敏感内容。

由于基于主机的入侵防御系统不但能够利用特征和行为规则检测，阻止诸如缓冲区溢出之类的已知攻击，还能够防范未知攻击，防止针对应用和资源的未授权的任何非法访问。需注意的是，它与主机 / 服务器操作系统平台紧密相关，不同的平台需要不同的软件代理程序。

2. 基于网络的入侵防御系统

基于网络的入侵防御系统通过检测流经的网络流量，提供对网络系统的安全保护。由

㊀ 第 2 ～ 7 层分别指 OSI（开放系统互连参考模型）的数据链路层（第 2 层）、网络层（第 3 层）、传输层（第 4 层）、会话层（第 5 层）、表示层（第 6 层）、应用层（第 7 层）。

㊁ 分类的依据是数据包中的报头信息，如源 IP 地址和目的 IP 地址、端口号和应用域等。

于它采用在线连接方式，所以一旦辨识出入侵行为，就可以切除整个网络会话。同样由于实时在线，基于网络的入侵防御系统需要具备很高的性能，以免成为网络的瓶颈，因此它通常被设计成类似于交换机的网络设备，提供线速吞吐速率以及多个网络端口。基于网络的入侵防御系统必须基于特定硬件平台，才能实现千兆级或更高网络流量的深度数据包检测和阻断功能。这种特定的硬件平台通常可以分为三类：一类是网络处理器（网络芯片），一类是专用的 FPGA 编程芯片，还有一类是专用的 ASIC 芯片。

在技术上，基于网络的入侵防御吸取了目前基于主机的入侵防御的所有成熟技术，包括特征匹配、协议分析和异常检测。其中，特征匹配（属于误用检测）是应用最广泛的技术，具有准确率高、速度快的特点；协议分析是一种较新的入侵检测技术，它充分利用网络协议的高度有序性，并结合高速数据包捕捉和协议分析来快速检测某种攻击特征，它能够理解不同协议的工作原理，以此分析这些协议的数据包，寻找可疑或不正常的访问行为，协议分析正逐渐进入成熟应用阶段；而异常检测的误报率比较高，入侵防御不将其作为主要技术。

6.3.4　入侵防御与入侵检测的区别

除了上面提到的部署方式[⊖]不同，入侵防御系统和入侵检测系统最大的区别在于：

- 入侵检测系统对那些异常的、潜在的可能的入侵行为数据进行检测和告警，告知使用者网络中的实时状况，并提供相应的解决、处理方法，是一种侧重于风险管理的安全产品。
- 入侵防御系统对那些被明确判断为攻击行为，会对网络、数据造成危害的恶意行为进行检测和防御，降低或减少使用者对异常状况的处理资源开销，是一种侧重于风险控制的安全产品。

这就解释了二者的关系并非取代和互斥，而是相互协作的关系。没有部署入侵检测系统的时候，只能是凭感觉判断应该在什么地方部署什么样的安全产品。通过入侵检测系统的广泛部署并了解了网络的当前实时状况，据此状况可进一步判断应该在何处部署何类安全产品，如入侵防御系统。

总的来说，入侵防御技术可以深度感知并检测流经的数据流量，对恶意数据包进行丢弃以阻断攻击，对滥用数据包进行限流，以保护网络带宽资源。对于部署在数据转发路径上的 IPS，可以根据预先设定的安全策略对流经的每个报文进行深度检测，如协议分析跟踪、特征匹配、流量统计分析、事件关联分析等，一旦发现隐藏于其中的网络攻击，可以

⊖ 入侵防御系统采用串行方式部署，与防火墙一样，入侵检测系统则采用旁路方式部署。

根据该攻击的威胁级别立即采取抵御措施，这些措施从弱到强依次有：①向网络安全态势感知平台发出告警；②丢弃该数据包；③切断此次的应用会话；④切断此次 TCP 连接。

6.4　入侵容忍

在防御失败的情况下，如何保障系统的可生存性成为数据库安全的一个主要问题。目前有一种新的安全技术，即入侵容忍技术，越来越受到重视。入侵容忍主要研究如何在遭受攻击的情况下继续保护系统的服务能力。容忍入侵的目的是在系统被部分入侵、性能下降的情况下，还能维持系统的正常服务。入侵容忍比入侵检测更为高级，对于网络安全态势感知来说，也是一个不错的选择。

6.4.1　入侵容忍的产生背景

早在 1982 年，国外就提出了"入侵容忍"的相关概念，1985 年 Fraga 和 Powell 提出入侵容忍是"假定系统中存在一定数量未知的或未缓和的弱点，使得即使存在入侵、感染病毒，系统仍然能最低限度地继续提供服务"。入侵容忍概念的提出主要是源于故障模型，该模型将一个计算机系统出现的故障归为两类：一是故意类故障，主要由攻击、病毒、蠕虫等引起的；第二类是非故意类故障，主要由代码、开发环境和配置错误等原因引起的。

传统的安全工作以阻止攻击的发生为目标，不断解决系统存在的安全漏洞。但由于不断产生的未知攻击和已知攻击的变种，完全杜绝新的安全漏洞几乎是不可能的，因此入侵容忍系统非常必要。入侵容忍系统是指系统能在遭受一定入侵的情况下，通过采取一些必要的措施手段，以保证关键应用或关键服务能够连续正确地工作，具有自我诊断、故障隔离和还原重构的能力。

6.4.2　入侵容忍的实现方法

入侵容忍技术（简称 ITT）是国际上流行的第三代网络安全技术，隶属于信息生存技术的范畴。卡内基梅隆大学的学者给这种生存技术下了一个定义：所谓"生存技术"就是系统在攻击、故障和意外事故已发生的情况下，在限定时间内完成使命的能力。它假设我们不能完全正确地检测对系统的入侵行为，当入侵和故障突然发生时，能够利用"容忍"技术来解决系统的"生存"问题，以确保信息系统的保密性、完整性、真实性、可用性和不可否认性。

无数的网络安全事件告诉我们，网络的安全仅依靠"堵"和"防"是不够的。入侵容忍技术就是基于这一思想，要求系统中任何单点的失效或故障不至于影响整个系统的运转。由于任何系统都可能被攻击者占领，因此，入侵容忍系统不相信任何单点设备。入侵容忍可通过对权力分散以及对技术上单点失效的预防，保证任何单一设备、局部网络、单一场点都不可能做出泄密或破坏系统的事情，任何设备和个人都不可能拥有特权。因而，入侵容忍技术同样能够有效地防止内部犯罪事件的发生。

入侵容忍技术的实现主要有两种途径。第一种途径是攻击响应，通过检测到局部系统的失效或估计到系统被攻击，而加快反应时间，调整系统结构，重新分配资源，使信息保障上升到一种在攻击发生的情况下仍能继续工作的状态。这种实现方法依赖于“入侵判决系统”是否能够及时准确地检测到系统失效和各种入侵行为。另一种实现途径则被称为“攻击遮蔽”技术，即攻击发生之后，整个系统好像没什么感觉。该方法借用了容错技术的思想，在设计时就要考虑到足够的冗余，保证当部分系统失效时整个系统仍能正常工作。

6.4.3 入侵容忍技术分类

按照不同标准，入侵容忍技术可进行如下分类：

- 按照被保护对象的不同，可将入侵容忍分为面向服务和面向数据两种：①面向服务，即对服务的入侵容忍，可解决系统在面临攻击的情况下，仍然能为合法用户提供有效服务的问题；②面向数据，即对数据的入侵容忍，能够在面临攻击的情况下保证数据的机密性和可用性。
- 按照功能需求不同，可将入侵容忍分为预防与检测、恢复与重构两种：①预防与检测，既具有防火墙和 IDS 在内的预防网络入侵技术，还包括有防范意识的系统结构、精确的功能描述方法、安全的协议、受保护的数据结构和完善的管理规则等；②恢复与重构，强调系统受到一定程度的入侵后，如何发现入侵、排除干扰、继续提供服务和重构系统。
- 根据实现方法不同，可将入侵容忍分为三类：①基于冗余与适应性的入侵容忍，研究冗余与适应性的入侵容忍算法和入侵容忍构建方法，如拜占庭法则系统；②基于门限密钥共享体制的入侵容忍，主要研究密钥管理、门限秘密共享体制的设计、组件间交互的协议分析设计与验证、多方计算、重构过程、系统恢复与系统评估等工作；③基于系统配置的入侵容忍，主要研究当系统组件产生入侵触发信息后，进而建立能对大规模、异步的分布式系统进行主动或反应性重新配置的安全、自动框架。

6.4.4 入侵容忍与入侵检测的区别

入侵容忍系统的主要实现机制有安全通信机制、入侵检测机制、入侵遏制机制、错误处理机制以及数据转移机制，入侵检测只是其中的一部分。入侵检测机制是对网络中潜在的或正在进行的攻击进行实时监测和响应，主要有异常检测、误用检测和协议分析三种检测方法，目前也已经发展到分布式入侵检测阶段。入侵容忍的基本思想不是设法阻止错误，而是容忍错误，使系统维持生存。而入侵检测的思想则是在错误发生之前检测到并防止错误发生。这是二者的主要差别。

在大规模复杂网络环境下，越来越多的入侵攻击是通过跨越多个终端或者工作站协同发生的，在这种情况下，单一的入侵检测往往显得束手无策。入侵检测通常难以有效识别分布式协同攻击，且在入侵后无法提供恢复系统的线索。而入侵容忍的提出克服了这些问题，它能及时发现复杂攻击行为并预测攻击趋势，并且在容忍攻击的情况下，保证系统能最低限度地提供关键性服务，即它可以一边提供服务一边修复系统。这是另一个区别。

6.5　安全分析

安全分析是网络安全态势感知中非常重要的部分。在此过程中，安全分析人员取得检测机制的输出结果，从各种数据资源中采集信息，据此判断网络或者网络所存储的信息是否受到损害。安全分析的方法多种多样，很大程度上依赖于安全分析人员的经验和知识积累，较为主观。虽然安全分析没有固定的“套路”，但是我们仍能梳理出一些经验性的、常用的流程和方法，以供读者参考。

6.5.1　安全分析流程

我们知道计算机的处理过程高度浓缩起来就是输入、处理和输出，事实上安全分析流程也大致如此。安全分析过程的输入通常为IDS告警或者能引起分析人员注意的异常事件，输出则为事件是否发生的结论。中间的处理环节也就是需要人工进行安全分析的过程，最常见的有以下两种方法：

1. 关联调查

之所以称作调查，是因为网络安全中对事件的分析过程和方法与刑侦人员对犯罪事件的调查过程[1]极为相似，安全分析方法中最重要的就是关联调查。就像人与人之间存在人际关系网，事件与事件之间也会存在种种联系，采取一个行动常常会引发另一个行动，尤其是采用网络攻击杀伤链[2]模式的攻击活动，这种联系就更为密切了。我们通过对各种可疑数据进行关联，调查其深度的攻击过程，绘制其关系网，就能够一览安全事件的全貌。关联

[1] 警探调查犯罪事件时常常将一些纸片粘贴在公告板上，然后将这些纸片与某些线索进行联系，从而找寻犯罪线索和罪犯之间的关系。

[2] 网络攻击杀伤链是指打击一个目标时中间各个相互依赖的环节构成的有序链条，主要包括侦察、武器化、装载、利用、安装、指挥控制和达成目标等递进的七个阶段。

调查的流程大体上可分为四步：

- 明确主要对象，开展初步调查：安全分析人员应当首先明确所涉及的主要对象，并确定是否值得进一步开展调查。从种种告警数据产生的事件通知中，安全分析人员通过分析这些事件涉及的计算机和告警的性质，判断出是否值得进一步开展调查，包括分析告警的规则和检测机制，判断是否出现误报等。一旦聚焦清楚，就可以开始收集相关证据，进行接下来的步骤。
- 追踪过往关系，调查当前接触情况：一旦明确了主要对象，就可以调查对象之间的关系。这包括追踪攻击方计算机和受保护计算机的过往通信情况，以及调查当前正在接触的情况，安全分析人员将多方位提取事件源，全面调查与初始告警有关的各种通信数据，从而确定是否发生了安全事件。一般来说，很多安全事件到此就能被分析出来。但如果不能对事件明确判定，或者无法做出具体决策，那么还需要继续执行下一步骤。
- 调查次要对象及其关系：有时在调查过程中会将其他一些次要对象牵扯进来，安全分析人员有必要将次要对象与主要对象之间的关系弄清楚，以揭示出具有可疑通信行为的其他资源。具体调查方法同上一步骤。
- 层层深入调查对象和关系：随着调查的展开，安全分析人员可能需要对调查对象进行反复分析、层层递进式推导，彻底查明每个层次上发生的情况，全面评估各个对象和各种关系，从而准确描述出对象之间关系以及恶意行为发生的原因、意图，甚至预测其下一步发展趋势。

2. 鉴别诊断

网络安全分析人员需要对多个不同数据源的数据进行综合分析，理解不同检测机制发出的告警事件，进而形成对网络安全事件发生与否的判断。这一过程非常像医生对病人的病情进行诊断⊖,二者的相同之处在于：通过鉴别诊断，弄清楚不好的事情是否已经发生，以及事情是否仍在继续当中。

- 鉴定并列出告警清单：在事件发生的早期，会有各种检测机制或检测系统生成的告警提示，安全分析人员需要鉴定这些提示并列出告警清单，这个清单可能会随着时间的推移不断增加。
- 优先考虑最为常规的诊断结果，并对其进行评估：有时直觉很重要，安全分析人员应当根据经验和知识快速确定将哪种诊断结果作为最有可能的调查结论，而往往最为常规的诊断结果恰恰就是正确的结果。因此，应当优先考虑最为常规的诊断结果，并对其进行评估。

⊖ 几名医生观看一组症状展示，在白板上形成一个可能的诊断结果清单，然后通过调查和测试，排除各种不确定结论，直到只剩下一个结论为止。

- 根据评估信息，列出可能的诊断结果：在评估完诊断结果后，安全分析人员可以列出所有可能的诊断结果。虽然上一个步骤已经找出了最为常规、最有可能的结果，但不代表就可以停止评估，因此还要持续分析，将安全人员能想到的所有可能结果进行罗列。
- 根据严重程度为候选结果清单排序：在所有可能的候选结果清单建立完成后，安全分析人员应当按照对所保护资产构成威胁的严重程度（每个组织标准不同，应根据实际情况确定排序标准），将清单上的结果进行排序。
- 筛选候选结果，进一步排查聚焦：安全分析人员根据上一步骤的清单排序结果，并结合更多数据源的数据进行测试、研究和调查，进一步排查相关度、影响度较低的结果，最后聚焦到关联度最高、可能性最大的事件上。

上述两种方法为安全人员分析提供了通用的过程手段，安全人员具体采用何种手段并没有固定的标准，关键还是取决于当前的应用场景和安全人员动手能力水平的高低。一般来说，关联调查的方法较适合多台计算机联合工作的复杂场景，而鉴别诊断方法更适合计算机数量较少的应用场景。这是因为，前者需要多台计算机支撑以持续跟踪多个事件及其关系，对计算资源的消耗较大，而后者是重点针对某几个事件进行深度人工鉴定，并不需要那么大的计算量。

在实际动手分析的过程中，安全分析人员也不一定对各种分析方法生搬硬套，仅仅将上述内容作为参考即可，最重要的还是根据实际情况灵活应用，根据环境变化而不断修正，只要是合适的方法都可以“借”来用，这在安全分析中才是最关键的。

6.5.2 数据包分析

由于数据包中包含了大量有价值的信息，对数据包进行分析是安全分析过程中常常会遇到的，也是网络安全分析人员必备的技能之一。其中包括分析数据包使用哪些协议，按照关键字对数据包中的内容进行搜索，或者从数据包中提取出一些文件等。但现实的挑战是多种多样的，如不是所有的协议信息、数据包内容都能被恢复出来，包数据也许在通信过程中出错或被截断，数据包内容也许被不同层次的协议进行了加密或者采用私有协议，数据包数量巨大难以下手等。幸运的是数据包分析工具越来越强大，一个训练有素的安全分析人员通常会掌握多种不同的分析工具和分析技巧，以根据现场情况选择合适的工具来完成任务。下面介绍数据包分析常用的方法和工具。

1. 协议分析㊀

简单来说，协议分析就是检验协议数据结构中的各个字段，常用于研究协议规范或者

㊀ 此处的协议分析侧重人工手动分析，入侵检测的分析方法中提到的协议分析更偏重软件自动分析。

进行网络安全数据调查。协议分析是一项科学与艺术相结合的工作，也是极具挑战性的工作，需要深入理解通信协议的工作原理，以及这些协议用来做什么、如何识别以及如何剖析。有一部分协议可以根据规范进行归类、发布和实现，但仍有很多协议处于保密或未知状态，没有什么可以参考的公开文档[1]。无论协议规范是否发布，网络上真实传输的数据充满了未知，因为软件开发人员或设备制造商很少会完全按照协议标准来开发产品。也正因为如此，网络攻击常常能绕过入侵检测系统和防火墙，突破到被保护区域进行破坏。

协议分析的首要步骤是尽可能地获取协议信息，最常见的是查阅 IETF[2]RFC 文档，每一个 RFC 文档都有特定编号，它是一种开发、交流和定义网际网络国际标准的有效方式。RFC 文档一般会处于一个“标准化轨迹”中，具有不同的成熟级别：从“被推荐的规范”到“规范草案”，再到“互联网规范”，直到获得一个公开发布的 STD 序号。除了 IETF 之外，还有一些其他的标准组织也会发布通信协议，包括 IEEE-SA[3]以及 ISO[4]，前者属于 IEEE 标准协会，发布了很多知名的网络协议，如 802.11 无线网络协议族；后者更为通用，为多个不同行业发布标准，包括信息和通信技术。此外，很多制造商也会为设备、软件和通信需求开发自己的私有协议，如思科为其设备发布的 RFC2784“通用路由封装”协议，用于描述开放的 Trunking 协议，以及微软的在线图书馆等。当然，还有一些个人为了自己研究或者其他需要开发了更为私密的协议。总之，获取协议的文档和各类信息有助于安全分析人员进行协议分析。

然后就是采用各种协议分析工具来检查和解析协议中的通信数据结构。在工具的选取上，幸运的是，来自世界各地的开发者和分析人员已经开发并创建了很多好用且免费的工具，如 Wireshark、Tshark[5]以及 TCPdump 等，还有构成这些工具基础的语言规范，如数据包详细标记语言 PDML、数据包摘要标记语言 PSML。网络安全分析人员完全可以“站在巨人的肩膀上”，掌握并利用这些工具进行协议分析。

再者，安全分析人员需要掌握一些技巧来对协议进行正确识别、深度解码和字段导出。常用的识别协议的方法有：搜索与特定协议相关联的常见二进制 / 十六进制 /ASCII 码值，找寻特定字段和数位序列；利用封装协议中的信息，如一些标志位信息，推断数据包封装协议；利用 TCP/UDP 端口号，关联到特定的网络服务；通过 IP 地址或主机名指定来分析源服务器或目标服务器的功能；反复推断并测试已知协议结构可能的信息等。协议解码则需要根据已知、特别定义的结构来解释一帧中的数据，更深入地理解通信过程中每一位数

[1] 很多协议是有公开文档资料的，如 IETF 所规定的标准 RFC 文档。

[2] IETF 是 Internet 工程任务组的简写，成立于 1985 年年底，是全球互联网最具权威的技术标准化组织，主要任务是负责互联网相关技术规范的研发和制定，当前绝大多数国际互联网技术标准都出自 IETF。

[3] 中文全称为电气和电子工程师协会标准协会。

[4] 中文全称为国际标准化组织。

[5] Tshark 使用了 Wireshark 的协议解析代码，与 Wireshark 功能类似，只是界面为命令行模式。

据的作用。常用的协议解码方法包括利用公开可用的自动解析器或工具；根据公开可用的文档手动地解析通信数据；人工编写解析器来对协议进行解析。一旦识别出数据包采用的协议，明确了解码方法，就能够提取这些具有特定含义的字段的值，当然，有协议分析工具的辅助会更方便。

2. 包分析

包分析是通过分析一个或者多个数据包的内容或元数据，找出网络安全分析人员感兴趣的数据包、理解其结构和关系、收集证据，以便于进一步分析。为了识别出哪些是安全分析人员感兴趣的，常常需要使用过滤技术，基于协议的字段或者内容分离出独立的数据包。此外，分析人员还可以在协议未知的情况下，通过在数据包中查找某些字符串或者符合某种格式的字符来找寻进一步检查的目标。

在进行包分析时，常常用到以下几种方法和技巧：一是模式匹配，即通过查找数据包中的特定值找出感兴趣的数据包。可以通过对数据包内容进行快速搜索，找出感兴趣的关键词或协议模式，从而创建关键词列表。二是协议字段分析，即从所捕获的数据包中提取协议字段中的数据，从而找寻感兴趣的协议字段数据。三是包过滤，即仅仅通过协议元数据或者载荷中字段的内容来分离数据包。

在包分析过程中，各种各样的数据包分析工具可供选择，比较常用的工具有用于进行过滤的 Wireshark/Tshark 显示过滤器和 BPF 过滤器、用于进行快速关键词搜索和模式匹配的 Ngrep[㊀]以及专门用于查看和编辑数据包文件中原始二进制位的十六进制编辑器[㊁]。

3. 流分析

在协议分析和包分析完成后，安全分析人员往往希望能够重组其中的事件序列或者从数据包中恢复出原始数据。对于一些著名的高层次协议，如 HTTP，有很多工具可以做到自动分析和恢复数据，但其他大多数协议都必须人工手动进行深入分析，才能提取其中的原始数据，这就涉及流分析技术。流分析是对一组相关的数据包序列（常称为“流”[㊂]）进行分析的技术，常用来识别数据流应用模式、隔离可疑行为、分析高层次协议或者提取数据。

流分析方法大致有三步——列出、导出和重组分析，具体包括：一是列举出所捕获到

㊀ Ngrep 是一个基于 libpcap 开发包设计的工具，可以根据数据包中的字符串、二进制序列数据或者数据包中任何规律性模式等识别出感兴趣的数据包。

㊁ 虽然可以使用 Wireshark 和 TCPdump 等工具查看特定数据包中的位数据和协议字段内容，但它们在十六进制分析和编辑方面较为欠缺，所以有必要使用专用的十六进制编辑器来进行辅助。

㊂ 我们在前面章节对“流”做过介绍和说明，在此不再赘述。

的数据包中的所有会话和数据流，或者通过特征仅列出指定的数据流，如列出 TCP 流；二是导出需要分析的流，即分离出一个或者多个数据流，将这些关键的数据流保存在磁盘上以供进一步分析；三是对数据流进行重组，从重组的数据流汇总并提取出文件或者其他有价值的数据，进行深度挖掘。

很多流行工具可用于分离、重构以及导出数据流，常见的流分析工具和功能有：① Wireshark 的 TCP 流跟踪功能，在数据包列表窗口中选择 TCP 流中的任意数据包，就能够通过该功能自动重组出该数据流从头到尾双边传输的所有内容，通过它能够重组跨数据包流中的完整会话、事务和文件信息；② Tshark 和 Wireshark 也都支持对捕获到的不同类型通信数据包进行会话统计，包括 IP、TCP 以及 UDP 通信等；③ tcpflow 以命令行的形式支持从 TCP 流中提取数据，它能处理 libpcap 包数据，分析其中没有碎片的 IP 数据包并提取其中任意 TCP 流载荷内容；④ pcapcat 以 perl 脚本的形式读取 libpcap 捕获的数据包并列出所有的数据流，通过它，安全分析人员可以对数据流进行非交互式分析，也可以转储数据流；⑤ tcpxtract 也可以进行文件特征提取以及重组网络流中所负载的数据。

6.5.3　计算机 / 网络取证

近年来，越来越多的网络入侵案件涉及电子证据，因此，电子取证也逐渐成为一门技术和专业，它与法医学相似，是有关从计算机或者网络中获取电子证据并加以分析的过程。从关注对象和角度的不同，大致可将其分为计算机取证和网络取证。前者比较传统，侧重于对单台设备的取证，我们常常听说的数据恢复和文件系统分析就属于此；后者是随着互联网技术的普及和快速发展，网络设备的种类数量不断增多，才逐渐成熟起来的，更侧重于把网络整体看作一个现场。下面我们对这两种技术进行详细说明。

- 计算机取证。计算机取证的范围几乎包含了所有可能写入数据的电子产品，如计算机主机、个人 PDA 和其他电子产品等。这些电子设备上产生的证据分为“死”证据和“活”证据，前者主要有收集来的硬盘、U 盘、存储卡等，后者就是不断变化的“活着”的证据，如内存。计算机在运行状态下其内存内容随时都在变，但内存中可能含有极为重要的证据，比如剪贴板的内容、输入的密码等。取证的步骤一般包括以下几步：①首先保护目标计算机系统，避免发生任何的改变、伤害、感染和破坏；②搜索目标系统中的所有文件，尽可能地恢复所有文件，包括已删除文件；③最大程度显示操作系统或应用中的隐藏文件、临时文件和交换文件的内容；⑤如果可能或法律允许，访问被保护或加密文件的内容；⑥分析在磁盘的特殊区域发现的所有相关数据；⑦对所有证据进行全面分析，生成分析结论。此外，上述步骤更多是事件发生后的静态取证分析，随着网络的快速发展，还应当结合一些网络安全工具进行动态取证，以增加取证的智能性和多样性。

- 网络取证。不同于计算机取证能够快速恢复数据，基于网络的电子证据多是因为网络通信而产生的，其存储时间可能非常短，往往极易丢失，如数据包在几微秒的时间内就通过网络传输，在一眨眼的工夫就会从交换机或路由器中消失。而且，产生证据的源头也往往很难获得，或者无法被找出来，如某份聊天记录或者发表的博客文章，当事人身份往往难以证实。这些都给网络取证造成很多困难。尽管如此，还是有通用的方法进行网络取证调查，如常见的OSCAR方法：①获取信息，包括与安全事件本身有关的信息和环境方面的信息；②制订方案，包括弄清调查目的和时间要求、列出所拥有的资源、列出所有可能证据源以及每个证据源的价值、列出证据获取的优先顺序、制定取证顺序等；③收集证据，对所有证据都应当进行文档记录、获取证据本身以及将证据安全地存储下来；④进行分析，将证据进行相关联、按时间线汇集、聚焦到所关心的事件、进行进一步证实、对案情进行推理和解读；⑤出具报告，将调查的结果用较为通俗的语言进行阐述和解释，同时保持科学的严谨性。网络取证的一些方法和技巧与网络安全态势感知的过程有些类似，可以相互借鉴，如定位数据源、收集证据、对数据进行关联分析等。

总之，取证是一门艺术，是一门实践的学科。取证的发现过程就在于排除正在调查的事件的可能成因。就像雕刻的目的就是去掉所有使它看上去不像一头大象的多余石料一样，取证也是要去掉所有经过观察并不能成立的假说，并最终得出正确结论。不同于网络安全的发散性，取证更像是一个收敛问题，采取的措施越多，观察得越细致，最后的答案就越来越趋向于某一个答案。取证不必从越来越复杂的事实中归纳出各种可能性，只须推导出其“何以至此”的原因即可。

6.5.4　恶意软件分析

在网络攻击日益激烈、网络安全事件频发的今天，掌握恶意软件分析也是网络安全分析人员必备技能之一。恶意软件也称恶意代码，在大多数网络攻击事件中都扮演重要角色，我们在第1章对其进行了介绍。任何以某种方式对用户、计算机或者网络造成破坏的软件都可以被认为是恶意软件，主要类型有病毒、木马、蠕虫、内核套件、间谍软件、勒索软件等，漏洞利用也可以看作恶意软件，只不过是一系列恶意软件的组合。尽管不同的恶意软件会做出不同的事情，但作为安全分析师，只要具有一组核心的技术和工具，就能够对各种各样的恶意软件进行解构和分析。

恶意代码分析的目标通常是为一起网络入侵事件的响应提供所需信息，它是有一定层次的。首先，需要确定到底发生了什么，能够定位出受感染的主机和文件所在。其次，要对定位出的文件进行全面分析，编写出相应的检测特征码，以便在网络中检测出恶意软件感染的范围，其中检测特征码有的是基于主机的检测特征码，也有的是基于网络的检测特征码，前者用于在受感染主机上检测出恶意代码，更关注恶意软件对系统做了什么，而不是恶意代码本身的特性，后者通过监测网络流量来检测恶意软件。最后，在获得检测特征码之后，就要弄清这些恶意软件究竟是如何工作的，也就是恶意软件的工作机理。

在进行恶意软件分析时往往只有恶意软件或代码的可执行文件本身，这些文件几乎不是人类可读的，需要安全分析人员使用多种工具⊖和技巧进行综合分析，才能看清楚整个过程的全貌。恶意代码分析常用的两种基本方法为静态分析和动态分析，前者是在不需要运行恶意软件的情况下对其进行分析的技术，后者则需要运行恶意软件进行分析。

- 静态分析：分为基础技术和高级技术。静态分析基础技术大致包括检查可执行文件，但不查看具体指令的一些技术。通过采用静态分析基础技术，可以确认一个文件是否为恶意的，并提供有关其功能的信息，有时还会提供一些信息让安全人员能够生成简单的网络特征码。静态分析基础技术由于非常简单，因此可以非常快速地应用，但缺点是对于复杂的恶意软件来说其很大程度上是无效的，而且也可能会错过一些重要行为。静态分析高级技术主要是对恶意代码内部机制的逆向工程，通过将可执行文件装载到反汇编器中来查看程序指令，以发现恶意软件到底做了什么。这些指令被 CPU 执行，所以静态分析高级技术能够告诉你程序具体做了哪些事情。然而，与基础技术相比，静态分析高级技术有着较为陡峭的学习曲线，需要汇编语言、代码结构、操作系统等专业知识做支撑，要求较高。
- 动态分析：也分为基础技术和高级技术。动态分析基础技术涉及运行恶意代码并观察系统上的行为以移除感染，产生有效的检测特征码。在运行恶意代码之前，必须建立一个安全环境（如沙箱），能让你在避免对系统与网络带来风险的前提，研究运行的恶意代码。与静态分析基础技术类似，动态分析基础技可以被大多数没有深厚编程知识的人所使用，但它并非对所有恶意代码都有效，也会错过一些重要功能。动态分析高级技术则使用调试器来检查一个恶意可执行程序运行时刻的内部状态，它提供了从可执行文件中抽取详细信息的另一条路径。

在进行恶意代码分析的过程中，可以结合使用以上两大类分析技术，并配合相关的工具（例如著名的用于静态反汇编的 IDA Pro、用于动态调试的 OllyDbg），来更完备地分析可疑的恶意软件。如果读者想更深入地了解恶意代码分析方面的知识，可以参考专门介绍它的书籍和资料。

网络安全分析人员在进行恶意代码分析时需要记住一些通用的规则，那就是：

- 不要过于陷入细节：大部分恶意软件都是非常复杂且庞大的，很难了解到每一个细

⊖ 往往每种工具只能揭示出与恶意软件相关的少量信息，需要将这些信息拼接在一起，才能看到全貌。

节，分析人员只需要关注其主要的、关键的功能，遇到十分困难和复杂的代码段时不要慌张，先对其进行概要式了解，再深入细节。

- 对不同的任务可以使用不同工具和方法：恶意软件分析是一门艺术，就像修车，没有固定的方法和模式，分析人员需要根据不同情况灵活运用不同工具和方法，从不同的角度来分析恶意软件，其中可能也需要一些创意。
- 恶意软件分析就像是猫抓老鼠的游戏：网络对抗永无休止，在新的恶意软件分析技术开发的同时，恶意软件的编写者也在想方设法采用新手段来挫败这些分析技术。因此，作为一名安全分析师，必须不断学习和跟进，能够认识、理解和战胜这些新技术，以快速地应对恶意软件的新变化。

第7章

网络安全态势指标构建

欲成方圆而随其规矩，则万事之功形矣，而万物莫不有规矩，议言之士，计会规矩也。

——韩非子，战国末期哲学家

7.1 引言

网络安全态势可以直观地反映网络运行的情况，利用数据采集工具来收集被感知网络上的原始安全数据，通过一定的数据预处理，结合全面客观的网络安全态势指标体系，进行一定的态势评估和计算，最终以数值或者图表的形式反映网络运行状况。指标体系中指标的选取直接反映出评估人员对于网络安全态势评估的决策思路和评估的角度，并影响着所建立起的网络安全态势指标体系的应用范围和最终的评估结果。所以，网络安全态势指标的构建对网络安全态势感知具有重要的意义。

指标是指描述网络安全属性的元素，也是指数计算的依据，而且描述的指标往往不是一两个，而是若干个。安全态势指标构建是网络安全态势提取的重要组成部分，它是反映被感知对象安全属性的指示性标志，为态势理解和预测提供计算和评估的依据。影响网络安全态势的指标多种多样，选择具有典型数据的态势指标，形成态势理解和评估的数据源，能够为态势理解和评估提供可靠的数据支撑。网络安全态势指标体系则是一套能够全面反映网络安全特征，并且指标间具有内在联系，起互补作用的指标集合，是形成对网络安全评价的标准化客观定量分析结论的依据，它能够反映被感知对象的网络安全的基本面貌、素质和水平。网络安全态势指标体系可用于不同规模网络的安全态势量化评价。

为了更加准确地描述网络安全态势的情况，采用各类安全数据采集工具从上报的事件和数据中提取指标，从定量化的角度来描述网络安全态势，可以为网络安全人员提供更加客观、准确的关于当下网络形势的描述。指标提取的数据源是系统中部署的采集设备上报的、经过预处理的各种安全事件和运行信息，这些数据复杂多样。如何从这些复杂的数据中提取指标，保证既能全面地反映当下网络的安全态势，又不至于提取的指标太过杂乱、不够系统，计算态势值的过程太过复杂，并不是一件容易的事。

7.2　态势指标属性的分类

网络安全态势感知是一个复杂的过程，涉及的指标众多，类型也不尽相同。通过对不同类型的指标属性进行归类整理，可正确地认识各类指标，有利于态势计算和评估的准确性。依据不同分类标准，指标可分为以下几种：

- **定性指标与定量指标**。定性指标又称主观指标，用于反映评估者对评估对象的意见和满意度。定量指标又称客观指标，它有确定的数量属性，原始数据真实完整，不同对象之间具有明确的可比性。一般需将定量指标的数据转换为统一量纲，才不会对多指标的综合处理产生影响。
- **总体指标和分类指标**。总体指标一般会与态势计算及评估的模型及基础框架相结合，体现网络安全的一般特性。分类指标则能够针对不同的系统进行深入分解，充分解释不同类型系统之间的差异性。
- **描述性指标和分析性指标**。描述性指标通过汇集描述安全状况和趋势的基本数据，反映系统的实际状况和网络安全的基本状态。分析性指标主要用于反映各评估对象因子之间的内在联系，洞察和把握安全风险存在及发展的状态和趋势。
- **效益型指标和成本型指标**。效益型指标和成本型指标以单项指标对整体系统的影响作为区分标准。若单项指标属性值越大，网络安全状态越好，则为效益型。若单项指标属性值越大，网络安全状态越差，则为成本型。

网络安全指标的选取工作对态势提取和理解有着至关重要的作用。在选取网络安全态势指标过程中，安全人员可以从自身评估网络安全态势的思路和角度，并结合所选取的网络安全态势计算模型的适用范围，来进行综合考量。根据现有态势指标体系研究基础和网络安全态势感知应用实际，我们重点分析定性与定量两大类指标类型。

7.2.1　定性指标

定性指标往往对安全管理人员的知识量和经验有一定的要求。网络安全态势的定性评估主要采用模拟或者重现各种网络行为的方式进行评估。一般情况下，定性指标评估的结果会以可视化图形的方式进行直观呈现和说明。如果采集的是实时的网络状态监控数据，那么态势评估的结果会有很好的实时性。不像定量指标能给出具体计算出来的网络安全态势值，定性指标往往会形成可视化图形，以展现网络安全态势的变化过程，安全管理人员需要根据自身经验和知识积累做出一定的人工判断。

7.2.2 定量指标

在网络安全态势感知的过程中，如果使用定量的指标体系数据，则态势计算和评估的结果最终会以数值的方式进行展现，如安全系数值、网络节点权重、理论威胁度、网络性能监控数据等，即以具体的数值来表示网络安全态势。一般情况下，根据网络安全指标数值的不同，网络中存在的安全隐患和面临的安全风险也不同。根据所选取指标的侧重点不同，常常把定量的安全态势指标划分为以下两种。

- **基于安全风险的态势评价指标。**该类指标较为常见，体现了网络安全态势通用评估方法。其一般步骤是将网络按不同的层次结构进行划分，利用采集和检测工具收集各种网络攻击、日志信息和漏洞信息，通过一定的预处理和数学计算，将以上几种信息转化成网络安全态势量化数据，以此来代表网络系统当前的安全状态。该类型指标着重于对受网络攻击威胁严重的安全态势进行评估，主要涉及主机脆弱性、攻击威胁度、漏洞利用等数据。在该种指标体系中，网络安全态势评估的目的是通过一定的数学函数和计算模型，综合计算各类型数据，从而得到态势值，并将结果进行可视化展现。
- **基于网络和主机性能的态势评价指标。**该类指标着重于对网络本身和网络节点性能进行态势评估，一般包括以下几种指标：网络端口流量、主机使用率、主机内存使用率和网络负载状况等。该类型指标数据大多是通过现有的网络监控系统或者检测系统等安全设备收集和捕获到的网络和主机的性能数据，以及利用日志系统采集并分析得到的日志统计信息。由于在使用该类型指标数据时，需要采集大量数据，采集过程复杂且对实时性要求高，加之数据指标过多，实现起来也较为复杂；基于日志系统进行的日志审计对采集的要求高，且审计规则过于简单，对深层次的网络事件原因挖掘力度低下，常常难以满足网络安全态势对数据源实时性的要求。

综上所述，无论采用以上哪一种定量指标类型，都无法完全满足网络安全态势感知的要求，因此，结合两种指标进行网络安全态势的衡量将是网络安全态势指标的发展方向。

7.3 网络安全态势指标的提取

由于影响网络安全的因素有很多，而且各种因素相互作用、相互影响，因此提取并建立网络安全态势指标体系是一项相当复杂的工作。其中有一些提取原则和过程需要我们遵守，还有一些分析工作需要我们提前认识清楚。在进行网络安全态势指标的提取时，我们应当根据网络系统组织结构对网络的安全状态进行分层描述、层层分解和不断细化。

7.3.1　指标提取原则和过程

1. 指标提取原则

我们的目标是建立一个以指标为元素的树状层次结构，也就是网络安全态势指标体系，用它来描述整体网络安全态势。一方面，所选取的态势指标应该能够涵盖网络安全态势感知系统的主要因素，使最终的态势感知结果能够反映真实的网络安全状况；另一方面，态势指标的数量越多、范围越宽，确定指标的优先顺序就越难，处理和计算建模的过程就越复杂，扭曲系统本质特性的可能性就越大。因此，在提取网络安全态势指标时必须遵循一定的原则，采用合适的方法和步骤，反复统计分析处理、综合归纳和权衡，这样才能构建出科学合理的网络安全态势指标体系。

- 科学性原则。指标的提取必须以科学理论为指导，指标的概念必须明确，且具有一定的科学内涵，能够度量和反映网络动态的变化特征。各指标的代表性、计算方法、数据收集、指标范围、权重选择等都必须有科学依据；而且应当以系统内部要素及其本质联系为依据，综合运用定性和定量的方式，正确反映网络安全的整体状况和存在的安全威胁。
- 完备性原则。影响网络的因素众多，受到各种条件制约，因此指标的选取必须遵循完备性原则，尽可能全面地考虑对网络安全产生影响的要素，如网络拓扑结构、网络流量、操作系统、网络设施的容灾性、网络协议、网络服务的可用性、完整性和机密性、漏洞和脆弱性、网络潜在威胁、网络遭受的攻击状况等，能完整、有效地反映网络安全的本质特征和整体性能。
- 独立性原则。由于态势指标往往具有一定程度的相关性，指标之间往往存在信息上的重叠，所以提取指标时应当尽可能选择那些独立性强的指标，减少指标之间的各种关联，将安全状态用几个相对独立的特征描述出来并用相应指标分别计算和评估，保证指标能从不同方面反映网络安全的实际状态。
- 主成分性原则。在设置指标时，应尽量选择那些代表性强的综合指标，也就是主成分含量高的“大指标”，这类指标的数值变化能较为宏观地反映网络安全状态的实际变化。
- 可操作性原则。指标提取要符合实际态势感知工作的需要，应当易于操作和测评，所有指标的支撑数据应便于收集，指标体系的数据来源要可控、可信、可靠和准确，对于难以测量和收集的数据，应当进行估算并寻找替代指标。
- 可配置性原则。构建的网络安全态势指标体系应当能够满足安全及管理人员在应用过程中对指标体系的不断完善和维护的需求，对指标体系可以随时进行配置，不断实现自我修正与自我完善，从而实现灵活扩展。
- 单调性、敏感性等指数原则。提取的网络安全态势指标应当具有指数的特征，能够说明网络真实安全状态，并能够及时刻画安全状态所发生的变化，使得指标指数的变化与网络总体安全态势变化保持一致。

以上原则是提取态势指标的一般性原则，在具体实现过程中还需考虑以下额外的因素：

- 通用性和发展性考虑：提取的网络安全态势衡量指标应当能应用于不同的评估范围和层次，即从单个的安全控制系统、网络到整个信息基础设施都能得到衡量。同时，态势指标还应具有发展性，可根据具体的网络进行调整和灵活应用。
- 定性与定量相结合：态势指标提取是一个复杂的过程，仅仅依靠定量指标进行计算和评估，可能会与实际的安全状态变化过程有差异，如果在评估过程中加入人的一些经验因素，能够对计算和评估结果起到一个调节作用，并提高计算和评估结果的精确度。因此应当将定性与定量指标二者结合使用，从而全面客观地选取恰当的态势指标。

2. 指标提取过程

指标提取过程是一个从宏观到微观、从上到下、从抽象到具体的过程。我们将采用层次化的思想来分析问题，构建树状层次结构的指标体系。这种方法是提取指标进而构造综合指标体系最基本、最常用的一种方法，其大致过程如图 7.1 所示。

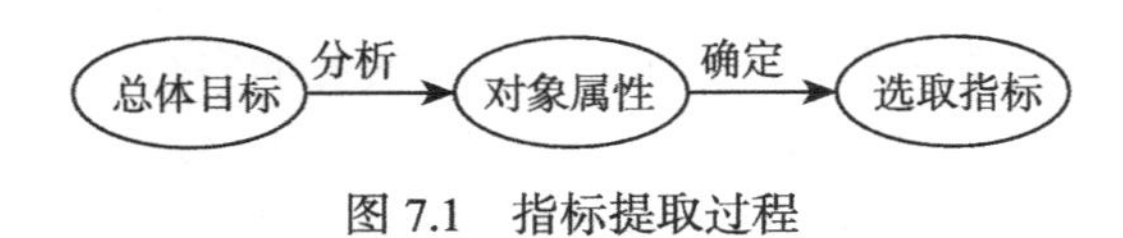

图 7.1　指标提取过程

- 明确总体目标。安全管理人员和决策者应当根据实际需要确定总体目标，在对网络安全态势进行感知和评估时，应当明确网络安全态势的定义和范围，以及表现在哪些方面。例如，从基础运维层面、脆弱性层面、威胁层面、风险层面等，综合分析网络系统的层次结构、边界以及内外部威胁等种种因素，从主机资产、网络流量、安全事件和漏洞情况等多个角度进行目标的陈述。对以上内容进行阐述的过程既明确了总体目标，实际上也是把总目标分解为各个子目标的过程。
- 研究对象属性。由于属性是关于目标的框架结构，是对研究对象本质特征的抽象概括，因此，在明确了总体目标和组成结构后，应当继续对各个子目标或准则再进行详细分解，以此类推，直到每一个子目标或侧面都可以用明确、直接的指标表示为止。这是一个层层细化、不断推进的过程。
- 选取具体指标。指标是关于评估目标的属性测度，是评估目标属性的具体化。通过选取具体指标，最后会形成一个层次化的网络安全态势综合评估指标体系，该结构可以是树形结构也可以是其他类型结构（如网状结构）。

通过以上步骤的实施，就初步完成了安全态势指标的提取。

7.3.2 网络安全属性的分析

1. 安全指标来源分析

网络安全态势的变化是由网络各项组成因素相互影响的结果，因此在进行指标提取时，应该考虑到网络各类组成因素及各项因素之间的若干联系等特征。网络安全态势指标（以下简称安全指标）应该覆盖网络组成的各项因素，它是由若干相互联系、相互补充、具有层次性和结构性的指标所组成的有机系列。安全指标的来源大体可以分为两种，一种是从网络原始数据中检测到的数据，能够真实地反映网络实际运行状况；另外一种则是通过对网络事件、网络行为等较为抽象的总结，用以说明网络间的联系或者网络对象之间相互作用的综合指标，如各种"比""率""度"及"指数"等。同时，在选取评价指标时要重点考虑具有重要控制功能，且能够接受决策者进行直接或者间接调整的指标；选择具有时间和空间属性的指标；选择描述网络对象间相关关系的指标；选择与外部网络环境有直接信息交互的开放性指标。此外，需要注意的是，安全指标的提取与数理统计数据的不同之处在于网络安全统计数据没有特定的变化形式，容易受到人为的影响，因此在考虑指标选取的主成分性原则时不能完全按照数理统计的方法。

根据网络系统组织结构，网络的安全状态应该分层描述，而且是自下而上、先局部后整体。首先以攻击报警、漏洞扫描结果、主机资产和网络流量等信息为原始数据，发现各个主机系统所提供服务存在的漏洞情况，进而评估各项服务的安全状况；然后综合评估网络系统中各关键设备的安全状况；接着根据网络系统结构，评估多个局部范围网络的安全态势，最后再综合分析和统计整个宏观网络的安全态势。因此，我们在进行网络安全指标提取时，需综合考虑不同层次（宏观网络、局部网络、攻击事件 / 漏洞、服务、主机等）、不同信息来源（流量、告警、日志、资产配置等）和不同需求（维护人员、安全管理人员、普通用户）来提取安全指标，具体如图 7.2 所示。

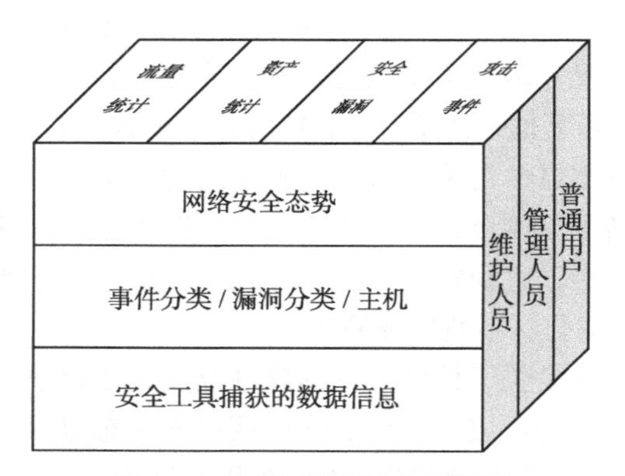

图 7.2　安全指标来源分析视图

安全指标提取应综合考虑以下几个方面：

- **面向不同层次的网络安全指标。**如图 7.2 正面所示，每种安全指标都是针对特定网络对象的安全及特定范围的，它们代表着不同的安全粒度，因此应按照层次分类来提取反映各层次、不同粒度的指标。①**攻击事件 / 漏洞**层面的指标可在参考国内外安全事件分类和漏洞评分标准基础上，通过部署在网络各层上的安全工具，在以监测、扫描等方式获得的数据中选取；②**服务**层面的指标可在综合攻击事件 / 漏洞层面指标的基础上，结合网元提供的服务来进行提取；③**主机**层面的指标是以服务层面为基础，从整个主机系统的角度来综合提取；④**局部网络**的安全指标既与网络中单个主机的安全指标相关，也与网络外部的安全影响因素有关；⑤**宏观网络**的安全指标则是终极目标，应独立于具体的微观安全事件，并且能作为安全态势评估的依据和态势预测的基础。
- **针对不同使用对象的网络安全指标。**如图 7.2 右侧面所示。网络安全指标最终的目的是为有关人员提出可供应用、判断和决策的信息，因此，指标的选取应当反映不同使用对象的需求。①**管理**方面的指标为管理宏观网络的决策者提供支持，主要包括一些“指数”型的综合指标；②**控制**方面的指标是为具体监控和操作网络的管理人员提供支持，如僵尸网络的规模、木马的严重程度等；③**用户**方面的指标则是针对网络用户的，帮助用户通过这些指标来调整自己的行为，以便保障自身信息的安全性，如用户通过安全事件的分类指标可以采取不同的防范措施。
- **采用不同检测 / 监控手段的网络安全指标。**如图 7.2 顶部所示。不同检测 / 监控工具采集的数据不同，安全事件处理和响应的技术往往与检测 / 监控安全事件的技术手段密切相关，因此，可根据**不同检测 / 监控手段**对网络安全指标进行划分和提取，这也是最原始的指标提取方式。前两种类型的指标很多是对该部分指标的分层综合。

2. 安全事件分类方法

安全事件分类主要用来指导网络安全态势威胁类和风险类指标的提取，需要分门别类地对各种类型攻击的属性进行提取。国内外对网络安全事件的分类进行了大量的研究，取得了丰硕的成果，并在实际中得到了较好的应用。同时，也形成了一系列安全事件分类标准，比如国内的《安全事件统一描述标准》《信息安全事件分类分级指南》等。总的来说，目前已有的网络安全事件分类方法大致可分为以下几种：

- 基于经验术语的分类方法。
- 基于具体应用环境的分类方法。
- 基于单一属性的分类方法。
- 基于多属性的分类方法。

由于不完善性以及受到特定应用下的分类使用限制，基于经验术语和具体应用环境的分类方法并不太适合网络安全态势感知和评估中对网络安全事件的评价需求。而基于多属性的攻击行为分类方法由于其提取了攻击的多种属性，能更准确地描述攻击行为的特征，是相对较好的一种分类方法。但我们也必须认识到，多属性的基本思想是建立在对攻击行为提取多项单一属性，再将单一属性进行排列组合的产物，本质上也是一种属性提取的分类方法。如果所提取的单一属性不完善，不能够描述应用的需求，也必然会影响到多属性分类的完整性。

一般来说，研究各种现有安全事件分类方法能否适用于网络安全态势评估，关键在于衡量其抽取的属性特征能否对网络安全性能产生影响，也就是攻击行为作用于目标网络对安全态势变化产生的效果。如果能够按照攻击效果这一属性进行分类，那么攻击分类的出发点和态势评估的目标就能够较好地吻合。由于计算机是由硬件、数据和服务三者组成的综合体，硬件是数据和服务的支撑，网络攻击者对硬件的攻击最终也是对承载的数据和服务的破坏，其攻击结果可以通过数据和服务的攻击结果反映出来，因此，从网络安全状态的变化来看，安全状态的好坏与数据和服务的可利用性、保密性、完整性程度密切相关。因此，如果以攻击效果作为分类标准，那么应当重点考虑安全事件对数据和服务的攻击效果。

3. 安全漏洞评价标准

漏洞是系统硬件或者软件在设计初期以及后期使用过程中，由于人为原因，在逻辑上或者设计中存在的某种不合理的缺陷，是违背网络安全规则的硬件或者软件特征，是系统自身脆弱性的一种表征（在某种程度上，漏洞等同于脆弱性），不法分子可以利用这种不足对系统发起攻击，造成不必要的损失，影响网络的安全状况。因此漏洞也可以作为主机本身安全状态的一种理论上的表示，在网络安全态势感知过程中可利用主机本身的漏洞信息评估主机节点的理论威胁值。

网络安全管理人员常常会以漏洞数据库的形式管理漏洞，并对漏洞属性进行详细描述。漏洞数据库主要集中了现有网络系统中已发现的各种软 / 硬件漏洞特征和应对措施，是进行态势评估和预测的基础。通过利用漏洞库中存储的大量安全信息，可以有效分析系统现存的安全隐患和面临的威胁。同时，漏洞数据库提供的漏洞属性比较完备，漏洞信息比较详尽，可以对网络脆弱性进行有效评估。

（1）漏洞的 CVE 标准

CVE（Common Vulnerabilities and Exposure，公共漏洞和暴露）是漏洞标准字典，在国际上针对漏洞的相关定义是通用的，它是由 MITRE 公司建立的一个标准化漏洞命名列表，相当于一个行业标准，为已知漏洞提供唯一的标识和标准化的漏洞描述，增大了漏洞定义库兼容性，共享更加便利，加强了不同漏洞检测系统之间的信息共享和交互。CVE 已成为安全信息共享的“关键字”，它有助于用户在各种独立的漏洞数据库以及漏洞评估工具之间共享信息。

在网络安全态势感知过程中，CVE 标准主要应用于以下两个方面：

- 一是为保证企业或者商业网络安全稳定使用的要求，在选择网络安全产品设备的时候，可以选择或要求厂商提供 CVE 兼容的产品，以保证企业级安全应用的需求，方便在以后的漏洞检测方面有较好的兼容性。
- 二是为网络安全态势评估过程中网络主机节点的理论脆弱性指标的确定提供可靠的数据支撑，评估者可以参考漏洞字典，获取漏洞各项属性的脆弱性指标，建立自己的脆弱维评估指标体系，并且通过 CVE 索引号快速获取漏洞补丁以及补救措施。在查询有关信息时，评估者可以使用 CVE 名称，方便地在其他漏洞库中查找漏洞安全信息，用于评估主机的脆弱性或者对系统进行控制和补救。

（2）CVSS 评分标准

CVSS（Common Vulnerability Scoring System，通用漏洞评分系统）是由 NIAC 开发、FIRST 维护的一种通用的标准漏洞评分体系，也是一个开放且能被不同产品厂商免费采用的行业标准。其主要特点有：漏洞评分机制的标准化、漏洞评分框架的开放性、合理的漏洞打分标准。它一般不使用“危急”、“严重”等严重等级用语，而是为所有安全漏洞的严重程度提供一个量化评估值，而且这样的量化评分机制能够为网络安全态势的评估提供可靠的指标数据。采用 CVSS 评分标准，评估者可以对系统脆弱性进行评分，进而帮助我们判断不同弱点的优先等级。

CVSS 的评分基准主要由三种分数组成：基准分数、暂时分数和环境分数。其组成结构如图 7.3 所示。

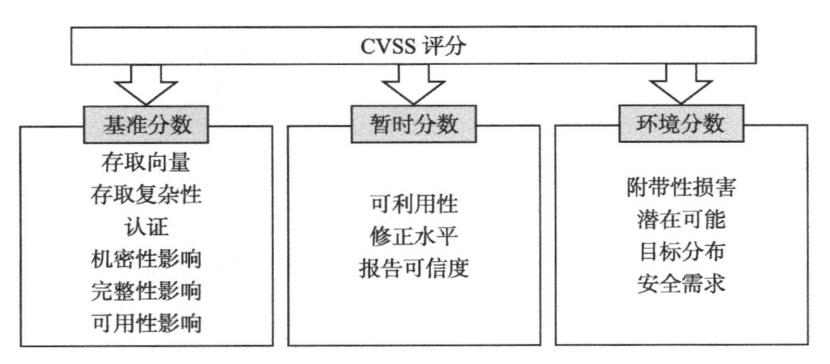

图 7.3　CVSS 评分标准

CVSS 提供了统一的评分机制，无论其评分对象是系统软件、服务器、数据库或者是应用程序，都是主要从基本评价、生命周期评价和环境评价三个方面进行安全弱点评估，三个方面里的每一项都会得到一个介于 0 到 10 之间的数值，用来表征安全脆弱点的严重程度。0 分表示该漏洞几乎没什么威胁；10 分表示该漏洞能够完全攻破操作系统层。CVSS 所有要素及其取值范围如表 7.1 所示。

表 7.1　CVSS 各要素取值范围

	要素	可选值	评分标准
基本评价	攻击途径	远程 / 本地	0.7/1.0
	攻击复杂度	高 / 中 / 低	0.6/0.8/1.0
	认证	需要 / 不需要	0.6/1.0
	机密性	不受影响 / 部分 / 完全	0/0.7/1.0
	完整性	不受影响 / 部分 / 完全	0/0.7/1.0
	可用性	不受影响 / 部分 / 完全	0/0.7/1.0
	权值倾向	平均 / 机密性 / 完整性 / 可用性	0.333/0.5/0.25/0.25
生命周期评价	利用代码	未提供 / 验证方法 / 功能性代码 / 完整代码	0.85/0.90/0.95/1.00
	修正措施	官方补丁 / 临时补丁 / 临时解决方案 / 无	0.85/0.90/0.95/1.00
	确认程度	传言 / 未经确认 / 已确认	0.90/0.95/1.00
环境评价	影响	无 / 低 / 中 / 高	0/0.1/0.3/0.5
	目标分析	无 / 低 / 中 / 高	0/0.25/0.75/1.00

（3）微软漏洞威胁评价体系

作为商业评价体系，微软的漏洞评价方法公开部分有限，因此仅能作为参考。其评价体系中主要包括以下几方面要素，如表 7.2 所示。微软在发布补丁时会有漏洞危急程度的描述，如严重、中等等，都是基于表 7.2 所示要素进行分析的结果。

表 7.2　微软漏洞威胁评价体系

特征	评价	特征	评价
微软产品脆弱性	是 / 补丁不可用	分布可能性	高
攻击载体	≥ 2	独特的数据破坏	是 / 否
新的攻击载体	是 / 否	重要服务中断	是

4. 日志数据管理标准

在第 3 章我们讨论过日志，它是一种十分重要且有价值的网络安全数据类型。日志作为计算机网络系统运行的真实记录，对于维护系统故障、监控系统活动以及保证系统安全有着重要的意义，是表征网络安全态势的重要数据来源之一，也是构建网络安全态势感知体系的重要来源之一。由于日志信息描述的完整性和功能的强大性，系统管理员可以依据日志来查找网络入侵者采用的入侵策略，分析入侵对系统造成的危害，从而采取积极有效的抵御措施并增强网络系统的防御能力。

网络中的日志信息大多存放于本地的主机，如果要求网络安全管理人员逐一地访问主机节点并获取日志信息，将会大大增加网络安全态势感知的工作量，并且如果日志不能集中管理，还存在日志丢失或者毁坏的安全隐患，因此网络安全态势评估的数据源依靠各种网络监控系统和日志采集工具采集到的日志数据，将网络节点本地的日志数据集中采集到网络服务器中进行存储管理，这样就有利于网络安全态势评估的查询、分析和处理，还能在一定程度上消除不必要的安全风险。

日志数据记录着在特定事件中特定系统 / 环境的状态，它来源众多，是由设备、系统或者应用程序所生成的原始日志文件，主要包括 Web 代理日志、防火墙日志、VPN 身份验证日志、Windows 安全日志以及 Syslog 数据等。其中，日志数据常用的管理标准是 Syslog，Syslog 提供了一种传递方式，允许一个设备通过网络把事件传递给日志服务器。Syslog 协议和进程的最基本原则就是简单，在协议的发送者和接收者之间不要求有严格的相互协调。Syslog 协议就是简单地被设计用来传送事件信息，但是对事件的接收不会进行通知。由于其能将来自诸多不同类型系统的日志记录整合到集中的数据库中，很多网络设备都支持 Syslog 协议，其中包括路由器、交换机、应用服务器、防火墙和其他网络设备。

5. 网络监控管理标准

目前，在网络监控管理中最为常见的标准就是 SNMP，我们在第 4 章已经做过一些介绍。不仅仅因为最为常见，SNMP 对网络设备的支持性也较高，能够方便地为网络管理系统提供数据支持，而且网络实时监控信息可以应用到网络安全态势感知和评估中，较好地满足态势实时性功能要求。基于 SNMP 的数据采集具有良好的实时性等特点，且易于获取和分析，将其引入网络安全态势感知中将大大提高网络态势评估的准确性。

基于 SNMP 的网络监控管理体系如图 7.4 所示。

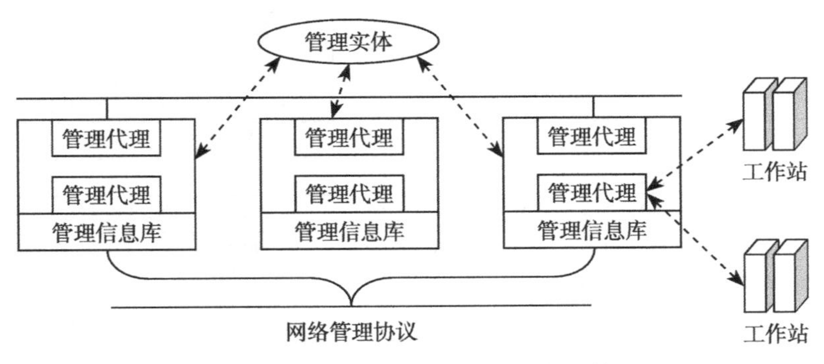

图 7.4　基于 SNMP 的网络监控管理体系

整个体系主要由网络管理实体和网元构成。网络管理实体实际上就是管理进程，网元代表的则是具有管理代理的网络节点，包括网络中的服务器、路由器、主机等。管理代理负责执行管理进程发送来的管理指令，负责上传或修改被管理设备的配置信息。如果进行细分，那么整个体系由四个部分组成：管理实体、管理代理、管理信息库和网络管理协议。

- 管理实体：是管理者和网络监控管理系统的一个中间接口，是在一个共享系统上实现网络信息采集的单独设备。
- 管理代理：负责对管理站进行指令响应，并把被管理设备信息传送给管理站，主要安装在普通的路由器、主机或服务器上。
- 管理信息库：是管理代理查询和设置的数据变量集合，并且给出了所有可能被管对象集合的数据结构。作为管理站访问代理的访问点集合，管理实体定时轮询读取其中数据，从而实现网络实时性能监测。
- 网络管理协议：用于采集被管理的代理的数据行，网络管理协议通常向管理代理发送 Get、Set、Trap 指令来进行数据采集。

7.3.3　网络安全态势指标选取示例

以上分析为网络安全态势指标选取提供了参考，同时，国内外科学研究者也进行了大量的辛勤研究，以电子科技大学王娟、张凤荔等为代表的一批学者就建立了一套较为完整的网络安全态势指标，层次清晰、覆盖全面、参考性强。该套指标通过对比各类态势影响因素，能够覆盖到网络的不同层次、不同数据源和不同用户。

他们拟定的指标主要包括 25 种，详见表 7.3。

表 7.3　选取的网络安全态势指标

序号	名称	序号	名称
1	网络漏洞数目及等级	14	子网数据流入量
2	关键设备漏洞数目及等级	15	子网流入量增长率
3	网络拓扑	16	子网内不同协议数据包的分布
4	网络带宽	17	子网内不同大小数据包的分布
5	报警数目	18	流入子网内数据包源 IP 分布
6	子网内安全设备数目	19	子网内关键设备平均存活时间
7	子网内各关键设备提供的服务种类及其版本	20	子网流量变化率
8	子网内各关键设备的操作系统类型及其版本	21	子网内不同协议数据包分布比值的变化率
9	子网内各关键设备开放端口的总量	22	子网内不同大小数据包分布比值的变化率
10	子网内各关键设备访问主流安全网站的频率	23	子网数据流总量
11	子网内主要服务器支持的并发线程数	24	流出子网数据包目的 IP 的分布
12	子网带宽使用率	25	子网平均无故障时间
13	子网内安全事件历史发生频率	26	其他

网络安全态势指标的选取没有定论，读者可以根据自身实际需要选取合适、恰当的指标。

一般来说，只要能准确地反映网络系统安全状态，容易度量且直观性强，就是好的指标。

7.4 网络安全态势指标体系的构建

在完成了网络安全态势指标的提取后，就可以采用一定的手段和方法构建网络安全态势指标体系了。下面我们将介绍构建指标体系需要参考的一些原则，以及如何从不同维度进行网络安全态势指标体系的构建。

7.4.1 指标体系的构建原则

指标体系的构建原则如下：

- **分层分类原则。**网络安全态势指标是层次化的，有些是针对局部网络的，有些则是针对大规模宏观网络的，在收集和处理上的差别都比较大，应该分层次进行考虑。
- **相近相似原则。**对于宏观性的大规模网络来说，其影响因素相当多，但其中一些是近似的、有交叉和相互影响的，如数据包的分布、数据包大小的分布，这种类型的指标应该被统一考虑。
- **动静结合原则。**这个原则主要是针对指标本身的特性。比如说网络拓扑结构这种指标一般在一定时间内是稳定不变的，而网络流量数据由于时刻都在变化则需要进行实时收集，这两种特性完全不同的指标应当区别对待，同与自身特性相近的指标组合。

从网络安全性出发，我们常常通过四方面的性质来总结性地描述网络安全状态，分别为：网络的基础运行情况、网络脆弱性、网络的威胁程度以及网络的风险程度。这四个方面也是四个维度，能够基本覆盖构成信息网络实体的各个部分，较为全面地反映网络的安全状态，被很多学者和商业化组织所采用。当然，也可以从可靠性、危险性和可用性等其他方面来提取网络安全态势指标，不一而足。为了更加客观地描述态势，还应该对各子维态势的指标进行量化，用指数或指标来进行描述。下面我们对这四个维度的态势指标进行详细说明。

7.4.2 基础运行维指标

基础运行维指标是通过采集一定时间窗口内系统运行的数据，对其进行量化评估，计算得出的一个数值。该数值体现了网络系统当前的运行状态，一般来说，数值越大，代表网络系统运行状况越差。

根据关注的点不同，基础运行维指标可以有不同的选择和组合。例如，某组织重点关注网络系统对网络安全事件的防范性能力大小，因为大多数安全设备只能对已出现过的攻击事件制定规则并进行防护或响应，对于未曾出现过的安全事件无法及时有效地防护，所以在选择基础运行维指标时，希望它能体现网络入侵攻击发生时继续正常工作的能力，以及网络硬件设备和软件设施对抵抗未知安全事件的能力。因此，该组织可以选择一个一级指标——运行维指标，用于反映网络运行维态势；3个二级指标——主机节点、网络设备节点和服务器节点，用于反映网络节点及自身服务的好坏；以及一系列三级指标，采用CPU使用率、内存使用率、硬盘空间使用率等具体指标作为基础运行维态势的基层指标。如图7.5所示。

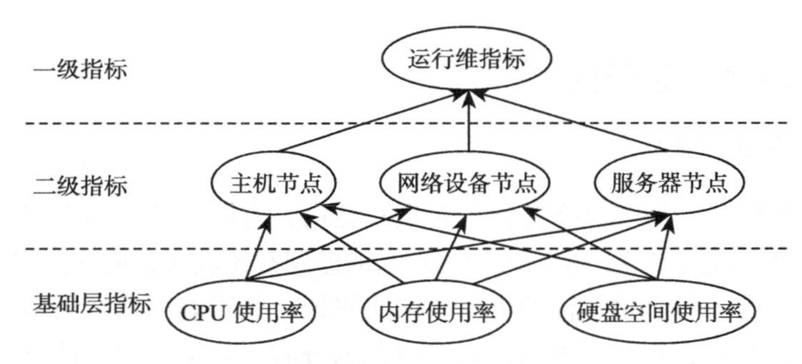

图7.5 基础运行维指标结构（1）

再举一个例子，如果某个组织希望从网络系统的主机资产和流量两方面来衡量网络基础运行状态，那么可以下设两个二级指标：资产指数和流量指数。资产指数主要包括网络中的主机或者服务器的资产价值、操作系统信息、服务状态；流量指数则是主机的峰值流量和带宽利用率等网络运行信息。依据上述分析可得到基础运行维态势的层次化指标结构，如图7.6所示。

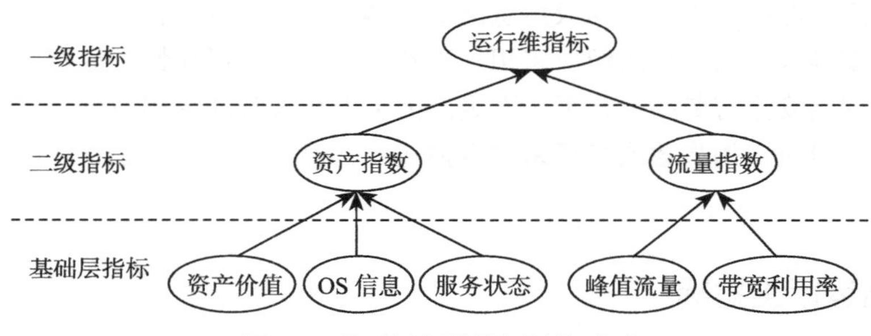

图7.6 基础运行维指标结构（2）

7.4.3 脆弱维指标

脆弱维指标是通过量化漏洞数目等信息来进行全面分析，进而计算得出脆弱性指数，它能从整体上来衡量网络面临攻击时可能对系统造成的损失程度。一般来说，其数值越大，说明网络越容易遭受攻击，遭受的损失的可能性也就越大。

由于计算机软硬件的复杂性，从设计、开发、编译、维护等各个阶段都不可避免地引入安全脆弱性，如果其中的安全脆弱性被外部利用并造成破坏性后果，就被称为安全漏洞。我们采用脆弱维指标来表示当下网络中存在的，能够被攻击者利用安全漏洞对网络安全造成危害的严重程度。在提取网络脆弱维指标时，可以根据网络中部署的漏洞扫描类安全设备上报的漏洞扫描结果，统计未打补丁漏洞的数目和漏洞危险等级，来计算脆弱维指标。其中，漏洞扫描类安全设备的选择非常关键，我们应当尽量选择具备兼容标准能力的漏扫设备，对网络存在的漏洞脆弱性信息进行定时扫描并上报漏洞扫描检测到的漏洞事件。在前面已经介绍过安全漏洞的评价标准，为了在不同漏洞库和安全设备之间实现漏洞信息共享与流通，形成具有权威性并得到行业广泛认同的统一漏洞表述规范，所以漏洞扫描设备如果能兼容漏洞的行业标准评价能力，就能得到很多共享信息，更有利于进行系统脆弱性评判。

与基础运行维指标提取方式类似，我们依然可以采用从抽象到具体的办法。例如，我们可以用组成主机节点和部署在其上的服务来体现网络的脆弱性，进一步来说可以通过漏洞扫描设备上报的漏洞事件来进行具体定量评价。于是，就可以将网络的脆弱维态势作为一级指标，将主机节点和服务的脆弱维态势作为二级指标，将漏洞扫描设备上报的漏洞事件作为基层指标。依据上面的描述得到层次化的脆弱维态势指标体系，如图 7.7 所示。

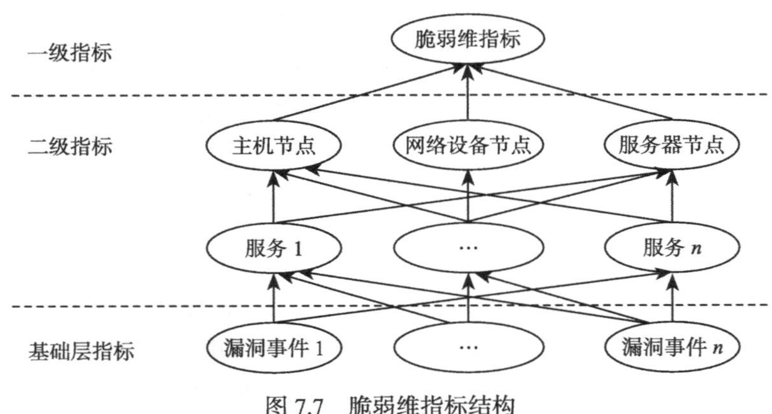

图 7.7 脆弱维指标结构

当然，如果对漏洞的具体描述性信息更加关注，也可以将漏洞数量、攻击途径、攻击难度、攻击效果、防范代价等常见的漏洞库属性描述字段作为基层指标，进而对脆弱性进行评价。

7.4.4 风险维指标

风险维指标是通过收集一段时间内网络中发生的各种由网络攻击引发的安全事件，对这些收集到的事件发生的频率和事件的危害等级进行综合量化评估，进而计算得出的数值。该数值表示了网络安全事件给网络系统造成的危害程度的大小，一般来说，数值越大，表明这种危害程度越深。

安全事件的评价不同于漏洞，不存在通用统一的评价标准，而关于攻击事件分类方法的研究也已经比较成熟，我们在前面已经介绍过。在提取网络风险维指标时，通常根据部署的入侵检测安全设备上报的网络攻击事件结果，统计未处理网络攻击事件的数目以及网络攻击引发事件的风险等级来计算网络风险维指标。所谓网络攻击，主要是针对网络中主机和服务的漏洞所发起的攻击，对主机和服务的安全性进行损害，进而影响网络的安全性。所以可以将风险维指标作为一级指标，然后遵循指标提取的可操作性等准则，将主机及其服务的风险维指标作为二级指标，将部署在网络中的入侵检测等安全设备检测到的攻击事件作为三级指标。依据上面的描述得到层次化的风险维态势指标体系，如图 7.8 所示。

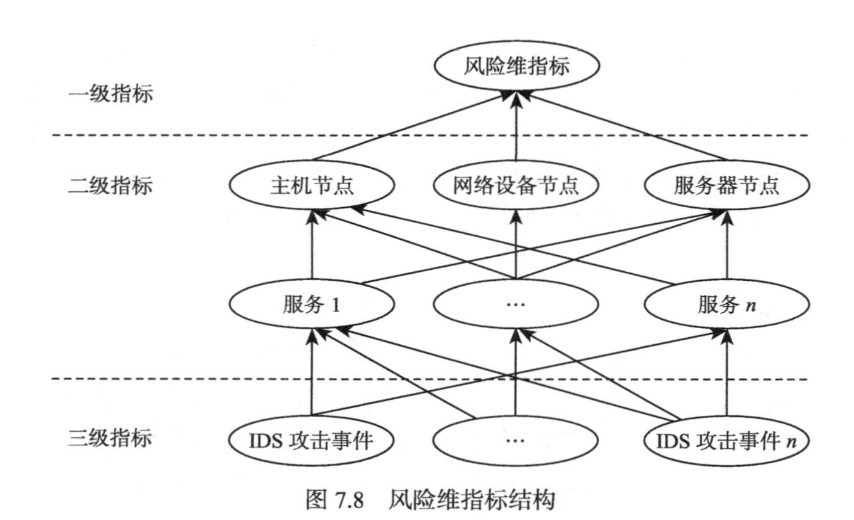

图 7.8 风险维指标结构

其中，三级指标还能往下细分。一般来说，攻击事件是按照一定的分类针对网络自身应用的特点实施的攻击，每一类攻击可能破坏的安全特性相对较为集中，可能只是针对某一个或某几个安全机制进行破坏，对其他大量的安全特性并不造成实际影响。因此，参考单一属性的分类方法，结合每种攻击的特征及目标网络遭受攻击前后态势的变化，我们还可以以攻击效果为依据来对攻击事件进行分类，分别提取每类攻击的评价指标。例如，按照攻击效果可将攻击行为分为病毒攻击、僵尸网络、木马攻击、拒绝服务、消息收集类、网络欺骗类和其他安全事件七大类，再进一步度量每种攻击造成的网络安全属性变化。

7.4.5 威胁维指标

威胁维指标是通过收集一段时间内由用户违规行为或设备运行所引发的安全事件[⊖]，并

⊖ 主要包括机密文件非法访问、外设非法访问及系统异常、当机离线等事件。

对这些事件进行量化评估，计算得出的数值。一般来说，该数值越大，说明此类安全事件对网络安全运行造成的威胁越大。

威胁维指标主要是对设备上面由于用户操作或系统非正常运行引起的各类告警事件进行评估，如用户不当行为所引发的空策略、非法访问和策略违规等事件，又如安全设备运行过程中设备离线或异常事件引起的系统告警事件，这些事件的确会对网络安全造成一定的威胁。我们可以将网络威胁维指标作为一级指标，然后遵守指标提取的可操作性等准则，将主机及其服务的威胁维指标作为二级指标，将由于用户操作或系统非正常运行引起的各类告警事件作为基层指标。依据上面的描述得到层次化的威胁维态势指标体系，如图 7.9 所示。

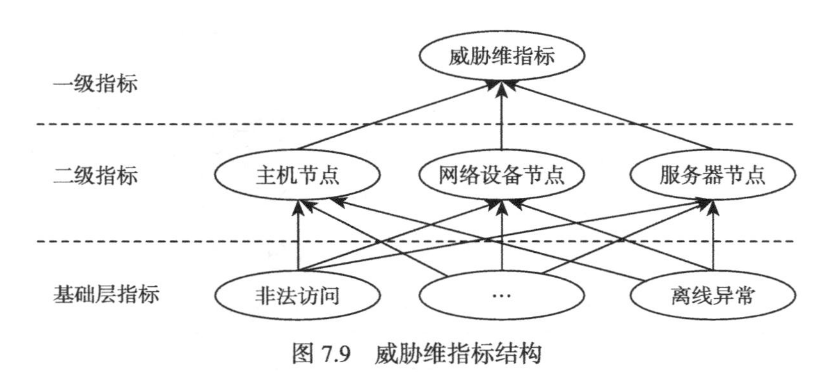

图 7.9　威胁维指标结构

需要注意的是，风险维和威胁维很容易弄混淆，它们的数据来源都是典型的安全事件。数据预处理模块会对来自不同采集工具的安全数据进行预处理，将原始的安全数据进一步规范化并归纳为典型的安全事件类别，并将分析完的安全事件信息导入告警数据库中。它们的区别主要表现在：威胁维指标指的是潜在的安全事件对网络系统的威胁程度。潜在的安全事件指的是威胁程度比较低的安全事件，检测工具报告这些安全事件只是提醒网络安全管理人员这些安全事件的存在，不一定会对网络系统造成重大的威胁。而风险维指标则是指风险级别较高的安全事件对网络系统中安全态势的影响程度，它对来自不同收集工具的数据经过预处理后会赋予一个新的风险值，若风险值达到某个点，就会产生告警，这些告警通常是已经发生的风险级别较高的安全事件，对安全态势影响较大。

7.4.6　综合指标体系和指数划分

综合前文描述，我们可以根据实际需要，在不同维度选取多种类型指标来构建出一个完整的层次化的网络安全态势综合指标体系，如图 7.10 所示。

此外，我们可以结合安全设备部署情况和网络系统运行状况，从网络安全事件和网络节点等基本信息入手，在构建适合的网络安全态势指标体系的同时产生网络安全态势综合指数⊖。这个综合指数能反映网络整体宏观安全态势，它通过多个维度子态势进行体现。可以参考国内外对于指数等级划分的法律法规办法，设计合适的网络安全态势指数等级，通过等级的划分来对网络安全态势指数实现定性的划分。例如，某组织对其网络安全态势的指数等级划分如表 7.4 所示。

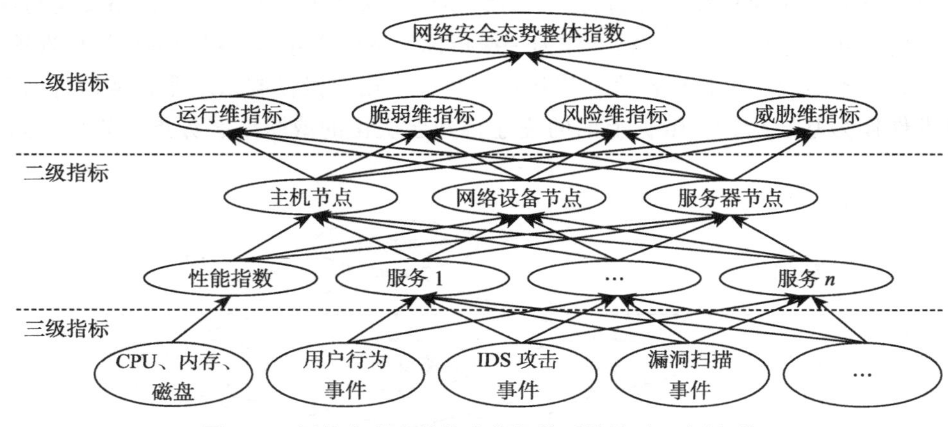

图 7.10 网络安全态势综合指标体系结构（一个例子）

表 7.4 某网络安全态势指数划分级别

指数级别	指数范围	表述
微	1 ～ 20	网络运行稳定正常，当下网络没有严重的攻击和漏洞，网络节点资源耗损情况较低
低	21 ～ 40	网络运行受到轻微影响，当下网络存在一定的网络攻击或漏洞，网络节点资源损耗一般
中	41 ～ 60	网络运行受到一定影响，当下网络存在较为严重的攻击或漏洞，网络节点资源损耗较为严重
高	61 ～ 80	网络运行受到较大影响，当下网络存在严重的攻击或漏洞，网络节点资源耗损较为严重
危	81 ～ 100	网络运行受到很大影响，当下网络存在很严重的攻击或漏洞，网络节点资源耗损非常严重

当然，除了上述常见的指标体系构建方法之外，还有一些其他的构建方法。例如，哈尔滨工程大学的张兴园、赵兴峰等人研究出多层联合的面向服务网络安全态势评估体系，该体系是从应用层、传输层、网络层等方面来提取态势指标，针对网络多层联合的态势指标体系进行态势评估，这种多层联合的态势指标体系比网络单层的态势指标体系更加全面和科学，在评估结果正确性和准确性方面也有所提高。

7.5 指标的合理性检验

网络安全态势指标体系的构建没有统一的标准，更多的是结合实际应用来选取适合的

⊖ 网络安全态势综合指数是指在一定的时间段内对给网络态势造成影响的各种要素进行全面分析，选择合理的方法进行综合量化评估，得出一个能够分多个维度来描述网络安全态势的向量。

指标。也许从理论上所构建的指标体系很合理，也站得住脚，但在实际应用时指标之间可能存在相似或矛盾的地方，问题就暴露出来。因此，我们应该在实际采纳和应用之前，从可行性、冗余性及可信度等方面进行指标的合理性检验，尽可能使指标体系在应用过程中能够准确、有效地反映网络整体安全状况。

- **可行性检验**。构建指标体系的目的是为了最终的应用。可行性检验主要是检测指标体系中各单项指标计算时采用的原始数据是否能及时准确地获得。因为提取的安全指标如果过于抽象和理论，往往很难进行实际的检测和度量，进而无法开展下一步的态势评估工作，所提取的指标成为空中楼阁，不能用于指导实际的态势评估，所以经过可行性检验，需要重新确定指标计算内容、界定计算范围以及对指标进行一定的数学变换，统一量纲。
- 冗余性检验。冗余度检验主要是评估指标体系内各分项评估指标之间在计算内容上的重复程度。如果在指标体系中存在严重的指标冗余现象，也就是两个指标或多个指标之间存在比较严重的重复或交叉，那么无形中会夸大重叠部分指标的权重，从而使态势评估结果出现失真。我们可以通过适度的分层分类来实现全面性和整体独立性，通过分离重叠指标和修正指标权重等方法来降低和削弱重叠部分的影响，在保证全面性的情况之下尽量减少指标体系中的指标个数，减少冗余度。
- 可信度分析。可信度分析指的是指标框架适用于不同应用场景、时间和地点，以及适应各种评估方法和数据采集方法要求的程度，也即论证指标框架的可推广性。网络安全态势指标体系的可信度分析可看作对评价结果的强壮度分析，即同一网络系统在相同的场景、相同的方法、相同的测量数据下得出的结果应该是相同的。可信度分析可采用前侧－后侧方法和对分法，前者是对网络安全态势指标体系中同一范围或相同研究对象进行两次互相独立的测试，以判断研究结果稳定程度的方法；后者则是将指标体系中所涉及的检测条目随机分成两组，比较两组的结果，如果得到的评估结果相一致就表明评估具有较好的可信度。
- 可扩展性分析。随着网络攻击技术和网络的发展，网络安全事件种类不断更新和变化，具体攻击事件在攻击方式、攻击效果等方面也存在差异，因此指标体系也不是一成不变的。一般情况下，网络安全事件的大分类不会有太大的变化，变化的是各个子类，即指标框架在一、二级指标上是相对稳定的，但再往底层的基础层指标则可以根据评估者对网络安全和网络安全事件的理解进行增删和改动。鉴于此，网络安全态势指标体系的可扩展性主要体现在：在不影响指标框架的完整性和指标计算方法的情况下，增加或修改第三和第四级指标内容。

7.6 指标的标准化处理

指标体系的构建并不是终点，因为各项指标还存在着单位和类型的不统一问题，以及数值数量级间的不一致。如果直接将其用于态势评估，可能会造成评估结果的不准确，从而失去评估的意义，所以有必要在态势评估前对指标的测试数据进行标准化，避免不合理现象的发生。根据指标类型的不同，标准化的方法也有所不同。下面我们会介绍定量指标和定性指标标准化的一些方法。

7.6.1 定量指标的标准化

定量指标的标准化指的是对测量数据进行某种形式的数学变换，使得不同量纲的指标数据转换到一个统一量纲上来，这样才不会影响多指标综合处理的结果。定量指标的标准化也被称为指标数据的无量纲化方法，主要有以下三种方法：直线型无量纲化方法、折线型无量纲化方法和曲线型无量纲化方法。其中，前两种属于线性变换，第三种属于非线性变换。

1. 直线型无量纲化方法

常见的直线型无量纲化方法有标准化方法和阈值法，其主要特点是处理后的指标值和测量值之间呈一种线性关系。

标准化方法进行无量纲化处理的公式为：

$$y_i = \frac{x_i - \overline{x}}{s},\ i = 1,2,3,\cdots,n$$

其中，

$$\overline{x} = \frac{\sum_{i=1}^{n} x_i}{n},\ s = \sqrt{\frac{\sum_{i=1}^{n}\left(x_i - \overline{x}\right)^2}{n-1}}$$

阈值法是用指标实际值与阈值[⊖]的比作为指标规范化值的无量纲化方法。有研究学者对常用的阈值无量纲化方法进行了分析比较，如表 7.5 所示。

表 7.5 常用的阈值无量纲化方法

序号	变换公式	规范化值范围	影响因素	特点
1	$y = \frac{x}{\max x}$	$\left[\frac{\min x}{\max x}, 1\right]$	$x, \max x$	规范化值随指标增大而增大，若指标值为正，则规范化值不可能为 0，最大值为 1
2	$y = \frac{\max x + \min x - x}{\max x}$	$\left[\frac{\min x}{\max x}, 1\right]$	$\max x, \min x, x>0$	规范化值随指标值增大而减小，适合对成本型指标进行规范化处理

⊖ 阈值也称为临界值，是衡量事物发展变化的一些特殊指标值，比如极大值、极小值、满意值、不允许值等。

（续）

序号	变换公式	规范化值范围	影响因素	特点
3	$y=\dfrac{\max x-x}{\max x-\min x}$	[0,1]	$\max x,\min x,x$	规范化值随指标值增大而减小，适合对成本型指标进行规范化处理
4	$y=\dfrac{x-\min x}{\max x-\min x}$	[0,1]	$\max x,\min x,x$	规范化值随指标值增大而增大，适合效益型指标
5	$y=\dfrac{x-\min x}{\max x-\min x}k+q$	$[k,q]$	$\max x,\min x,x,k,q$	规范化值随指标值增大而增大，规范化值最小为 q，最大为 $k+q$

2. 折线型无量纲化方法

折线型无量纲化方法适用于指标变化呈现阶段性特征，指标值在不同阶段变化对网络安全状态的影响不同的情况。它与直线型无量纲化方法的不同之处在于，必须找到指标性质变化转折点的指标值并对其进行规范化。有学者对常用的折线型无量纲化方法进行了比较，如表 7.6 所示。

表 7.6　常用的折线型无量纲化方法

类型	图形	特点
凸折线形	y x	指标值在前期的变化被附以较多的增加值，适合于正指标
凹折线形	y x	对指标后期赋予较多增加值，适合与逆指标
三折线形	y x	适合于指标值在一定的范围内变化，超过一定的范围则对总体效果没有影响的指标

3. 曲线型无量纲化方法

曲线型无量纲化方法则适用于指标变化过程无明显转折点，但前后期的变化特点又确实不同的指标的无量纲化。常用的曲线型标准化函数及其特点如表 7.7 所示。

表 7.7　常用的曲线型无量纲化方法

函数名称	变换公式	特点
升半 τ 形	$y=\begin{cases}0, 0\leqslant x\leqslant a\\ 1-\mathrm{e}^{-k(x-a)}, x>a\end{cases}\quad k>0$	适合于指标的影响随指标值同向变化，后期变换逐渐慢的指标无量纲化

（续）

函数名称	变换公式	特点
升半正态形	$y=\begin{cases}0, 0\leqslant x\leqslant a\\ 1-e^{-k(x-a)^2}, x>a\end{cases}$ $k>0$	适合于指标中期变化对事物总体发展影响较大的情况
升半柯西形	$y=\begin{cases}0, 0\leqslant x\leqslant a\\ \dfrac{k(x-a)^2}{1+k(x-a)^2}, x>a\end{cases}$	适合于指标中期变化对事物总体发展影响较大的情况

7.6.2　定性指标的标准化

定性指标是对评估对象的一种定性、静态的评价，需要把定性的评价进行量化之后再进行处理。一般来说，按照指标评价值的变化类型，可将定性指标分为连续型和离散型两种情况：连续型的指标数值在某个固定范围内，评价由线性关系得出；离散型指标的评分值域则可以自定义，如当定性指标采用“很高，高，中，低，很低”的方式描述时，根据它们的次序可使用“1、2、3、4、5”来实现结果的量化，进而进行标准化处理。

在前面探讨的网络安全态势指标体系构建中，很多指标类型和量纲都会存在差异，典型的指标如攻击效果、漏洞严重程度和防范代价等。其中，漏洞严重程度和防范代价是评估人员根据自身的安全知识，参考国内外对安全漏洞和事件定义的基础上给出的定性评价指标，攻击效果是定量指标，是安全工具根据自己的攻击库对检测到安全事件严重程度的判断。各指标包含的意义存在明显差异，所以在处理这些指标时应当根据指标类型和变化规律，在最大限度保留信息差异的基础上尽可能地消除指标数量级上的差别。

在网络安全态势感知过程中，构建一个合理的安全态势指标体系对网络安全态势的理解和评估非常关键。选用不同的指标体系和指标的不同选取方法、权值的不同确定方法，以及不同的评估算法和模型，都会影响网络安全态势理解的结果以及预测的正确性。本章探讨了网络安全态势指标的构建，下一章我们将对网络安全态势评估的一些理论和方法进行介绍。

第8章

网络安全态势评估

真理喜欢批评，因为经过批评，真理就会取胜；谬误害怕批评，因为经过批评，谬误就要失败。

——狄罗德，法国启蒙思想家

8.1 引言

态势评估在网络安全态势感知研究中占有重要的地位和作用，它是整个网络安全态势感知全过程的重点和关键环节。所谓安全态势评估，是指通过汇总、过滤和关联分析网络安全设备等产生的安全事件，在构建安全指标的基础上建立合适的数学模型，对网络系统整体上所遭受的安全威胁程度进行评估，从而分析出网络遭受攻击所处阶段，全面掌握网络整体的安全状况。有的时候，态势理解等同于态势评估，或者说态势理解的核心就是态势评估。

通过网络安全态势评估，可以尽早地发现网络中的安全隐患和威胁，对这些隐患与威胁的影响范围与严重程度进行充分评估可以帮助网络安全管理人员掌握当前网络的安全状况，以便在网络攻击发生之前针对这些威胁采取遏制和阻止措施，使系统免受攻击和破坏，使网络安全得到充分保护。只有对网络安全态势进行评估，才能明确网络所处的安全状况，从而掌握全网安全态势，也为下一步态势预测提供依据。网络安全态势评估的重要作用是为安全防护的实施提供强有力的支持。

安全态势评估是网络安全态势感知的重点，也是难点，至今没有一个系统的理论体系。态势评估领域的研究比较零散，大多为各自独立的一些观点，没有统一的方法可以较好地用于评估，衡量评估质量的方法和技术也还比较缺乏，这就导致了评估方法的多样化而没有一个权威性的共识。本章主要对目前已有的主流研究成果进行梳理，给读者一个宏观指引和整体认识。

8.2 网络安全态势评估的内涵

网络安全态势评估就是为实现网络安全态势感知中的态势理解而采用的方法及其相关的行为过程，是网络安全态势感知（也是态势理解）的核心要素。一般来说，网络安全态势评估的含义是指实时地对网络安全设备产生的安全数据和事件进行提取，通过一定的模型和方法进行计算和评价，动态反映网络实际的运行状况。有的时候，态势评估的含义也可以延伸出通过对历史数据的离线分析，采用数据挖掘等一些方法和相应算法对未来的安全趋势进行预测，因为评估出安全事件对网络的影响后，很快就要对未来的网络安全态势进行预测，从而及时选取安全防范手段，所以很多人将二者一起归为态势评估。但实际上，评估和预测用的模型算法和方法是有差异的，本书在内容组织上更倾向于将态势预测部分分离出来，将态势评估聚焦在其本质的内涵——计算和评价上。

网络安全态势评估技术的主要作用是反映网络的运行状态以及面临的威胁的严重程度。网络安全态势评估主要是将在对网络上原始安全数据和事件进行采集和预处理操作之后，基于建立的网络安全态势评估指标体系，在一定先验知识的基础上，通过一系列的数学模型和算法进行处理，进而以安全态势值的形式得出定量或定性的网络安全态势评估结果，表现网络安全状况。需要注意的是，安全态势值的大小也会随着安全状况的变化而变化。整个过程中涉及的数据量比较庞大而且评估算法比较复杂，会产生冗余与虚报的问题，因此常常需要进行数据预处理和分析（清洗、集成、归约、变换、事件关联分析等），这在前面的章节都有所涉及。态势评估着重在事件出现后，评估其对网络造成的影响，并通过对历史安全态势的分析与建模来评价当前的网络安全态势，有时甚至包括未来的态势评估。网络安全管理人员通过态势评估对网络增加相应的安全措施并进行升级与优化，从而应对网络安全态势的变化。

8.3 网络安全态势评估的基本内容

为方便读者理解态势评估所在的层次和包含的内容，可以从网络安全态势感知的整体流程和数据处理的角度来审视。本书参考网络安全态势感知领域学者们提出的模型框架，基于网络空间态势感知过程对数据处理的需要，将相应的数据处理过程划分为五个层次，分别为数据采集、数据预处理、信息提取、态势分析和态势展现，如图 8.1 所示。

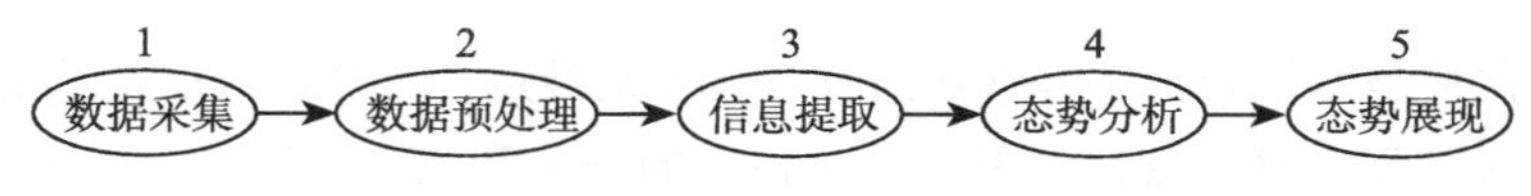

图 8.1 网络安全态势感知中数据处理的层次

- 数据采集是指从各种设备当中获取各种与网络空间安全的相关数据，如系统日志、IDS 告警、漏洞信息、网络拓扑等。

- 数据预处理是对获取到的数据的初步处理。由于各种数据来源于不同的设备，具有不同的格式，通过这一过程对数据进行清洗、集成、归约和变换等处理，可对多源异构数据进行数据融合。
- 信息提取是对数据预处理后产生的数据做进一步的融合理解，通过建立恰当的网络安全态势感知指标体系，融合不同来源数据进而产生底层指标。
- 态势分析是融合底层态势指标，通过各种数据处理手段综合处理和计算，进而得到上层的态势结果。这正是网络安全态势评估所在的层次，其主要包含两部分内容：
  - 网络安全态势指数的计算。该数值反映特定时段网络的安全状况，是通过特征量化与聚集计算得到的。量化与聚集算法是网络安全态势评估的核心，算法要求快速、高效，保证评估的实时性与准确性。
  - 网络安全态势评估方法。网络安全态势指数可以反映网络的受威胁程度，除此之外，态势评估方法也必不可少。通过它与安全指数的互相结合，安全管理人员就能够知道网络具体发生了什么样的问题，并进一步提出解决办法。
  - 态势展现即通过合适的可视化手段展现网络空间态势以供使用人员做出综合判断。

在网络安全态势感知领域数据处理的这五个层次当中，我们可以看到数据融合技术广泛而频繁的应用，其中层次 2 ～ 4 中都有涉及。在数据预处理和信息提取两个层面中，采用不同的数据融合算法处理多源数据，从中提取和融合并得到相应的态势指标；在态势分析层面，也用到大量数据融合技术，可以说数据融合技术是态势评估的核心，通过融合下级态势指标数据得到上层的态势指标，量化计算获得网络安全态势指数。其相应的数据处理流程框架如图 8.2 所示。

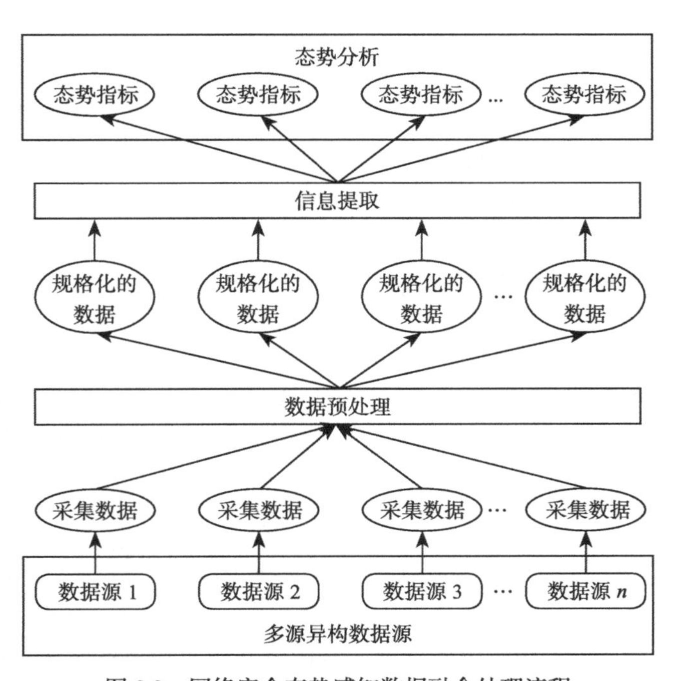

图 8.2　网络安全态势感知数据融合处理流程

下面是对层次 2 ～ 4 数据融合处理流程的进一步阐述。

- 数据预处理：网络空间中不同的数据源对于同一目标的表示方法不尽相同，如各种漏洞扫描工具、IDS 设备等产生的数据格式各不相同。针对网络空间的安全态势指标，得到的是多源异构的描述信息。要综合利用这些信息，首先要经过数据的校准和规格化，针对所要的态势指标将相应信息进行统一。例如，在此过程中，可采用信号级融合、特征级融合的算法对相应数据进行初步融合处理；针对告警类数据，可采用聚类分析法实现报警的聚类，精简报警。

- 信息提取：针对数据预处理后输出的数据进行进一步的融合处理，得到更准确、全面的态势指标数据以用于态势分析。在信息提取的这个层次，是对数据预处理层处理后的数据进行进一步的融合，通过采用特征级或者决策级的融合算法来融合处理指标数据，使得到的数据更加全面准确。例如，可以通过 D-S 证据理论融合多个特征，对网络流量进行综合评判，实现对异常流量的更准确判断。
- 态势分析：对信息提取输出的数据进行再次融合处理，利用融合算法和评估计算方法对各种低层次态势指标数据进行综合处理和计算，进而得到上层的态势结果，以此作为评判整体网络安全态势的依据。例如，可以基于贝叶斯网络，通过融合多种态势指标数据信息，综合评估网络的攻击态势。

由此可见，数据融合是网络安全态势感知的基础，也是网络安全态势评估的核心，如何有效地融合多源数据直接关系到感知的性能和准确性。下面进一步介绍用于评估的数据融合算法。

8.4　网络安全态势指数计算基本理论

网络安全态势评估中很重要的一个部分就是对态势指数（指标）的计算，这主要涉及对权重的确定，态势评估的权重问题是指对与评估目标有关联的因素相对于评估目标重要性量化计算的过程。权重值取得越大，表示该因素相对于评估目标越重要，反之越不重要。常用的权重确定方法有以下两种：排序归一法和层次分析法。

8.4.1　排序归一法

态势评估中对于权值确定的问题可以采用排序归一法来解决，即通过网络安全管理人员对与评估目标相关的因素，参照自己的经验判断认为其对评估目标的重要性进行的排序，然后再对排序结果进行归一化处理，最后得出权重向量，计算公式为：

$$w=\left(\frac{w_1}{\sum_{i=1}^{n}w_i},\ \frac{w_2}{\sum_{i=1}^{n}w_i},\ \cdots,\ \frac{w_n}{\sum_{i=1}^{n}w_i}\right)$$

因为网络安全管理人员面对的网络是一个动态变化、结构复杂的环境，所以单凭其主观经验对设备、服务的重要性给出判断，这样计算得出的权重向量不够客观，难以经得起实践的考验。这种方法简单，但有一定的局限性。

8.4.2　层次分析法

层次分析法是一种应用在复杂问题决策中有效、简洁的新方法，它是由美国运筹学家撒汀教授在 20 世纪初提出的，是解决态势评估当中权重问题较好的方法。它将对评估目标有影响的难以量化的各种因素划分层次，使之有序化、条理化，同时对与评估目标相关的因素进行两两比较，确定它们之间的相对重要性，进行量化得到一个矩阵，然后对所有相关因素的最终顺序引用模糊数学的方法来进行确定。

下面介绍一下采用层次分析法进行权重确定的步骤：

1）确定目标，建立层次结构。首先对目标要有清楚的认识，明确要研究的问题、解决问题的准则及解决问题的方案，并对解决问题的准则与方案之间的关联关系分析清楚，最后按照目标层、准则层、方案层的次序建立层次结构。

2）构建判断矩阵。这是确定权重系数的基础，通过对同一层次的各因素关于上一层中某元素的相对重要性，采用两两比较的方法进行重要性判断。假设我们对两个因素进行比较，它们相对重要性取值如表 8.1 所示。

表 8.1　相对重要性取值表

取值	含义
1	*A* 同 *B* 比较，*A* 与 *B* 同等重要
3	*A* 同 *B* 比较，*A* 比 *B* 较为重要
5	*A* 同 *B* 比较，*A* 显然比 *B* 重要
7	*A* 同 *B* 比较，*A* 比 *B* 强烈重要
9	*A* 同 *B* 比较，*A* 极端较 *B* 重要
2，4，6，8	介于上述相邻两级之间重要程度

根据表 8.1 的赋值方法，对于上层某个元素相关联的因素，以上层该元素为基准，然后两两相比较来确定矩阵的每一个元素值，构造出判断矩阵 $\boldsymbol{A}=(a_{ii})_{n\times n}$，其中 a_{ii} 满足以下性质：

$$a_{ii}=1,\ a_{ij}>0,\ a_{ij}=\frac{1}{a_{ji}}$$

3）计算判断矩阵。构造出判断矩阵之后，就需要计算判断矩阵的最大特征值（或者说是绝对值），再计算特征向量，进而得出特征向量（低层因素）相对上层元素的待测权重向量。

4）一致性检验。第 3 步计算出的权重向量并不是最终结果，还需要对该结果进行一致性检验，检验过程主要包括以下两步：

① 按照公式计算一致性指标。

$$CI = \frac{\lambda_{\max} - n}{n-1}$$

② 参照对应的平均随机一致性指标，计算出一致性比率。随机一致性指标的值可通过两种方式获得，即计算方法和查表方法。

- 计算方法可以通过公式计算得出：

$$RI = \frac{\overline{\lambda}_{\max} - n}{n-1}$$

其中$\overline{\lambda}_{\max}$为多个阶随机判断矩阵最大特征值的平均值。

- 查表方法可以通过表查出，其中 n 为阶数。如表 8.2 所示。

表 8.2 平均随机一致性参数对应表

n	3	4	5	6	7	8	9	10	11
RI	0.58	0.90	1.12	1.24	1.32	1.41	1.45	1.49	1.51

需要注意的是，当阶数取“或”时，判断矩阵式满足一致性即：

$$a_{ij} \cdot a_{jk} = a_{ik}$$

最后，在确定平均随机一致性指标之后，可通过下面公式计算一致性比率：

$$CR = \frac{CI}{RI}$$

如果上式计算结果 $CR < 0.1$，则该判断矩阵的一致性在可接纳的范围内，第 3 步计算出的权重向量就是最后的计算结果；如果 $CR \geqslant 0.1$，则需要重新构建判断矩阵，从第 2 步重新开始上面的过程，直到得出最终的权重向量。

由上可见，层次分析法的第 3 步和第 4 步包含复杂的计算过程，尤其是一致性检验，需要较大的计算量才能完成，这也是层次分析法的一个缺点。

8.5 网络安全态势评估方法分类

网络安全态势评估的方法是网络安全态势评估的重要内容，目前国内外关于网络安全态势评估方法的研究成果有很多，主要可归纳如图 8.3 所示。

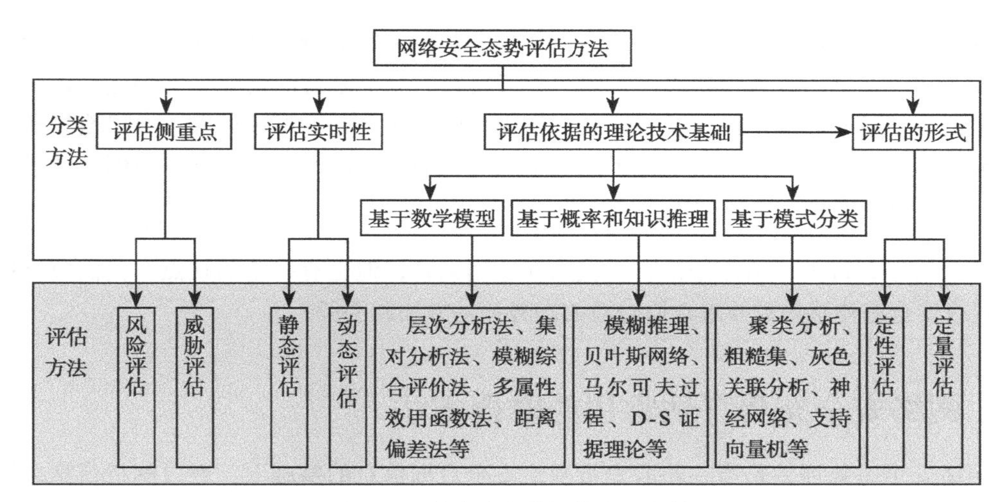

图 8.3　网络安全态势评估方法归纳

- 按照评估侧重点，可分为风险评估和威胁评估。
- 按照评估实时性，可分为静态评估和动态评估。
- 按照评估的形式，可分为定性评估和定量评估，这也是根据网络安全态势指标的属性进行的区分。
- 按照评估依据的理论技术基础，可分为三大类，分别是基于数学模型、基于概率和知识推理和基于模式分类。下面对这三大类进行进一步的说明。

其中，在按照评估理论基础划分的类别中，**基于数学模型的方法**以层次分析法、集对分析法、模糊综合评价法、距离偏差法、多属性效用函数法等方法为代表，它是对影响网络安全态势感知的因素进行综合考虑，然后建立安全指标集与安全态势的对应关系，进而将态势评估问题归属到多指标综合评价或者多属性集合等问题。它能够得到明确的数学表达式，进而也能给出确定性结果。该类型方法是最早用于网络安全态势感知中的评估方法，也是应用最为广泛的方法，其缺点是利用此类方法构造的评估模型以及对其中变量的定义涉及的主观因素较多，缺少客观统一的标准。

基于概率和知识推理的方法以模糊推理、贝叶斯网络、马尔可夫过程、D-S 证据理论等为代表，依据专家知识和经验数据库来搭建模型，采用逻辑推理方式对安全态势进行评估。其主要思路是借助模糊理论、证据理论等来处理网络安全事件的随机性。采用该方法构建模型需要首先获取先验知识，从实际应用来看，该方法对知识的获取途径仍然比较单一，主要依靠机器学习或者专家知识库，机器学习存在操作困难的问题，而专家知识库主要依靠经验的累积。其缺点是大量的规则和知识占用大量空间，而且推理过程也越来越复杂，很难应用到大规模网络中进行评估。

基于模式分类的方法以聚类分析、粗糙集、灰色关联分析、神经网络和支持向量机等为代表，利用训练的方式建立模型，然后基于模式的分类来对网络安全态势进行评估。该方法优点是学习能力非常好，模型建立得较为准确，缺点是计算量过大，如粗糙集和神经网络等建模时间较长，特征数量较多并且不易于理解，在对实时性要求高的网络环境中不能得到很好的应用。

综上所述，每种评估方法都有其优点和适用场合，但也有一定的缺点。我们应当根据实际网络安全态势感知需要来选取合适的态势评估方法和手段。

8.6　网络安全态势评估常用的融合方法

网络安全态势评估是指在获取海量网络安全数据信息的基础上，通过解析信息之间的关联性对其进行融合，获取宏观的网络安全态势。其中，数据融合是网络安全态势评估的核心，我们在第5章对数据融合的整体情况已经进行了一定的介绍，也知道在态势感知的多个阶段（如预处理、指标构建和态势评估）中都会涉及数据融合技术的应用，这里重点对态势评估中常用的融合方法进行梳理和说明。网络安全态势评估摒弃了研究单一的安全事件，而是从宏观角度考虑网络整体的安全状态，以期获得网络安全的综合评估，达到辅助决策的目的。目前应用于网络安全态势评估的数据融合方法，大致分为以下4类：基于逻辑关系的融合评价方法、基于数学模型的融合评价方法、基于概率统计的融合评价方法和基于规则推理的融合评价方法。

8.6.1　基于逻辑关系的融合评价方法

基于逻辑关系的融合评价方法即根据数据之间的内在逻辑，对数据进行融合处理。

一种典型的基于逻辑关系的融合评价方法就是对告警数据的关联分析[⊖]。告警关联是指基于警报数据之间的逻辑关系对其进行融合，从而获取宏观的攻击态势。告警数据之间的逻辑关系主要包括：告警属性特征的相似性、预定义攻击模型中的关联性、攻击的前提和后继条件之间的相关性等。通过告警关联进行的数据融合，能够将海量告警信息进行大幅度缩减，辅助安全管理人员快速分析和判断出网络的安全威胁性态势。

基于逻辑关系的融合评价方法的优点是容易理解，而且可以直观地反映网络的安全态势。但是该方法的局限性在于：一是融合的数据源多为单源数据，对多源异构数据的融合度较差；二是逻辑关系的获取存在很大的难度，比如攻击预定义模型的建立以及攻击的前提和后继条件的形式化描述都存在很大的难度；三是逻辑关系很难解释系统中存在的不确定性。

⊖ 我们在5.8节中已经介绍过关联分析，将其作为网络安全数据预处理的一种方法。

8.6.2 基于数学模型的融合评价方法

基于数学模型的融合评价方法是以获取影响网络安全态势的各项安全因素，通过综合考虑这些态势因素，然后通过某种函数变换（构造评定函数），建立网络安全态势指标集合映射到网络安全态势集合的变换关系，如 $\theta=f(r_1,r_2,\cdots,m)$，$r_i \in \boldsymbol{R}(1 \leqslant i \leqslant n)$，其中 f 代表的是基于数学模型的数学变换函数。当今的网络系统上业务繁多，网络功能不断被拓展，因此影响网络安全态势的安全因素越来越多，在各项因素之前又存在各项复杂的关联关系。在网络安全态势感知和评估过程中，有很多基于数学模型的融合评价方法，如加权平均法、层次分析法、模糊综合评价方法和集对分析法等。

1. 加权平均法

加权平均法是最简单也是最常用的基于数学模型的融合评价方法，在很多领域都会用到这种方法，最典型的如会计核算，在态势评估领域其也是一种常用的数据融合方法。简单来说，加权平均法就是把原始数据按照合理的比例分配不同权重，进而计算出不同比重数据的平均数。指标权重的确定方法有很多，根据计算权重时原始数据的来源不同，可以分为主观赋权法、客观赋权法和组合赋权法三种类型。

- **主观赋权法**是指人们对分析对象的各个因素按其重要程度，依照经验主观地确定权重系数。这类方法的优点是研究理论较为成熟，能较好地反映评价对象所处的背景条件和评价者意图，但这类方法的缺点是各个指标权重系数的准确性有赖于专家的知识和经验的积累，具有较大的主观随意性，客观性较差。
- **客观赋权法**主要是针对定量指标的权重确定，通过对定量指标实际发生的情况进行统计和整理，从而得出权重系数，如熵值法、标准离差法等。这类方法的来源是客观的，这是其优点，但容易出现“重要指标的权重系数小，而不重要指标的权重系数大”等不合理现象的发生，而且计算方法大多比较繁琐，不利于推广应用。
- **组合赋权法**结合了上述主观赋权法和客观赋权法的各自优点。首先，在主观赋权法和客观赋权法基础上求出合理的主、客观权重系数，然后根据实际情况确定主、客观权重系数的比例，最后求出综合权重系数。这种方法能够在一定程度上反映决策者的主观信息，又能够利用原始数据和数据模型，使权重系数具有客观性。但是需要注意的是，其准确性有赖于对主、客观赋权法权重系数所占比例的确定。

在网络安全态势感知与评估的应用中，加权平均法的融合函数通常由态势因素及其重要性权值来共同确定。采用这种方法取得较好效果的有西安交通大学的陈秀真等人，他们提出的层次化网络安全威胁态势量化评估方法将实际网络系统按规模和层次关系分解为系统层、主机层和服务层等三层，对系统、主机和服务本身的重要性因子进行加权，层次化地计算服务、主机以及整个网络系统的威胁指数，进而分析得出网络的安全态势。

还有一种较为复杂的加权平均法，又称为距离综合评价法，也经常被用到安全态势评估中。综合评价是指描述需要评价的事物的多个指标，一般情况下，一个指标就是一个随时间而变化的变量，那么多个指标则会形成一个多维的几何空间，需要评价的事物通过综合评价，在这个多维的几何空间中形成一个点。其最简单直接的处理方法就是在指标的多维几何空间中确定几个有价值的参考点，对于参考点有的会选最坏的样本点，有的会选最好的样本点。计算每个参考点到样本点的距离的大小，评价的依据是：参考点距离最坏的样本点越远越好，参考点距离最好的样本点越近越好。距离综合评价法的大致步骤如下。

假设 n 个事物有 p 个指标，现在要对这 n 个事物进行距离综合评价，我们可以构造出原始数据矩阵如下：

$$\boldsymbol{X}'=\left(x_{ij}'\right)_{n\times p},\ i=1,2,\cdots,p$$

（1）指标的同象化

将指标进行无量纲化和统一化，将负指标转化为正指标，更改原始矩阵中相应的数值，变换后的矩阵为：

$$\boldsymbol{Y}=(y_{ij})_{n\times p},\ i=1,2,\cdots,n,\ j=1,2,\cdots,p$$

（2）构造加权矩阵

假定根据态势评估者的经验，确定 $\boldsymbol{W}_1,\boldsymbol{W}_2,\cdots,\boldsymbol{W}_P$ 为各指标的权重，则利用这些指标的权重为主对角线元素可以建立矩阵 $\boldsymbol{W}$ 如下：

$$\begin{pmatrix} \boldsymbol{W}_1 & & & 0 \\ & \boldsymbol{W}_2 & & \\ & & \ddots & \\ 0 & & & \boldsymbol{W}_p \end{pmatrix}$$

因此，加权数据矩阵为：

$$y_{ij}=w_j y_{ij}',\ i=1,2,\cdots,n,\ j=1,2,\cdots,p$$

（3）确定参考的样本

在实际应用时，参考样本点一般选择最好的样本点和最坏的样本点。因为态势指标已经被同象化，所以我们可以集中态势指标的最大值作为最好的样本点的值，该值用 $\boldsymbol{Y}+$ 来表示，用集中态势指标的最小值作为最坏的样本点的值，该值用 $\boldsymbol{Y}-$ 来表示，分别为：

$$\boldsymbol{Y}+=(y_1+,\ y_2+,\ \cdots,\ y_p+)^{\mathrm{T}}$$

$$\boldsymbol{Y}-=(y_1-, y_2-,\cdots, y_p-)^{\mathrm{T}}$$

（4）计算距离

计算距离时一般采用样本点到最好的样本点之间的相对距离、样本点到最坏的样本点的相对距离以及样本点在两个参考点的连线上的射影到最坏的样本点的距离这三种方式。距离的计算过程相对较为复杂，读者可以参考更详尽的资料。

总的来说，加权平均法的优点是可以直观地融合各种态势因素，计算方法简单且容易操作，但是其存在的最主要问题是权值的选择没有统一的标准，有的是参照领域知识或者专家经验而定，有的是依据统计和整理出的模型而定，该方法的准确度还是会受到一定的影响。

2. 层次分析法

在 8.4 节我们介绍过层次分析法的一些基本计算理论。事实上，层次分析法是态势评估常用到的融合算法，在这里我们对它做进一步的说明。在现实生活中，人们经常遇到需要决策的问题，比如需要决策如何选择网络安全态势的结果是良好、很差或者警告的问题，在做决策的时候需要考虑各种影响网络安全态势的要素和指标以及它们要遵守的原则，决策者通过这些原则给出最后评估的结果。一般来说，态势指标之间往往存在一些直接或者间接的关系。如果把网络安全态势感知系统看成一个复杂的决策系统，而系统中的态势要素和根据要素提取的指标之间虽然存在着某种关系，但这种关系无法定量地表示出来。要想定量地表示出它们之间的关系，就可以采用层次分析法。

层次分析法简称 AHP。该方法首先需要定性地分析复杂庞大的决策系统的特点、影响它的要素以及这些要素之间的关系，然后再利用一些定量的信息来分析决策的思维过程。它把一个具有多个目标的复杂问题看作一个复杂的系统，从问题的性质和所要达到的目标出发，通过将问题层次化，对问题进行一层层的分解，经过若干次分解之后，将分解后的不同组成要素按照相互关联影响和隶属关系从不同的层次进行聚合，系统就形成一个具有多层次指标的分析结构模型；再运用模糊量化方法对这些指标进行计算，得出单层次排序和系统指标的总体排序，这些排序就可以作为多指标、关系复杂或者结果不能准确计量的决策系统的优化策略，可以看出，最终系统分析被归结成了决策方案与措施等相对于目标的权重确定或者优劣排序问题。

具体说来，层次分析法主要包括以下几个步骤。

- 将系统分解成多个层次。将一个系统按照系统构成或者影响系统的要素逐层进行分解和细化，形成并得到一个如图 8.4 所示的系统层次结构模型，这个层次模型就是我们应用层次分析法的基础。

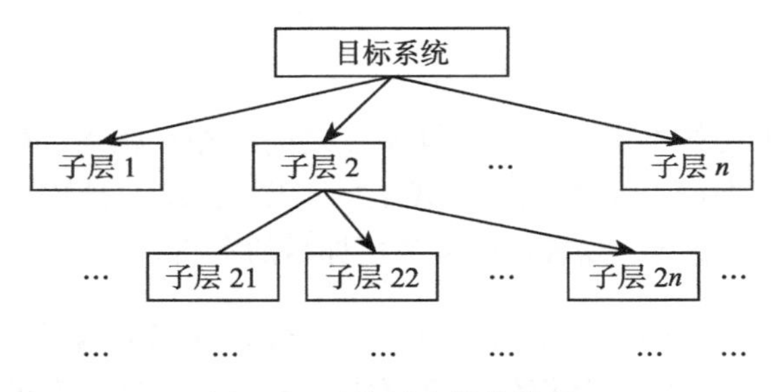

图 8.4　系统层次结构模型

- 构造判断矩阵。模型中每一层的判断矩阵都是通过对这一层的各个态势指标进行两两比较得到的，它们之间比较的标准就是这两个态势指标相对于上一层的态势指标哪个更重要。
- 层次排序。根据已经构造的判断矩阵，可以计算出系统层次模型中某一层指标的权重的排序值，然后利用一致性指标或者比率进行判断矩阵的一致性检验。
- 层次综合。综合以上得到的每个层次的结果，逐层地将这些结果综合起来以得到总目标的综合权值。

总之，层次分析法是一种定性与定量分析相结合的方法，用数值的形式将人的主观判断表达出来，并对其进行科学处理。在复杂的安全态势研究领域中，使用层次分析法能够更加准确地反映安全态势研究领域的问题。同时，这一方法虽然有深刻的理论基础，但表现形式非常简单，效率也比较高，容易被人接受和理解，因此，层次分析法是一种应用较为广泛的融合方法。

3. 集对分析法

集对分析法是处理系统确定性与不确定性相互作用的数学理论，是由我国科研工作者赵克勤于 1989 年提出的一种融合评价方法，其主要的数学工具是联系数，该方法主要用于分析不确定系统的同异反定量。

集对是由一定联系的两个集合组成的基本单位，它也是集对分析和联系数学中的一个最基本的概念。例如，时间和空间、已知和未知、教师和学生、两个数值等，都是一定条件下能看成集对的例子。集对分析在一定的问题背景下，能够对集对中的两个集合的确定性和不确定性以及确定性与不确定性的相互作用进行系统和数学分析，通常包括对集对中两个集合的特性、关系、结构、状态、趋势以及相互联系模式进行分析，这种分析一般通过建立所论两个集合的联系数进行，有时也可以不借助联系数。对集对中的两个集合作特性分析时，需要先抽象出集对中两个集合各自的特性，再对比这两个集合在哪些特性上是一致的，也就是同时具备哪些特性，弄清楚这两个集合在哪些特性上是对立、矛盾的，以及在哪些特性上既不一致也不对立矛盾。并对以上情况进行赋值，开展适当的数学运算和数学分析。从集对论的角度看，“联系数”其实也是所论集对的一种特征函数。

在对集对中的两个集合进行关系分析时，需要先具体分析所论的两集合的各种关系，这些关系中有的是确定的关系，如对应、等价关系，有的是不确定关系，如随机、非线性、模糊关系，假定分析得到的关系都是同等重要的，则把所有确定的关系数计入 A，所有不确定的关系数计入 B，再把 A 和 B 写成“联系数”：$U=A(+)Bi$ 的形式，这时的“联系数”其实也是所论集对的一种特征函数。在对集对中的两个集合进行结构分析时，需要对其中的每个集合所组成的元素作空间结构分析，包括元素的性质、元素的个数、元素的粒度、元素的分布、元素的集聚，也就是说，要先对一个集合的“结构”作分析，再去比对这两个集合的“结构”上的同异反，写出这两个集合在结构上的同异反联系数，这个同异反联系数就是所论集对的一种“结构函数”，当然，这种结构函数也是集对的一种特征函数。此外，还有对集对状态、趋势和模式的分析方法，共同组成了集对分析理论。事实上，集对分析不仅适用于只有两个集合存在的情景，也适合有多个集合存在的情景。在多个集合存在的情况下，就需要先就每两个集合写出联系数，再对得到的若干联系数做出适当的运算和分析，以解决给定的问题。

在网络安全态势感知的评估过程中，集对分析方法的大致计算流程如下：

- 针对系统的各项参数，如联系数、同异反联系度等，确定参数求解公式，并建立初始的基于集对分析的评估模型。
- 针对同异反联系中的各种关系，根据 $\mathrm{shi}(H)=a/c$ 计算值，进行统一、对立或者均衡的判定，并对同异反联系度 A、B、C 的大小取值进行进一步比较。
- 根据 $U=A+Bi+Cj$ 公式，利用组合原理定律构造关于三维态势 A、B、C 的系统态势参照表；最后，利用计算模型所得的联系值，对比上一步形成的系统态势参照表，得到系统当前的安全状态。

4. 模糊综合评价方法

20 世纪 60 年代中期，美国加州大学伯克利分校的 Zadeh 教授创立了模糊理论，该理论以模糊集合（Fuzzy Set）为基础，是专门研究和处理现实世界中事物模糊性的学科，其基本思想是接受模糊性现象存在的事实，而以处理概念模糊不确定的事物为其研究目标，并将其严密地量化成计算机能够处理的信息。针对现实中存在的大量含义确定却又难以准确表述的事物，模糊数学能够表现出比较好的表达效果。难以准确描述的事物又称为模糊事物，它的模糊性表现在事物在类属问题上只能区分程度、等级，无法具体量化，比如说今天的天气很热、一个人很优秀等。从一个等级到另一个等级没有一个确切的界限，而是经历了渐变的过程，到一定程度由量变引起了质变，这种现象称为中介过渡，而由中介过渡引起的区别程度、等级的不确定性就是模糊性。我国学者汪培庄在模糊理论的基础上提出了模糊综合评价方法，它应用模糊变换原理和隶属度原则，考虑被评价目标的主要因素和多个影响因素，对其做出综合评价，该方法受到国内外很多学者的一致认可。

模糊综合评价方法就是基于评估过程中存在的渐变引起的不确定性而提出的，它是利用模糊数学中的模糊运算法则，对非线性的评估域进行综合量化，从而得到可比的量化评估结果的过程。其分为单因素模糊综合评价法和多级模糊综合评价法，这两种类型都涉及三个关键过程，即隶属函数的确定、模糊算子的选择和结果向量的合成。

（1）隶属函数的确定

正确确定隶属函数是运用模糊集合理论解决实际问题的基础。模糊数学利用隶属函数来定量描述模糊集合，要达到此目的，隶属函数的确定很关键，常见的确定隶属函数的方法有模糊分布法、五点法、三分法、多维量表法等。以典型的模糊分布法为例，其首先选定某些带参数的函数，表示某种类型的模糊概念的隶属函数，然后再根据运用过程中的实际情况确定计算参数。如果采用柯西分布，隶属函数的主要类型有如图 8.5 所示的三种。

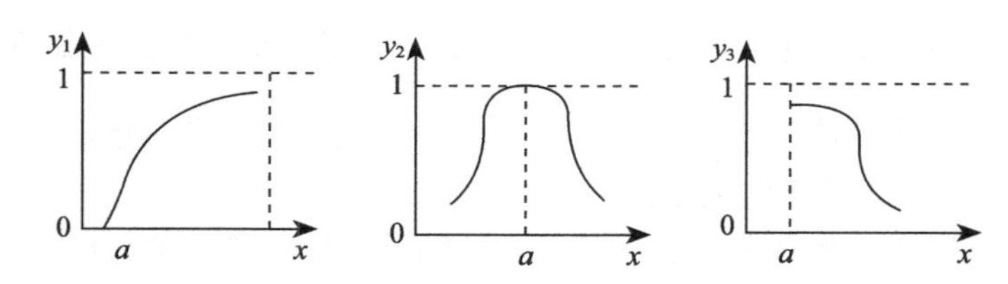

图 8.5　柯西分布的隶属函数类型图

（2）模糊算子的选择

通过对模糊权重向量 $\boldsymbol{W}$ 与模糊判断矩阵 $\boldsymbol{R}$ 进行模糊运算，可以得到模糊综合评价向量 $\boldsymbol{B}=\boldsymbol{W}\cdot\boldsymbol{R}$，其中“·”是模糊算子，它可以有不同的选择，主要类型包括主因素决定型 $M^{(\vee,\wedge)}$、主因素突出型 $M^{(\cdot,\wedge)}$、加权平均型 $M^{(\cdot,\oplus)}$ 和不均衡平均型 $M^{(\wedge,\oplus)}$。对于同一个评价对象，采用不同的模糊算子其评价结果可能不同。在实际评价过程中，应根据被评价对象的特点来选择合适的模糊算子。以上四种算子的特点如表 8.3 所示。

表 8.3　四种模糊算子的比较

比较内容	计算公式	体现权数作用	综合程度	利用判断矩阵程度
主因素决定型	$b_j=\max\limits_{1<i<n}\left\{\min\left(w_i,r_{ij}\right)\right\}$	不明显	弱	不充分
主因素突出型	$b_j=\max\limits_{1<i<n}\left\{w_i r_{ij}\right\}$	明显	弱	不充分

（续）

比较内容	计算公式	体现权数作用	综合程度	利用判断矩阵程度
加权平均型	$b_j=\sum_{i=1}^{n}w_i r_{ij}$	明显	强	充分
不均衡平均型	$b_j=\min\left\{1,\sum_{i=1}^{n}\min\left(w_i,r_{ij}\right)\right\}$	不明显	强	比较充分

（3）结果向量的合成

模糊综合评价的结果是一个向量的形式，结果向量表示被评价对象对各评价等级模糊子集的隶属度，因此它能提供更为丰富的信息。在实际运用过程中，往往需要知道具体的评价分值，这就需要以某种数学的方法对评价结果向量进行合成，典型的如以下两种方法：

- 最大隶属原则法：模糊综合评价结果向量表示为 $\boldsymbol{B}=(b_1,b_2,\cdots,b_n)$，若$b_r=\max\limits_{1\leqslant j\leqslant n}\left\{b_j\right\}$，则将评估结果定为第 r 等级。由于该方法只利用模糊结果向量的部分信息，可能会得出不合理的评价结果，因此适用范围有限。
- 分段赋值法：根据实际问题的要求，确定各评价等级的具体数值，然后用模糊评价结果中对应的隶属度将分值进行加权平均，进而得到一个点值。假设给 n 个评价等级依次赋以分值 $u_1,u_2,\cdots,u_n$，则综合评价值为$\boldsymbol{Z}=\boldsymbol{B}\boldsymbol{U}^{\mathrm{T}}=\sum_{j=1}^{n}b_j u_j$，由 $\boldsymbol{Z}$ 的分值可以决定评价对象的级别。该方法充分利用了模糊结果向量中的信息，兼顾了整体特性，适用范围较广。

以上是模糊综合评价方法的三个关键步骤，由于其可分为单因素模糊综合评价法和多级模糊综合评价法两种，下面来具体看一下这两种方法的差异。

- 单因素模糊综合评价法

单因素模糊综合评价法的主要过程为：根据评价的对象确定评价指标集合 $U=\{u_1,u_2,\cdots,u_n\}$，确定评价等级集合 $V=\{v_1,v_2,\cdots,v_n\}$，如可以用“一般”“严重”等来表示网络安全状态的程度或等级，在评价等级 V 中，可以设定 v_1=“一般”，v_2=“比较严重”，v_3=“严重”，v_4=“非常严重”，进而统一各个层次的评估因素；建立指标的模糊判断矩阵 $\boldsymbol{A}=(a_{ij})_{n\times n}$，其中 $\boldsymbol{a}_i=(a_{i1}, a_{i2}, \cdots, a_{in})$ 代表第 i 个指标对 n 个评价等级的隶属度向量；求解指标的权重向量 $\boldsymbol{W}=(\omega_1, \omega_2, \cdots, \omega_{\mathrm{k}})$，为减少主观因素影响，综合网络安全管理员对各项评价准则和评价因素相对重要性的判断，对指标体系采用模糊层次分析法确定权重向量；进而计算评价结果向量为：

$$\boldsymbol{Z}=\boldsymbol{W}\cdot\boldsymbol{A}=\left(\omega_1,\ \omega_2\cdots,\ \omega_k\right)\cdot\begin{pmatrix}a_{11} & a_{12} & \cdots & a_{1n}\\ a_{21} & a_{22} & \cdots & a_{2n}\\ \vdots & \vdots & & \vdots\\ a_{k1} & a_{k2} & \cdots & a_{kn}\end{pmatrix}=\left(z_1,\ z_2,\ \cdots,\ z_n\right)$$

- 多级模糊综合评价法

由于网络是一个复杂的系统，衡量网络安全状态需要考虑诸多因素，而权重难以细分，或因各权重都太小，使得评价失去实际意义，因此可根据指标集合中各指标的相互关系，把指标按不同属性进行分类，首先在因素较少的每一类中进行综合评价，再对综合评价的结果进行类之间的高层次评价。因此整个评价过程为：设第一级评价因素集 U 包含 m 个子集 $\{u_1,u_2,\cdots,u_m\}$，其中 $u_i(i=1,2,\cdots,m)$ 包含若干个具体的评价指标，对应的权重集合 W 为 $(\omega_1,\omega_2,\cdots,\omega_m)$。把每一个 u_i 看成是一个综合评价的目标，它的子指标集合构成第二级评价因素级 $u_i=\{u_{i1},u_{i2},\cdots,u_{ij}\}$，对应的权重集为 $\omega_i=\{\omega_{i1},\omega_{i2},\cdots,\omega_{ij}\}$，由前面单因素模糊综合评价法得到 u_i 的评价结果向量为 $\boldsymbol{Z}_i=\{z_{i1},z_{i2},\cdots,z_{in}\}$，二级综合评价数学模型为：

$$\boldsymbol{Y}=\boldsymbol{W}\cdot\begin{pmatrix} z_{11} & \cdots & z_{1n} \\ \vdots & & \vdots \\ z_{m1} & \cdots & z_{mn} \end{pmatrix}=\left(y_1,y_2,\cdots,y_n\right)$$

总的说来，基于逻辑关系的融合评价方法和基于数学模型的融合评价方法的前提都必须是确定的数据源，但是当前网络安全设备提供的数据在一定程度上都是不完整、不精确的，甚至存在着矛盾，包含了大量不确定性信息的数据（尽管会经过一定的预处理，但还是难以消除其不确定性），而态势评估必须借助这些数据来进行推理，因此这两种直接基于数据源的融合方法都具有一定的局限性，难以处理网络系统中存在的不确定性。而下面将介绍的基于概率统计的融合评价方法能较好地解决不确定性问题，弥补了这方面的不足。

8.6.3　基于概率统计的融合评价方法

基于概率统计的融合评价方法充分利用先验知识的统计特性，结合信息的不确定性，建立态势评估的模型，然后通过模型评估网络的安全态势。贝叶斯网络和隐马尔可夫模型是最常见的基于概率统计的融合评价方法。

1. 贝叶斯网络

贝叶斯网络是一种概率关系的图像描述，适用于不确定性和概率性事物的推理，是概率分析和图论结合的产物，是人工智能领域在不确定性环境中进行知识表示和推理的一种有效工具。网络安全态势评估是广泛的高层次的评估，数据来源类型众多，结果类型也丰富多样，对于网络安全态势评估来说采用贝叶斯网络是一个有效且可行的方法。贝叶斯是一种有向图模型，其主要功能就是进行概率推理。该模型是一种新的知识表示模型，用概率来表示知识的不完全、不确定性。

贝叶斯网络是描述变量间概率关系的图形模式，通常由有向无环图和条件概率表组成。如图 8.6 所示，在有向无环图 S 中，每个节点表示一个随机变量 X_i（可以是能直接观测到的变量也可以是隐含变量），其中 π_i 为节点 X_i 的父节点的集合；每条有向边表示随机变量间的条件概率关系，在条件概率表中的每个元素对应于有向无环图中的一个节点，表中存储了与该节点有直接关系的前驱节点的联合条件概率 $P(X_i|\pi_i)$。

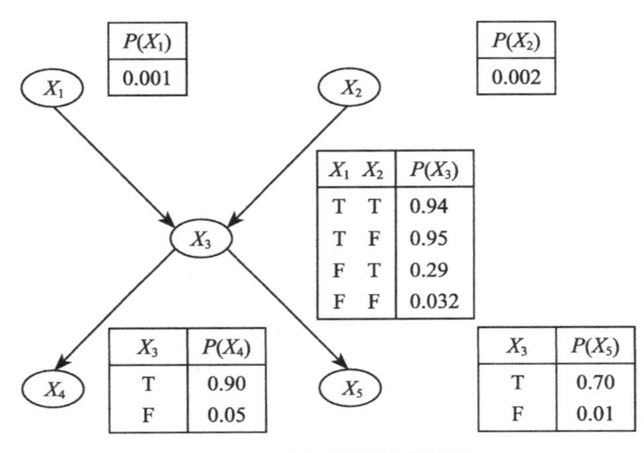

图 8.6　贝叶斯网络模型图

贝叶斯网络的一个显著特征是它提供了一种将联合分布分解为几个局部分布的乘积形式的方法。它的图形体现显示了变量间的概率依赖关系，具有清晰的语义特征，这种独立的语义指明怎样组合这些局部分布来计算变量之间联合分布的方法。由贝叶斯概率的链规则可得：

$$P(X_1,X_2,\cdots,X_n)=P(X_1)P(X_2|X_1)\cdots P(X_n|X_1,\cdots,X_{n-1})$$

对于任意 X_i，可以找到与它条件不独立的最小子集 $\theta_i \in \{X_1,X_2,\cdots,X_{i-1}\}$，并使得

$$P(X_1,X_2,\cdots,X_n)=\prod P(X_i|\theta_i)$$

因为最小子集中的变量为 X_i 的父节点，于是变量集的联合概率分布可表示为：

$$P(X_1,X_2,\cdots,X_n)=\prod P(X_i|P_{ai})$$

于是对于任意一个变量 X_i 都有

$$P(X_i|X_1,X_2,\cdots,X_n)=\prod P(X_i|\theta_i)$$

该式即为贝叶斯网络的数学表达式，也是贝叶斯网络的核心思想。

在网络安全态势评估中采用贝叶斯网络方法具有很好的实用价值，可以实现整个网络

安全态势的等级划分，也可以实现对具体的某种态势的判断。贝叶斯网络的优点还包括：有效地结合了人工智能中的神经网络和贝叶斯理论，并且采用有语义性的推理技术，可以很好地反映出推理的过程。但由于贝叶斯理论会强迫所有传感器在抽象级上以贝叶斯可信度做出响应，使得特定传感器不能用精确的可信度表示抽象级。贝叶斯网络与数据融合相比来说，实现相对简单，但是需要较多的先验知识。

在网络安全态势评估中，贝叶斯网络是一个有向无环图 $G=\langle V, E\rangle$，节点 V 表示不同的态势和事件，每个节点对应一个条件概率分配表，节点间利用边 E 进行连接，反映态势和事件之间概率依赖关系，在某些节点获得证据信息后，贝叶斯网络在节点间传播和融合这些信息，从而获取新的态势信息。国内外研究人员对贝叶斯网络用于态势评估的例子很多，如以色列 IBM 海法实验室的 Etzion 等在不确定性数据融合方面做了大量的研究工作，Etzion 等和 Gal 提出利用贝叶斯网络进行态势感知；Oxenham、Holsopple 和 Sabata 等基于贝叶斯网络，通过融合多源数据信息评估网络的攻击态势；李伟生等根据网络安全态势和安全事件之间不同的关联性建立态势评估的贝叶斯网络模型，并给出相应的信息传播算法，以安全事件的发生为触发点，根据相应的信息传播算法评估网络的安全态势。

2. 隐马尔可夫模型

隐马尔可夫模型（Hidden Markov Model，HMM）相当于动态的贝叶斯网络，它是一种广泛使用的、采用双重随机过程的统计模型，是在马尔可夫链的基础上发展起来的。由于实际问题比马尔可夫模型所描述的更为复杂，观察到的事件并不是与状态一一对应，而是通过一组概率分布相联系，这样的模型就称为 HMM。HMM 是一个输出符号序列的统计模型，具有 N 个状态 S_1，S_2，…，S_n，它按一定的周期从一个状态转移到另一个状态，每次转移时输出一个符号。转移到哪一个状态、转移输出什么符号分别由状态转移概率和转移时的输出概率决定。因为只能观察到输出符号序列，不能观测到状态转移序列（即模型输出符号序列时，通过了哪些状态路径是不知道的），因而称之为“隐”马尔可夫模型。

一个 HMM 可以由一个 5 元组（N, M, π, A, B）来表示，其中：

- N：表示模型中马尔可夫链状态数目。记 N 个状态为 $\theta_1,\theta_2,\cdots,\theta_N$，记 t 时刻马尔可夫链所处状态为 q_t，显然 $q_t\in(\theta_1,\theta_2,\cdots,\theta_N)$。
- M：表示每个状态对应的可能的观察值数目。记 M 个观察值为 $v_1,v_2,\cdots,v_M$，记 t 时刻的观察值为 O_t，则 $O_t\in(V_1,V_2,\cdots,V_M)$。
- $\boldsymbol{\pi}$：表示初始状态概率矢量，$\boldsymbol{\pi}=(\pi_1,\pi_2,\cdots,\pi_N)$，其中 $\pi_1=P(q_1=\theta_i)$，$1\leqslant i\leqslant N$。
- A：表示状态转移概率矩阵，$\boldsymbol{A}=(a_{ij})_{N\times N}$，而 $a_{ij}=P(q_{t+1}=\theta_j/q_t=\theta_i)$，$1\leqslant i,j\leqslant N$。
- B：代表可观察符号的概率分布，$B=\{b_{ijk}\}$，$1\leqslant i,j\leqslant N,1\leqslant K\leqslant M$ 表示在 θ_j 状态输出可观察符合 v_k 的概率。

HMM 的 3 个基本算法：

- 前向后向算法：用来计算给定一个观察值序列 $O=O_1,O_2,\cdots,O_T$，以及一个模型 $\lambda=(\pi,A,B)$ 时，由模型 λ 产生出 O 的概率 $P\left(\frac{O}{\lambda}\right)$。
- Viterbi 算法：解决了给定一个观察值序列 $O=O_1,O_2,\cdots,O_T$ 和一个模型 $\lambda=(\boldsymbol{\pi},\boldsymbol{A},B)$，在最佳意义上确定一个状态序列 $Q^*=q_1^*,q_2^*,\cdots,q_T^*$ 的问题。
- Baum-Welch 算法：解决了 HMM 训练，也就是 HMM 参数估计问题，给定一个观察值序列 $O=O_1,O_2,\cdots,O_T$，该算法能够确定一个 $\lambda=(\boldsymbol{\pi},\boldsymbol{A},B)$，使得 $P\left(\frac{O}{\lambda}\right)$ 最大。

在网络安全态势评估中，将网络安全状态的转移过程定义为隐含状态序列，将按照时序获取的态势因素定义为观察值序列，利用观察值序列和隐含状态序列训练 HMM 模型，然后运用模型评估网络的安全态势。Arnes 和 Ourston 等将网络安全状态的变化过程模型化为隐马尔可夫过程，并通过该模型获取网络的安全态势。

基于概率统计的融合方法能够融合最新的证据信息和先验知识，而且推理过程清晰，易于理解。但是该方法存在以下局限性：一是统计模型的建立需要依赖一个较大的数据源，在实际工作中会占有很大的工作量，且模型需要的存储量和匹配计算的运算量相对较大，容易造成维数爆炸的问题，影响态势评估的实时性；二是特征提取、模型构建和先验知识的获取都存在一定的困难。

8.6.4　基于规则推理的融合评价方法

该方法主要对多数据源多属性数据进行处理，借助证据理论、模糊集合、数理统计等基础理论知识，利用先验理论建立网络安全态势评估模型，并选择逻辑推理知识确定网络安全态势状况。网络安全态势评估中常用的基于规则推理的融合评价方法主要有两种：基于模糊理论的逻辑推理和基于 D-S 证据理论的概率推理。

1. 基于模糊理论的逻辑推理

在态势评估过程中处理不确定性信息时，通常会使用到模糊理论。模糊处理过程比较简洁，首先是对不确定性信息的模糊化，之后对模糊化数据进行模糊逻辑推理，最后解除模糊化。该过程最终确定模糊集的隶属关系，并且以逻辑表达式进行描述。评估过程中经常用到的有直觉模糊集、区间值模糊集等。关于模糊集相关最新研究也被借鉴到网络安全态势评估领域。

模糊理论引入了部分集合成员的新颖概念。一个模糊集 $F\subseteq X$ 由逐步隶属函数 $\mu_F(x)$ 在

区间 [0,1] 定义为：$\mu_F(x)\in[0,1],\forall x\in X$，其中隶属程度越高，表示越多的 x 属于 F，这就让模糊数据融合有了一个高效的解决方法，那就是使用逐步隶属函数模糊，或者部分传感数据模糊化。模糊数据可以用模糊规则融合来产生模糊融合输出。模糊规则可分为连接型和分离型。

连接型的例子如下：

$\mu_2^{\cap}=\min\left[\mu_{F_1}(x),\mu_{F_2}(x)\right],\forall x\in X$ 表示两个模糊集的标准交集。

$\mu_2^{\cap}=\mu_{F_1}(x)\cdot\mu_{F_2}(x),\forall x\in X$ 表示两个模糊集的乘积。

分离型模糊规则的例子如下：

$\mu_1^{\cup}=\max\left[\mu_{F_1}(x),\mu_{F_2}(x)\right],\forall x\in X$ 表示两个模糊集的标准合集。

$\mu_2^{\cap}=\mu_{F_1}(x)+\mu_{F_2}(x)-\mu_{F_1}(x)\cdot\mu_{F_2}(x),\forall x\in X$ 表示两个模糊集的代数和。

当融合数据由同等可靠的源提供时，采用连接型模糊融合规则更为合适；当有一个源被认为可靠而另一个不可知或者融合高度冲突时，采用分离型融合规则更为合适。因此一些自适应模糊融合规则作为两种类别的折中型被开发出来，以便于在两种情况下都能使用。采用自适应模糊融合规则的例子如下：

$$\mu_{\text{Adoptive}}=\max\left\{\frac{m\mu_i^{\cap}}{h\left(\mu_{F_1}(x),\mu_{F_2}(x)\right)},\min\left\{1-h\left(\mu_{F_1}(x),\mu_{F_2}(x)\right),\mu_j^{\cup}\right\}\right\},\ \forall x\in X$$

其中 $h\left(\mu_{F_1}(x),\mu_{F_2}(x)\right)$ 为逐次隶属函数 $\mu_{F_1}(x)$ 和 $\mu_{F_2}(x)$ 之间的冲突程度，定义为：

$$h\left(\mu_{F_1}(x),\mu_{F_2}(x)\right)=\max\left(\min\mu_{F_1}(x),\mu_{F_2}(x)\right),\ \forall x\in X$$

其中 $\mu_i^{\cap}$ 和 $\mu_j^{\cup}$ 分别为连接型和分离型模糊融合规则。

模糊逻辑提供了一种处理人类认知不确定性的数学方法，对于模型未知或不能确定的描述系统，应用模糊集合和模糊规则进行推理，实行模糊综合判断，特别有用。在网络安全态势评估中，首先对单源数据进行局部评估，然后选取相应的模型参数，对局部评估结果建立隶属度函数，将其划分到相应的模糊集合，实现具体值的模糊化并将结果进行量化。量化后，如果某个状态属性值超过了预先设定的阈值，则将局部评估结果作为因果推理的输入，通过模糊规则推理对态势进行分类识别，从而完成对当前态势的评估。国内外学者对基于模糊理论进行态势评估开展了广泛的研究，如 Rao 等人利用模糊逻辑与贝叶斯网络相结合的方法，对多源数据信息进行处理，生成宏观态势图；李伟生等使用模糊逻辑的方法处理事件发生的不确定性，基于一定的知识产生对当前态势的假设，并使用 D-S 方法对获得的信息进行合成，从而构造一个对作战空间态势进行分析、推理和预测的求解模型。

2. 基于 D-S 证据理论的概率推理

1967 年，Dempster 提出了 D-S 证据理论原型，并给出了上、下界概率的概念，后来他的学生 Shafer 继续研究他的理论，将其推广和发展到一个更加一般的情形，并发展成完整的理论，也就是 D-S 证据理论。该理论是对概率论的进一步扩充，适合于专家系统、人工智能、模式识别和系统决策等领域的实际问题。D-S 证据理论可处理由“未知”所引起的不确定性。作为数据融合的一种主要实现手段，D-S 证据理论构造了对“未知”的定性或定量分析的方法。

在 D-S 证据理论中，一个样本空间称为一个辨识框架，用 Θ 表示。Θ 由一系列对象 θ_i 构成，对象之间两两相斥，且包含当前要识别的全体对象，即 $\Theta=\{\theta_1,\theta_2,\cdots,\theta_n\}$。$\theta_i$ 被称为 Θ 的一个单子，只含有一个单子的集合称作单子集合。

D-S 证据理论的基本问题是：已知辨识框架 Θ，判明测量模板中某一未定元素属于 Θ 中的某一个 θ_i 的程度。对于 Θ 的每一个子集，可以指派一个概率，称为基本概率分配。

假定令 Θ 为一论域集合，2^Θ 为 Θ 的所有子集构成的集合，称 $m:2^\Theta \to [0,1]$ 为基本概率分配函数，它满足如下定理：

$$\sum_{A\in P(\Theta)} m(A)=1,\ m(\Phi)=0$$

式中 $P(\Theta)$ 表示幂集。

D-S 证据理论的一个基本策略是将证据集合划分为两个或多个不相关的部分，并利用它们分别对辨识框架独立进行判断，然后用 Dempster 组合规则将它们组合起来。Dempster 组合规则的形式为：

$$m(A)=\frac{1}{1-k}\sum_{\substack{A_i,B_j\\ A_i\cap B_j=A}} m_1(A_i)m_2(B_j),\ A\neq 0,m(\Phi)=0$$

式中，

$$k=\sum_{A_i\cap B_j=\Phi} m_1(A_i)m_2(B_j)$$

反映了证据之间冲突的程度。

D-S 证据理论的核心是 Dempster 证据组合规则，设 $m_1,m_2,\cdots,m_n$ 是识别框架 Θ 上的基本概率分配函数，则多概率分配函数的正交和 $m=m_1\cdot m_2\cdot\cdots\cdot m_n$ 表示为：

$$\begin{cases} m(A)=\dfrac{1}{1-k}\sum\limits_{\cap A_i=A}\prod\limits_{1\leqslant j\leqslant n}m_j(A_i) & (A\neq\Xi) \\ m(\Xi)=0 \end{cases}$$

上式中，$k=\sum\limits_{\cap Ai=\Xi}\prod\limits_{i\leqslant j\leqslant n}m_j(A_i)$称为不一致因子，用来反映融合过程中各证据之间冲突的程度，$0\leqslant k\leqslant 1$，k 越大，证据间冲突越激烈，矛盾就越明显；而$\dfrac{1}{1-k}$是修正因子（组合规则的归一化系数），Dempster 对它的引入完善了识别框架。

D-S 证据理论的特点是允许对各种等级的准确程度进行描述，并且直接允许描述未知事物的不确定性。在 D-S 证据理论中使用了一个与概率论相比较弱的信任函数，信任函数的作用就是能够准确地把不知道和不确定之间的差异区分开来。当贝叶斯随机试验中的假设 $O_1,O_2,O_3,\cdots,O_n$ 相互之间没有交集且假设没有非确定因素的时候，D-S 证据理论的计算结果与贝叶斯方法的计算结果相同，即当假设出现的概率确定时，D-S 证据理论在本质上就是经典的概率论。因此，可以把概率论看成是 D-S 证据理论在特定条件下的表现。D-S 证据理论能够在不知道假设的概率时使用，比概率论的使用范围更广。当问题中出现非确定的因素或者需要将这些不确定的因素进行合成时，D-S 证据理论就是最合适的方法。

在 D-S 证据理论的计算中，我们可以通过逐步地把两个证据进行合成来实现对 n 个证据的合成，以等效于同时对 n 个证据进行合成，如图 8.7 所示。

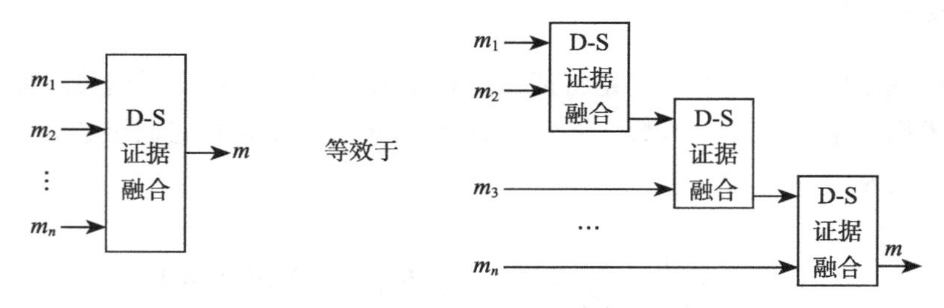

图 8.7　D-S 证据理论中证据的合成图

在网络安全态势评估过程中，可以引入基于 D-S 证据理论的概率推理方法，它的主要步骤是：首先，确定证据和命题之间的各种逻辑关系，对应到实际的系统便是确定实体、安全指标和安全状态之间的逻辑关系，生成基础的概率分配；然后，依据每一个实体上报的安全事件信息，即证据，并对这些证据依据证据预定义规则进行合成，获得新的基本概率分配，利用决策逻辑判断生成结果，选择置信度最高的命题为备选命题；最后，新证据连续地上传上来，重复刚才的过程，直到备选命题的置信度达到预先设置的参考值，也就是命题成立。

上述两种方法相对比，模糊理论适合在一个不确定对象类中把不确定目标的模糊成员模型化，而概率和证据理论则适合在一个确定对象类中把不确定的目标成员模型化，模糊理论需要事先了解不同模糊集的隶属函数，而概率和证据理论则需要事先了解概率分布。作为一个强大的表示模糊数据的理论，模糊集在人类专家以语言的方式产生的模糊数据的表示和融合中特别有用，它经常被以互补的方式集成于概率和证据融合算法中。总的来说，基于规则推理的融合方法不需要精确了解概率分布，当先验概率很难获得时该方法更为有效，但是缺点是计算复杂度高，而且当证据出现冲突时，方法的准确性会受到严重的影响。

由于网络攻击行为具有分布性特点，而且不同的网络节点采用不同的安全设备，使得采用单一的融合评价方法评估整个网络的安全态势存在很大的难度。我们在进行网络安全态势感知系统建设过程中，应当结合网络态势感知多源数据融合的特点，对具体问题进行具体分析，有针对性地对目前已经存在的各种数据融合方法进行改进和优化。在保证准确性的前提下，提高算法的性能，尽量降低额外的网络负载，提高系统的容错能力。另一方面可以结合各种算法的利弊进行综合利用，从整体上提高态势评估的准确率。

第9章

网络安全态势可视化

图表世界充满魔法。一条曲线可以显示一瞬间的全部情况——人类历史汇总的流行病情况、恐慌趋势或繁荣时代。仅仅一条曲线就能让我们明白，激发我们的想象力，让事情变得有说服力。

——亨利·哈伯德，景观设计师、教育家

9.1 引言

目前已知的对人类认知最有效的方式就是通过视觉感知。网络安全态势感知整个过程的任意部分几乎都可以进行可视化，这是由于大数据可视化技术的推动。但是如何快速、准确、完整、有效地将态势传达给安全决策者是非常具有挑战性的问题。相对于地理空间和物理实体的可视化，态势感知的可视化挑战主要在于对抽象概念要素的处理，即数据信息的可视化。虽然对原始数据或海量数据进行可视化的技术很多，但仍难以解决如何表示态势以及如何呈现当前状态和未来趋势以更好地辅助决策等问题。从时空两个维度进行态势的呈现比单纯地通过地理空间进行展示要难得多。对于任何一种类型的可视化技术，整个过程可见、数据可追溯、可比对分析都是非常重要的。

在网络安全态势感知的整个数据信息交流过程中，可视化能起到十分重要的支持作用，但它也不应该是数据交流的唯一方式。如果我们用一句话或者通过一个简单的表格就能很好地说明，那么也没有必要非用可视化的形式表现。我们所要做的是将过去、现在以及未来串接成一个含有上下文的故事，而这个故事必须具备两个基本的属性，那就是真实性和关联性。用一堆假数据营造出一个个酷炫的效果图，不但无法还原事实真相，还会误导人们造成错误的决策。而缺少关联性的可视化就像一盘散沙，让人难以对信息片段进行拼接和整合，还原出事件的来龙去脉。因此，态势可视化的基本标准就是真实和可关联。

本章将从数据可视化基本理论、网络安全态势可视化定义、可视化设计原则和思路、网络安全态势可视化形式等方面，带领读者快速浏览态势可视化涉及的关键问题。

9.2 数据可视化基本理论

9.2.1 数据可视化一般流程

在早期的数据可视化系统中，可视化流程采用流水线模型。该模型以数据为中心，描述了从数据空间到可视化空间的映射，对数据进行串行处理，主要包括数据采集、数据分析、数据预处理、数据滤波、数据的可视化映射和绘制等阶段。流水线实际上是数据处理和图形绘制的嵌套组合。流水线模型如图 9.1 所示。

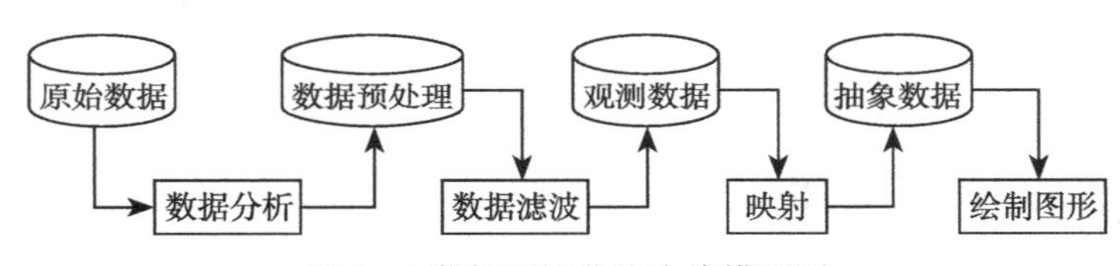

图 9.1　数据可视化流水线模型图

可视化分析的基本流程通过人机交互将自动和可视化分析方法紧密结合。典型的可视化分析流程如图 9.2 所示。该流程图的起点是原始输入数据，终点是对数据提炼形成的知识库。从数据到知识库有两个途径：交互的可视化方法和自动的数据挖掘方法，其中间结果分别是对数据的交互可视化结果和从数据中提炼的数据模型。也就是说，既可以通过参数调整来实现可视化结果的修正，也能够通过交互的方式修正可视化结果。

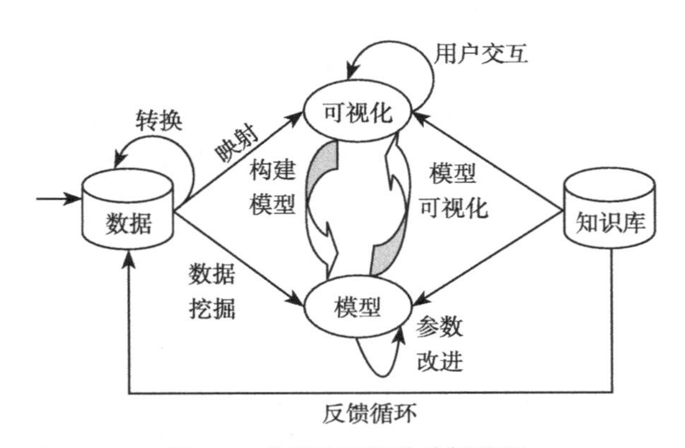

图 9.2　典型的可视化分析流程

在多数情况下，异构数据需要在可视化分析或自动分析之前进行数据整合，因此对于可视化而言，起初就需要将数据进行预处理并变换，转换成不同的表达形式以便于后续分析。除此以外，预处理还应包括数据格式规范、数据源集成、数据分类、数据筛选等任务。

将数据进行变换后，数据分析人员可以选择自动分析或者可视化分析方法。其中，自动分析方法采用数据挖掘方式生成数据模型，用于交互地评估和改进旧的数据模型；可视化分析方法通过提供界面，在自动分析的基础上修改参数或选择分析算法，增强模型评估效率，为发现新的规律和结论提供支持。

在任意的可视化分析模型中，人永远作为核心因子而存在。一方面，机器智能只能够部分替代人所承担的工作；另一方面，人是最终的决策者，是知识的加工者和使用者。因此，数据可视化工具的目标是增强人的能力，而不能完全替代人。在很多情况下，问题十分复杂，机器很难解决，这就要求构建可视化工具以提高工作效率。但要知道，可视化工具是临时性监控与调试工具，不是长期的必需工具。

总之，数据可视化流程中的核心因素包括数据表示与变换、数据的可视化呈现和用户交互。

9.2.2　可视化设计原则与步骤

数据可视化最重要的任务就是准确展示和表达数据所包含的信息。在此基础上，针对特定的用户对象，设计者可根据用户的预期和需求，提供有效辅助手段以方便用户理解数据和完成可视化过程。可视化追求的目标是简单化的可视化表达，复杂的可视化可能导致误判和对原始数据的误解；直观交互控制方式有利于用户以主观上更直观的方式获得可视化包含的信息；美学因素会影响信息传播和表达手段。总之，良好的可视化可提高人们获取信息的能力。

本小节提供了可视化设计的指导原则和思路，有助于读者从可视化设计中获益。设计和制作一个可视化视图包括三个主要步骤：确定数据到图形元素（即标记）和视觉通道的映射；视图选择与用户交互控制设计；数据筛选，通过有限的可视化视图空间选择一定容量的信息完成编码操作，保持合理的数据信息密度。为了提高可视化结果的有效性，可视化设计还包括颜色、标记和动画设计等。

1. 数据到可视化元素的映射

首先要考虑数据语义和用户特征，以便选择合适的数据到可视化元素（标记和视觉通道）的映射。可视化的目的就是能为用户提供最短时间内获取数据整体信息的功能，而通过直接观察数据不能够完成这个目的。如果设计者能够预测用户在观察和使用可视化结果时的行为和期望，从而指导可视化设计流程，可在一定程度上提高可视化设计的可用性和功能性。

为了减少对信息感知和认知所需的时间，数据到可视化元素的映射需充分利用先验知识。数据到可视化元素的映射还要求设计者使用正确的视觉通道以编码数据信息。视觉通道选择需要依据数据类别；对于有序数据而言，需要用定量或定序的方式进行编码，完成视觉通道的建立。

2. 交互设计与视图选择

交互设计与视图选择因不同的数据类型而不同，简单的数据对应基本的可视化视图，复杂的数据需要使用复杂的可视化视图，还要抽象出新视图以有效展示数据所包含的信息。可视化系统必须提供一系列交互手段，使用户按照自己的方式修改视图表现形式，无论使用多个视图还是一个视图，每个视图都必须使用简单有效的方式进行归类。视图常用的交互方式有：

- 数据映射方式的控制：在可视化设计时，设计者首先要确定一个直观且易于理解的数据可视化映射。完善的可视化系统在提供默认数据映射方式的前提下，仍然需要保留数据映射方式的交互控制。
- 滚动与缩放：当数据无法在当前有限的分辨率下完成显示时，滚动和缩放变得十分有效。在对数据进行可视化映射之前，用户通常会对数据进行缩放并裁剪可视化数据范围，进而控制最终的可视化数据内容。
- LOD（Level of Detail）控制：在不同条件下，细节层次控制有助于隐藏或突出显示数据的细节内容。

3. 数据的筛选密度

一个良好的可视化方式应能够为用户提供数据的筛选操作，以展示合适的部分，使得用户可在恰当的时间选择恰当的内容。另一种解决方案是通过使用多视图，根据数据相关性来显示不同数据。

4. 审美因素

在可视化过程中，色彩是广泛使用的视觉通道形式，也是常常被过度甚至错误使用的一个重要视觉参数。使用多种不同颜色表示大量数据特征可能导致可视化结果的视觉混乱，以致适得其反。除此以外，由于人的感知判断基于相对判断，对颜色来说尤其如此，因此在进行颜色选取时需要特别谨慎，在某些特殊领域还要考虑色觉障碍用户等因素，使得可视化显示结果准确地表达将传递给用户的相关信息。可视化的审美因素并不是可视化最主要的目标，但具有更多美感的可视化设计更容易吸引用户的注意力，完美的可视化必定是功能与形式的完美结合。在可视化设计的方法中，提高可视化的美学特性可以总结为三点：将用户的注意力聚焦至最重要的核心区域；可视化设计空间平衡；图形尽可能简单明了，不要有过多干扰信息。

5. 图形元素参数设置

在色彩空间中，颜色通常采用三个分量值进行表示，因此在同一个可视化视图中像素点的颜色仅有一种编码规则，当颜色的两种数据编码规则在用户所见的视图空间中存在相互遮挡时，可视化的设计者必须从中选择一种予以显示。为了便于用户在观察和探索数据可视化时从整体把握，可以引入透明度和颜色混合效果等，它们能够为可视化视图提供数据可视化的上下文信息内容，便于观察者对全局进行把握。

9.3　什么是网络安全态势可视化

随着信息技术和网络的快速发展，计算机网络资源共享越来越普及，网络安全形势和挑战日益严峻。面对网络安全所面临的种种问题，必须寻求新的方法，以帮助安全分析人员更快速、有效地识别网络中的攻击和异常事件。一个较为实用的方法就是将网络数据以图像的方式表现出来，利用人们的视觉功能来处理这些庞大的数据信息，因此可视化技术被引入网络安全领域。

网络安全态势可视化是将数据可视化技术应用于网络安全领域，利用人类视觉对模型和结构的获取能力，将抽象的网络和系统数据以图形图像的方式展现出来，帮助安全分析人员分析网络状态，识别网络异常和入侵，预测网络安全事件发展趋势。它不仅能有效解决传统分析方法在处理海量信息时面临的认知负担过重、缺乏对网络安全全局的认识、交互性不强、不能对网络安全事件提前预测和防御等一系列问题，而且通过在人与数据之间实现图像通信，使得人们能够观察到网络安全数据中所隐含的模式，为揭示事件发展规律和发现潜在安全威胁提供有力的支持。

“一图胜千言”，视觉感知方式是人类认知最有效的方式。与其他交流沟通方式相比，在网络安全态势感知中使用可视化方式更有其独特优势，具体表现在以下几个方面。

- 态势可视化能快速地进行复杂的信息交流。描述性的统计（均值、中位数、方差等）能够进行一定程度的数据描述，但会存在丢失数据之间细微联系的问题。态势可视化能够将数据损耗降到最小，而且也会在极短的时间内呈现出巨大数据量的信息。
- 态势可视化能识别潜在模式。统计学方法或者其他数据描述方式很难发现一些模式特征，通过可视化方法却可以揭示出来。在使用可视化方式展现态势时，网络安全数据中存在的模式或者多个数据之间的关系都会展现出来。
- 态势可视化能实现质量控制。借助于可视化方法往往能在态势提取，也就是数据的收集准备预处理阶段发现错误和异常数据。可视化方式是快速检测工作结果合理性的好办法。
- 态势可视化可引导发现知识。用可视化的方法辅助进行头脑风暴式的讨论交流，能够引发很多新颖想法，将网络安全人员导向不同的观察视角，有助于思考、发现更多的潜在威胁和风险。

9.4 网络安全态势可视化形式

9.4.1 层次化数据的可视化

层次化数据是常见的数据类型，重点表示个体之间的某种关系。这种关系主要表现为两类：包含和从属。在社会或组织中，同样存在着分层的从属关系。除了包含和从属关系外，层次化数据也可以表示逻辑上的承接关系。例如决策树，其中一个节点表示一个问题，相应的答案对应不同分支而连接到下一层节点，最底层的叶节点则通常对应最后的决策。家谱图描述父母和子女关系，是一种前后承接的层次关系图。在现实世界中数据间都有内在的层次化关系，这是一种非线性结构关系，也称作图形结构。

与各类层次化数据相关的可视化是长期研究的题目。层次化数据可视化的要点是对数据中层次关系（图形结构）的有效刻画，可采用不同的视觉符号来表示不同的关系类型，层次化数据可视化有以下几种主要类别。

- 节点间的链接：由点到线的绘制方式，节点之间的链接表示某种承接的连接关系。代表技术有空间树、二叉树等。该方法直观清晰，特别擅长表示承接的层次关系。但是当个体数目太多时，其可读性会变得很差，大量数据节点聚集在局部范围，屏幕空间利用率很低。
- 空间填充：采用空间中的块状区域表示数据个体，用外层区域对内层区域的包围表示彼此之间的层次关系。树图是其典型的代表方法。与节点间的链接法相比，这种方法更适合于包含和从属关系的数据的可视化，具有高效的屏幕利用率，可呈现更多的数据。此方法的缺点在于数据中的层次信息表达不如节点链接法清晰，相对来说复杂一点。
- 混合方法：混合的思路是在前面的基础上，根据空间维度（二维或三维）及布局方法（正交、径向、自由布局）做了进一步分类。这样的层层分类本身也是一种层次结构，可采用空间填充方法进行可视化。

9.4.2 网络数据的可视化

在数据结构层面，“网络”也称作图，相比于树形结构，这是一种非线性关系数据类型，但表达的关系更自由和复杂。在图结构中，图 G 由一个有穷节点集合 V 和一个边集合 E 组成。常将节点称为顶点，边是顶点的有序偶对，若顶点间存在一条边，表示这两个顶点具有相邻关系。

类似地，在数据层面，网络型数据也有别于层次化数据，现实人类社会和虚拟网络社会的方方面面都存在网络型数据，如电话通信、邮件往来、社交网络、学术合作网、生物基因网、城市交通网、金融交易网等。相对应地对网络型数据的可视化和分析可揭示数据背后所隐藏的模式，在此基础上帮助把握整体状况，为管理和决策提供支撑。

网络数据的可视化最重要的是进行图形的制作，包括三个方面：网络布局、网络属性的可视化以及用户交互。其中网络布局确定图的结构关系，是核心组成要素。常用的网络布局方法有节点链接法、相邻矩阵法和混合方法。

- **节点链接法。**以节点为中心，用线（或边）表示关系。它是一种自然的可视化布局表达方式，更容易被用户理解和接受，帮助人们快速建立事物之间的联系，能够显式地表达事物之间的关系，因而是网络数据可视化的首要选择。
- **相邻矩阵法。**相邻矩阵（又称邻接矩阵）指代表 N 个节点之间关系的 $N \times N$ 的矩阵，矩阵内的位置（i，j）表达了第 i 个节点和第 j 个节点之间的关系。它能更好地表示一个两两关联的网络完全图，且简单易用，其缺点在于不能够呈现整个网络的拓扑结构以及网络中心和关系的传递性质。在实际应用中，相邻矩阵往往稀疏，节点数目增多时，并不是两两之间都存在关系，应尽可能地将非零元素放到主对角线附近，以便进行矩阵计算，展示网络结构所隐含的规律，增强可读性。常用的稀疏矩阵排序算法有高维嵌入方法和最近邻旅行商问题估计方法。高维嵌入方法通过计算矩阵最大特征值，然后运用降维方法计算比原矩阵维度小很多的矩阵，得出重排结果。
  相邻矩阵可对节点间的直接关系进行表达，而对于间接关系，其关系传递性表达较弱。因此相邻矩阵的关系可视化算法变得尤为重要，需要通过最短路径算法得到间接关系的传递过程节点，并用折线图表示出来，若存在交叉则通过曲线或带框直线避免视觉上的错乱。
- 混合方法。采用节点链接与相邻矩阵相结合的方法能够兼顾两者的优点，在一定程度上取长补短，优于单一布局方法，多数情况下的节点数据规模是适中的，兼顾稀疏数据和稠密数据，单独的任何一种布局都不能很好地表达数据内容，此时采用混合方法将是一种较好的选择。

总之，任何一种方法都不可能具有普适性，环境条件是前提，构建布局应在一定的场景下完成。如何选择布局设计方法需要具体问题具体分析，选择恰当的方法以解决问题。

网络数据的可视化主要包括以下类型。

地理图形可视化。地理图形是常见的图形样式，通过将数据以及数据分类表示成地图的形式，以便更容易理解数据的集合关系。网络图形用地图形式表达也称为“GMap”，是一种用平面表示集合的方式，平面划分表示数据聚类的可视化策略，地图上国家之间的关系隐含地表示数据以及数据之间的临近度关系。GMap 制作包含 4 个步骤：将数据放置于二维空间、用聚类分析的方法对节点类别进行划分、构造区域图、对区域染色。

在实际应用中，关系网络中的节点可能是多维度的，需要首先完成数据降维操作，常用的有 LLE、IsoMap、谱聚类等。GMap 中的聚类标准决定了可视化结果的导向性。但 GMap 不太适合处理本身带地理信息的数据，因为它会混淆实际地理位置信息与抽象的位置信息。后续可依据权重变化（势力范围的扩大与缩小），采用动态方法展示 GMap 的变化情况。

动态网络数据可视化。动态网络数据是一种流数据，其“动态”体现在图节点、关系以及关系权重的变化上。由于动态网络数据可视化的数据不断更新，这给可视化领域带来了一定的挑战。系统观察者对某一固定的数据状态会产生视觉感知，并且大脑中会对认知结果进行短时间暂留，此时若重新布局网络动态数据帧（刷新可视化布局），将影响视觉连续性，这不仅没有利用用户前一帧的记忆，同时会与当前布局产生冲突，降低了读图效率。连续性和一致性是对网络数据可视化的最基本要求。

随着网络数据规模的不断扩大，人们逐渐发现，在使用传统方法绘制的结果中，节点和边经常出现互相遮挡，形成极高的视觉混杂度，甚至会阻碍我们对真实数据的认知，因此在可视化领域，逐渐出现大量的成果以解决这些问题，这些成果的基本思路是在尽量不减少原图信息量的前提下对图进行层次化简化，尤其是简化网络拓扑结构。

网络拓扑结构组成包括两个部分：节点和边。因此，简化拓扑结构主要从节点和边两个方面展开。对于 N 个节点的无向图，最多有 $N(N-1)/2$ 条边，对于边数多的网络拓扑，适合于通过代价最小的最小生成树的方式进行简化。这是从边的角度进行的简化。除了对边的提取外，另一种方法是从节点的角度进行简化，将强连通的节点进行聚类，从而聚类算法便成为关键。

9.4.3　可视化系统交互

除了视觉呈现外，可视化系统的另一个核心要素就是用户交互。交互可以比喻为用户与系统之间的对话和互动。通过互动，可在有限的可视化空间载入和展示更加丰富的数据，更有利于用户对数据的理解和分析。可视化系统的视觉呈现和交互两部分是相辅相成、密不可分的。

下面简单介绍常见的交互方式及各自的特点。

- **观察点的交互。**常见的观察点交互有平移、缩放和旋转等操作，有很多技术可以实现这种交互。例如，Link Sliding 技术的实现方式是寻找较长边的两个端点，即固定一个点对鼠标动作进行跟踪，沿着边滑动到达另一个点。又如，Bring&Go 交互操作的目的是帮助用户将焦点从一个节点转移到邻居节点。当用户点击某个节点时，与之相邻的其他节点按照距离远近和实际方位被放置到若干同心圆周上。

- **图形元素的交互。**图形元素交互是指对于一个可视化元素的交互，相比于观察点的交互，这是一种更粗粒度的交互，常见的有节点的展开与收缩、高亮、删除、移动等操作，在恰当的场景下使用将会使布局更美观，更吸引交互用户的注意力，有利于形成更好的用户体验。
- **图形结构的交互。**在图形元素交互的基础上，图形结构的交互从更粗粒度上进行变换，也就是图形变换的内容更多了，可以在图的搜索过程中对用户关注的焦点进行有针对性的放大和缩小，从节点和边上的综合变化来揭示局部区域内节点的链接关系。

当采用可视化系统交互时，需要考虑三方面目的：

- 一是用于增强的交互。如果添加交互时的能力可以帮助加速或者自动化用户通常手工执行的任务，那么采用交互绝对是正确的选择。
- 二是用于探索的交互。如果一个数据集的维度的数量和自身的大小或者多样性增长到充分大，或许最好让用户自己探索这些关系和结果，而不是试着猜出哪组静态图会最有用。
- 三是用于启发的交互。如果遇到比较困难的场景应用，或许应采用一个可良好执行的交互式可视化系统或应用，为所要呈现的态势数据提供一个用户友好的界面以进行直接或间接的导航，从而对问题的解决提供帮助。

9.4.4 安全仪表盘

借鉴汽车或者其他设备的仪表盘的思路，在网络安全领域仪表盘也是一种很常用的态势展示方式，如我们生活中常见的主机或者是手机的整体安全体检得分，就是一个典型的仪表盘。所谓仪表盘，就是一种对重要信息的视觉展示。这些信息是为了达成一个或多个目标而被统一组织在一个计算机屏幕内，以便一眼就能监控到。

为了更好地展示效果，仪表盘应该让人看起来赏心悦目，因此在设计仪表盘时可以引入适当的艺术成分，同时，仪表盘的设计也需要符合一些限制条件。实际上，限制条件不但不会妨碍设计，反倒可以为发挥创造力提供适宜的情景，如下所示。

- **限制图表的类型。**当将信息编码成一个图表时，最好使用那些对用户来说最容易解码的图表，如环形图、柱状图、扇子图、线图、热点图等。但是在单个仪表盘中不要使用太多不同类型的图表，应当选择适合体现所要表达信息的图表。

- **考虑空间的限制**。体现网络安全态势的空间往往只有一个屏幕大，在这个有限空间里，必须考虑所选择元素类型是否合适，将元素“塞”进单个屏幕并使用空白来组合或分离元素的做法并不值得推荐。如果仪表盘上的元素密度太高以至于没有空白空间，可以考虑放置一些淡色的线条和边框来实现相同的组合和分离效果。
- **注意颜色的一致性**。相同的颜色能将元素进行整合，即使它们处在屏幕的不同位置。对元素选择固定的颜色，并将其贯穿整个仪表盘，即保持相同元素具有颜色的一致性是很重要的。如果仪表盘颜色缺乏一致性，容易引起用户的误解和错误的关联。
- **采用合适的字体**。对于整个仪表盘，最好采用一种字体。字体的一致性使用户的观感更佳，即使是采用一些更现代、更高级的字体，也要确保它能一致地伸缩，要能支持可变宽度的文本，并且有固定宽度的数字。对那些需要强调的内容可以使用与字体相协调的加粗、协调或颜色等方法。

在网络安全态势可视化中，仪表盘的设计和定量定度需要重点回答两个问题：

- 过去发生了什么？
- 会造什么样的影响？

网络安全态势仪表盘应当提供给用户最有用的信息，对最为关注的方面进行呈现，同时根据情况的变化而不断跟进调整。一个安全仪表盘的开发过程中的标准步骤如下：

- 利益相关方或者用户需求的分析和判定。
- 理解需求并确认可以获得真实的数据来支持仪表盘和仪表盘元素的设计。
- 为仪表盘绘制一套粗略的概念图，再用线框图或者模型来进一步描绘其中最佳的图。
- 选择一个最终模型并找到最有效过程来度量，然后编码以满足开发的频率要求。

9.5　网络安全态势可视化的前景

通过前面对态势可视化的分析，网络安全态势可视化未来的研究前景可以聚焦于网络拓扑结构不同规模情况下的可视化展现。一种可视化方法可能在处理上百量级的数据节点时有比较好的效果，但在面对上千、上万甚至是百万量级节点时未必有好的展示效果，性能是一个重要的因素。

除此以外，用户交互上的创新也是新的要求。随着用户认知水平的提高，针对具有不同文化和背景的人具有不同的视觉感知能力，更是可视化能否有效传递信息的一个重要因素，这也是有待开发的领域。同时，网络安全态势可视化效果评估标准也是一个挑战，评估标准不同所对应的交互级别也不同，用户对布局的印象与所对应的用户的感知效果是实时变化的。

可视化设计的好坏取决于对用户需求的满足，具有很强的针对性，是多种因素的综合，不仅包含数据特性、用户认知水平、用户的可视化需求，而且具有开放性，是一个变化的容器，设计人员应保持发散的思维和具体问题具体分析的态度。正如《人月神话》中所说的，“可视化没有‘银弹’”。

第四部分

态 势 预 测

第 10 章

典型的网络安全态势预测方法

空谈之类，是谈不久，也谈不出什么来的，它始终被事实的镜子照出原形，拖出尾巴而去。

——鲁迅，中国文学家、思想家

10.1 引言

在日益复杂的网络环境和动态变化的攻防场景下，如果能够预测网络未来的安全状况及其变化趋势，可以为网络安全策略的选取提供指导，从而增强网络防御的主动性，尽可能地降低网络攻击的危害。所谓预测，是指在认知引起事物发展变化的外部因素和内部因素的基础上，探究各内外因素影响事物变化的规律，进而估计和预测事物将来的发展趋势，得出其未来发展变化的可能情形。预测的实质即知道了过去、掌握了现在，并以此为基础来估计未来。依据预测的性质、任务来划分，主要有定量预测和定性预测方法。前者利用原始数据和信息，借助数学模型和方法，分析数据前后之间的关系，得出其未来的发展变化规律，进行达到预测目的，定量预测方法主要包括时间序列、人工神经网络、灰色理论、回归分析等。后者主要依靠个人的经验积累和能力，利用有限的原始数据进行推理、判断和估测，定性预测方法主要包括专家评估法、类推法、判断分析法和市场调查法等。

态势预测在获取、变换及处理历史和当前态势数据序列的基础上，通过建立数学模型，探寻态势数据之间的发展变化规律，然后对态势的未来发展趋势和状况进行类似推理，形成科学的判断、推测和估计，做出定性或定量的描述，发布预警，为安全人员制定正确的规划、决策提供参考依据。具体过程一般为：首先获取历史态势数据序列，运用技术方法处理和变换数据序列，然后利用数学模型，发现和识别安全态势数据序列之间的关系和规律，建立包含时间变量、态势变量的方程关系式，通过求解方程得到随时间变化的态势函数。本章将对灰色理论预测、时间序列预测和回归分析预测这三种典型且常见的定量预测方法模型进行说明，以便读者掌握基本的网络安全态势预测方法。

10.2 灰色理论预测

由于网络安全事件具有极大的概率性、复杂性和突然性，对其进行预测相对较为困难。再加上已知、可利用的信息一般也很少，为了充分利用、挖掘已知的少量信息，可以利用灰色系统理论来挖掘数据信息之间的规律，并识别它们之间的关系。

10.2.1 灰色系统理论的产生及发展

灰色系统理论是由我国著名学者邓聚龙于 1982 年创立的、以不确定系统为研究对象的一门系统科学新学科，在众多领域中得到了广泛的应用，解决了许多过去难以解决的实际问题。所谓灰色系统，是介于白色系统[1]和黑色系统[2]之间的系统类型，是指“部分信息已知，部分信息未知”的“小样本”，“贫信息”的不确定性系统。信息不完全主要包含以下几种情况：

- 系统因素不完全明确。
- 因素关系不完全清楚。
- 系统结构不完全知道。
- 系统作用原理不完全明了。

如果一个系统具有层次结构关系的模糊性、动态变化的随机性、指标数据的不完备或不确定性，则称这些特征为灰色性。具有灰色性的系统称为灰色系统。在灰色系统理论中，利用较少的或不确切的表示灰色系统行为特征的原始数据序列进行生成变换后建立、用以描述灰色系统内部事物连续变化过程的模型，称为灰色模型，简称 GM 模型。

经过 20 多年的发展，灰色系统理论已建立起系统的结构体系，其主要内容包括：以灰色朦胧集为基础的理论体系，以灰色关联空间为依托的分析体系，以灰色序列生成为基础的方法体系，以灰色模型为核心的模型体系，以系统分析、评估、建模、预测、决策、控制、优化为主体的技术体系。灰色朦胧集、灰色代数系统、灰色矩阵等是灰色系统理论的基础。灰色系统分析主要包括灰色关联分析、灰色聚类和灰色统计评估。灰色序列生成通过序列算子（主要包括缓冲算子、均值生成算子等）的作用来实现。灰色模型则按照五个步骤进行模型构建，通过灰色生成或序列算子的作用弱化随机性来挖掘潜在规律，经过灰色差分方程与灰色微分方程之间的互换来实现“利用离散的数据序列建立连续的动态微分方程”的新飞跃。灰色预测是基于 GM 模型做出的定量预测，可分为多种类型；灰色决策包括灰色关联决策、灰色统计、灰色层次决策、灰色局势决策等；灰色控制包括本征性灰色系统的控制问题和以灰色系统方法为基础构成的控制，如灰色关联控制和 GM（1，1）预测

[1] 白色系统：一个系统的内部特征是完全已知的，即系统的信息是完全充分的。

[2] 黑色系统：一个系统的内部信息对外界来说是一无所知的，只能通过它与外界的联系来加以观测研究。

控制等；灰色优化技术包括灰色线性规划、灰色非线性规划、灰色整数规划和灰色动态规划等。

10.2.2 灰色理论建立依据

灰色理论认为能够建立微分方程预测模型，其主要依据包括以下几个方面。

- 灰色理论将随机量当作在一定范围内变化的灰色量，将随机过程当作在一定范围、一定时区内变化的灰色过程。
- 灰色系统将无规律的历史数据序列经累加后，使其变为具有指数增长规律的上升形状数列，由于一阶微分方程解的形式是指数增长形式，所以可对生成后数列建立微分方程模型。所以灰色模型实际上是生成数列所建模型。
- 灰色理论通过灰数的不同生成方式、数据的不同取舍、不同级别的残差 GM 模型来调整、修正、提高精度。
- 对高阶系统建模，灰色理论是通过 GM(1,N) 模型群解决的。GM(1,N) 模型群也是一阶微分方程组的灰色模型。
- GM 模型所得数据必须经过逆生长，即累减生成做还原后才能应用。

10.2.3 灰色预测及其类型

灰色预测是对既含有已知信息又含有不确定信息的系统进行预测，也就是对在一定范围内变化的、与时间有关的灰色过程进行预测。通过对原始数据的生成处理和灰色模型的建立，挖掘、发现、掌握和寻求系统变动的规律。生成数据序列有较强的规律性，可以用它来建立相应的微分方程模型，从而预测事物未来的发展趋势和未来状态，并对系统的未来状态做出科学的定量分析。

按照其功能和特征，灰色预测可分为时间序列预测、拓扑预测、区间预测、灾变预测、季节灾变预测、波形预测和系统预测等类型。下面介绍常见的几种。

- **时间序列预测：**即用观察到的反映预测对象特征的时间序列来构造灰色预测模型，预测未来某一时刻的特征量，或者达到某一特征量的时间。
- **畸变预测：**即通过灰色模型预测异常值出现的时刻，预测异常值什么时候出现在特定时区内，或者指通过灰色模型预测灾变值发生在一年内某个特定的时区或季节的灾变预测。
- **拓扑预测：**通过原始数据作曲线，在曲线上按照特定值寻找该定值发生的所有时点，并以该定值为框架构成时点数列，然后建立模型来预测该定值所发生的时点。
- **系统预测：**通过对系统行为特征指标建立一组相互关联的灰色预测模型，预测系统中众多变量间相互协调关系的变化。

10.2.4 灰色预测模型

灰色预测的建模过程大致如下：①把原始数据加工成生成数；②对残差（模型计算值与实际值之差）修订后，建立差分微分方程模型；③进行基于关联度收敛的分析；④ GM 模型所得数据进行逆生成还原；⑤采用“五步建模”（系统定性分析、因素分析、初步量化、动态量化、优化）法，建立一种差分微分方程模型——GM（1，1）预测模型。

灰色预测模型主要分为两大类，即单序列灰色预测模型和区间灰数预测模型。

1. 单序列灰色预测模型

单序列灰色预测模型认为系统的行为现象尽管“朦胧”，数据尽管复杂，但必然是有序的，存在着某种内在规律，只不过这些规律被纷繁复杂的现象所掩盖，人们很难直接从原始数据中找到某种内在的规律。建立灰色模型之前，需要对原始时间序列按照某种要求进行预处理，得到有规律的时间序列数据——生成列，即为灰色生成。常用的灰色系统生成方式有：累加生成、累减生成、均值生成、级比生成等。单序列灰色预测模型可细分为：

- GM(1, 1) 模型
- DGM(1, 1) 模型
- GM(1, *N*) 模型
- 灰色 Verhulst 模型

下面分别对这些模型进行介绍和说明。

（1）GM(1, 1) 模型

灰色系统理论自 1982 年诞生以来，被广泛应用于农业生产、经济、管理和工程技术等领域。灰色预测理论是灰色系统理论的主要内容之一，而 GM（1，1）模型又是灰色预测理论中最核心的模型。

首先我们需要了解一些基础知识。先是一阶微分方程模型：

$$\frac{\mathrm{d}x}{\mathrm{d}t}+ax=b$$

然后，导数的定义：

$$\frac{\mathrm{d}x}{\mathrm{d}t}=\lim_{\Delta t\to 0}\frac{x(t-\Delta t)-x(t)}{\Delta t}$$

当 Δt 很小并取很小的单位 1 时，$x(t+1)-x(t)=\Delta x/\Delta t$，则离散形式可写为 $\Delta x/\Delta t=x^{(1)}(k+1)-x^{(1)}(k)=x^{(0)}(k+1)$。

由 $\mathrm{d}x/\mathrm{d}t \to \Delta x/\Delta t \to x^{(1)}(k+1)-x^{(1)}(k)$，在 $[x^{(1)}(k),\ x^{(1)}(k+1)]$ 范围内，由于很短时间内背景值 x 不会发生突变，则取均值 $z^{(1)}(k+1)=0.5\,x^{(1)}(k)+0.5\,x^{(1)}(k+1)$ 作为 x 的值。

则得到灰色微分方程为 $x^{(0)}(k+1)+a\,z^{(1)}(k)=b$

则可得矩阵方程 $x^{(0)}(k+1)=-a\,z^{(1)}(k)+b$，

$$\boldsymbol{Y}_n=\boldsymbol{B}\boldsymbol{\&}$$

设 $\boldsymbol{\&}$ 为待估参数向量，即 $\boldsymbol{\&}=(a,b)^{\mathrm{T}}$，则灰色微分方程的最小二乘估计参数列满足

$$\& = (\boldsymbol{B}^{\mathrm{T}}\boldsymbol{B})^{-1}\boldsymbol{B}^{\mathrm{T}}\boldsymbol{Y}$$

其中，

$$\boldsymbol{B}=\begin{bmatrix} -z^{(1)}(2) & 1 \\ -z^{(1)}(3) & 1 \\ \vdots & \vdots \\ -z^{(1)}(n) & 1 \end{bmatrix} \quad \boldsymbol{Y}_n=\begin{bmatrix} x^{(0)}(2) \\ x^{(0)}(3) \\ \vdots \\ x^{(0)}(n) \end{bmatrix}$$

则称 $\dfrac{\mathrm{d}x^{(1)}}{\mathrm{d}t}+ax^{(1)}=b$ 为灰色微分方程 $x^{(0)}(k+1)+az^{(1)}(k)=b$ 的白化方程，也称为影子方程。

将上面所求参数代入白化方程，求得其解为

$$\hat{x}^{(1)}(k+1)=\left(x^{(1)}(1)-\frac{b}{a}\right)\mathrm{e}^{-ak}+\frac{b}{a}$$

最后还原到原始数据

$$\hat{x}^{(0)}(k+1)=\hat{x}^{(1)}(k+1)-\hat{x}(k)$$

下面介绍 **GM(1,1) 模型**，该模型中符号的含义为：GM(1,1) 代表 “Grey Model（1 阶方程，1 个变量）”。GM(1,1) 的建模过程如下。

令 $X^{(0)}$ 为 GM(1,1) 的原始建模序列：

$$X^{(0)}=(x^{(0)}(1),x^{(0)}(2),\cdots,x^{(0)}(n))$$

其中 $x^{(0)}(k)\geqslant 0$，$k=1,2,\cdots,n$。

$X^{(1)}$ 为 $X^{(0)}$ 累加生成序列

$$X^{(1)}=(x^{(1)}(1),x^{(1)}(2),\cdots,x^{(1)}(n))$$

$$x^{(1)}(k)=\sum_{i=0}^{k}x^{(0)}(i)=x^{(1)}(k-1)+x^{(0)}(k)$$

令 $Z^{(1)}$ 为 $X^{(1)}$ 的紧邻均值生成序列

$$Z^{(1)}=(z^{(1)}(1),z^{(1)}(2),\cdots,z^{(1)}(k))$$

$$z^{(1)}(k)=0.5x^{(1)}(k)+0.5x^{(1)}(k-1)$$

则 GM(1,1) 的灰色微分方程模型为

$$x^{(0)}(k+1)+a\,z^{(1)}(k)=b$$

式中 a 称为发展系数，b 为灰色作用量。

（2）DGM(1,1) 模型

设非负序列为：

$$X^{(0)}=(x^{(0)}(1),x^{(0)}(2),\cdots,x^{(0)}(n))$$

其依次累加生成的序列为：

$$X^{(1)}=(x^{(1)}(1),x^{(1)}(2),\cdots,x^{(1)}(n))$$

称 $\hat{x}_1^{(1)}(k+1)=\beta_1 x_1^{(1)}(k)+\beta_2$ 为 DGM(1,1) 模型，或称 GM(1,1) 模型的离散形式。

若 $\hat{\beta}=(\beta_1,\beta_2)^{\mathrm{T}}$ 为参数数列，且

$$\boldsymbol{Y}=\begin{bmatrix}x^{(1)}(2)\\x^{(1)}(3)\\\vdots\\x^{(1)}(n)\end{bmatrix}\quad\boldsymbol{B}=\begin{bmatrix}X^{(1)}(1)&1\\X^{(1)}(1)&1\\\vdots&\vdots\\X^{(1)}(n-1)&1\end{bmatrix}$$

则灰色微分方程 $\beta\hat{x}_1^{(1)}(k+1)=\beta_1 x_1^{(1)}(k)+\beta_2$ 中参数的最小二乘估计为

$$\hat{\beta}=\left(\boldsymbol{B}^{\mathrm{T}}\boldsymbol{B}\right)^{-1}\boldsymbol{B}^{\mathrm{T}}\boldsymbol{Y}$$

设 $\hat{\beta}=[\beta_1\beta_2]=\left(\boldsymbol{B}^{\mathrm{T}}\boldsymbol{B}\right)^{-1}\boldsymbol{B}^{\mathrm{T}}\boldsymbol{Y}$，则取 $X^{(1)}(1)=x^{0}(1)$，其预测模型为：

$$\hat{x}_1^{(1)}(k+1)=\beta_1^k x^{(0)}(1)+\frac{1-\beta_1^k}{1-\beta_1}\beta_2,\ k=1,2,\cdots,n-1$$

其还原值为：$\hat{x}_1^{(0)}(k+1)=\hat{x}_1^{(1)}(k+1)-\hat{x}_1^{(1)}(k),\ k=1,2,\cdots,n-1$

（3）GM(1, N) 模型

如果考虑的系统由若干个相互影响的因素组成，设$X_1^{(0)}=\left\{x_1^{(0)}(1),x_1^{(0)}(2),\cdots,x_1^{(0)}(n)\right\}$为系统特征数据序列，而$x_2^{(0)}=\left\{x_2^{(0)}(1),x_2(2),\cdots,x_2^{(0)}(n)\right\}$，…，$X_N^{(0)}=\left\{x_N^{(0)}(1),x_N^{(0)}(2),\cdots,x_N^{(0)}(n)\right\}$为相关因素序列。$X_i^{(1)}$为$X_i^{(0)}$的 1 次累加生成序列 ($i$=1,2,⋯,$N$)，$Z_1^{(1)}$为$X_1^{(1)}$的紧邻生成序列，则称$x_1^{(0)}(k)+az_1^{(1)}(k)=\sum_{i=2}^{N}b_i x_i^{(1)}(k)$为 GM(1,$N$) 灰色微分方程。

定义$\hat{a}=\begin{bmatrix}a & b_2 & \cdots & b_N\end{bmatrix}^{\mathrm{T}}$为 GM(1,$N$) 灰色微分方程的参数列，根据最小二乘法可以得出：

$$\hat{a}=\left(\boldsymbol{B}^{\mathrm{T}}\boldsymbol{B}\right)^{-1}\boldsymbol{B}^{\mathrm{T}}\boldsymbol{Y}$$

式中

$$\boldsymbol{B}=\begin{bmatrix}-z_1^{(1)}(2) & x_2^{(1)}(2) & \cdots & x_N^{(1)}(2)\\ -z_1^{(1)}(3) & x_2^{(1)}(3) & \cdots & x_N^{(1)}(3)\\ \vdots & \vdots & & \vdots\\ -z_1^{(1)}(n) & x_2^{(1)}(n) & \cdots & x_N^{(1)}(n)\end{bmatrix}$$

$$\boldsymbol{Y}=\begin{bmatrix}x_1^{(0)}(2) & x_1^{(0)}(3) & \cdots & x_1^{(0)}(n)\end{bmatrix}^{\mathrm{T}}$$

$$\frac{\mathrm{d}x_1^{(1)}}{\mathrm{d}t}+ax_1^{(1)}=b_2x_2^{(1)}+b_3x_3^{(1)}+\cdots+b_Nx_N^{(1)}$$

为 GM(1,N) 灰色微分方程的白化方程，也称影子方程。

于是有：

1）白化方程的解为

$$\begin{aligned}x_1^{(1)}(t)&=\mathrm{e}^{-at}\left[\sum_{i=2}^{N}\int b_i x_i^{(1)}(t)\,\mathrm{e}^{at}\mathrm{d}t+x_1^{(1)}(0)-\sum_{i=2}^{N}\int b_i x_i^{(1)}(0)\mathrm{d}t\right]\\&=\mathrm{e}^{-at}\left[x_1^{(1)}(0)-t\sum_{i=2}^{N}b_i x_i^{(1)}(0)+\sum_{i=2}^{N}\int b_i x_i^{(1)}(t)\,\mathrm{e}^{at}\mathrm{d}t\right]\end{aligned}$$

2）当 $X_i^{(1)}(i=1,2,\cdots,N)$ 变化幅度很小时，可视 $\sum_{i=2}^{N} b_i x_i^{(1)}(k)$ 为灰常量，这样，GM(1,N) 灰色微分方程的近似时间响应式为

$$\hat{x}_1^{(1)}(k+1)=\left[x_1^{(1)}(0)-\frac{1}{a}\sum_{i=2}^{N} b_i x_i^{(i)}(k+1)\right]\mathrm{e}^{-ak}+\frac{1}{a}\sum_{i=2}^{N} b_i x_i^{(1)}(k+1)$$

其中 $x_1^{(1)}(0)$ 取为 $x_1^{(0)}(1)$。

3）累减还原式为

$$\hat{x}_1^{(0)}(k+1)=\hat{x}_1^{(1)}(k+1)-\hat{x}_1^{(1)}(k)$$

（4）灰色 Verhulst 模型

对于 S 型序列，不适宜用 GM(1,1) 模型预测，更适合用灰色 Verhulst 模型等进行预测。灰色 Verhulst 模型避免了传统的 Verhulst 模型建模的大样本要求，主要用来描述具有饱和状态的过程，即 S 型过程，常用于人口预测、生物生长、繁殖预测和产品经济寿命预测等。由下面 Verhulst 方程的解可以看出，当 $t\to\infty$ 时，若 $a>0$，则 $x^{(1)}(t)\to 0$；若 $a<0$，则 $x^{(1)}(t)\to a/b$，即当 t 充分大时，对任意的 $k>t$，$x^{(1)}(k+1)$ 与 $x^{(1)}(k)$ 充分接近，此时 $x^{(0)}(k+1)\approx 0$，系统趋于死亡。

设 $X^{(0)}$ 为原始数据序列，$X^{(1)}$ 为 $X^{(0)}$ 的 1 次累加生成序列，$Z^{(1)}$ 为 $X^{(1)}$ 的紧邻均值生成序列，则称 $X^{(0)}+aZ^{(1)}=b(Z^{(1)})^{\alpha}$ 为 GM(1,1) 幂模型，称 $\frac{\mathrm{d}x^{(1)}}{\mathrm{d}t}+ax^{(1)}=b\left(x^{(1)}\right)^{\alpha}$ 为 GM(1,1) 幂模型的白化方程。

设 $X^{(0)}, X^{(1)}, Z^{(1)}$，有

$$\boldsymbol{B}=\begin{bmatrix}-z^{(1)}(2) & \left(z^{(1)}(2)\right)^{\alpha}\\ -z^{(1)}(3) & \left(z^{(1)}(3)\right)^{\alpha}\\ \vdots & \vdots\\ -z^{(1)}(n) & \left(z^{(1)}(n)\right)^{\alpha}\end{bmatrix}\qquad \boldsymbol{Y}=\begin{bmatrix}x^{(0)}(2)\\ x^{(0)}(3)\\ \vdots\\ x^{(0)}(n)\end{bmatrix}$$

则 GM(1,1) 幂模型参数列 $\hat{a}=[a,b]^{\mathrm{T}}$ 的最小二乘估计为

$$\hat{a}=[a,b]^{\mathrm{T}}=\left(\boldsymbol{B}^{\mathrm{T}}\boldsymbol{B}\right)^{-1}\boldsymbol{B}^{\mathrm{T}}\boldsymbol{Y}$$

当 a=2 时，称 $X^{(0)}+aZ^{(1)}=b(Z^{(1)})^2$ 为灰色 Verhulst 模型。

称$\frac{dx^{(1)}}{dt}+ax^{(1)}=b\left(x^{(1)}\right)^2$为灰色 Verhulst 模型的白化过程。

Verhulst 白化方程的解为

$$x^{(1)}(t)=\frac{1}{e^{at}\left[\frac{1}{x^{(1)}(0)}-\frac{b}{a}\left(1-e^{-at}\right)\right]}=\frac{ax^{(1)}(0)}{e^{at}\left[a-bx^{(1)}(0)\left(1-e^{-at}\right)\right]}=\frac{ax^{(1)}(0)}{bx^{(1)}(0)+\left(a-bx^{(1)}(0)\right)e^{at}}$$

灰色 Verhulst 模型的时间响应式为

$$\hat{x}^{(1)}(K+1)=\frac{ax^{(1)}(0)}{bx^{(1)}(0)+\left(a-bx^{(1)}(0)\right)e^{ak}}$$

2. 区间灰数预测模型

区间灰数预测模型中的区间灰数是指既有下界 a_k，又有上界 b_k 的灰数，记为 $\otimes(t_k)\in[a_k,b_k]$，其中 $a_k\leqslant b_k$。白化权函数是用来描述一个区间灰数$\otimes(t_k)\in[a_k,b_k]$在其取值范围内对不同数值的“偏爱”程度的函数，称为$\otimes(t_k)$的白化权函数。“核”和“灰度”是区间灰数的两个重要属性，是研究区间灰数代数运算法则以及建立区间灰数预测模型误差检验方法的基础。区间灰数的“核”是在充分考虑已知信息的条件下，最有可能代表区间灰数“白化值”的实数；区间灰数的“灰度”则反映了人们对灰色系统认识的不确定程度。通常的实数则是灰度为零且核为本身的特殊区间灰数。区间灰数预测模型又可细分为：

- 基于几何坐标法的区间灰数预测模型 IGPM-G(1,1)
- 基于信息分解法的区间灰数预测模型 IGPM-P(1,1)
- 基于灰色属性法的区间灰数预测模型 IGPM-D(1,1)

下面分别对这些模型进行介绍和说明。

（1）基于几何坐标法的区间灰数预测模型 IGPM-G(1,1)

分别构建基于面积序列和坐标序列的 DGM(1,1) 模型，并在此基础上通过几何坐标法的反向推导，实现对区间灰数上界及下界的模拟，进而实现区间灰数预测模型的构建。具体模型建立参照前面的 DGM(1,1) 模型，可以得到面积序列和坐标序列的预测模型：

$$\hat{s}(k+1)=\left[s(1)(\alpha_1-1)+\alpha_2\right]\alpha_1^{k-1}$$

$$\hat{w}(k+1)=\left[w(1)(\beta_1-1)+\beta_2\right]\beta_1^{k-1}$$

从而得到

$$\hat{b}_k-\hat{a}_k=\frac{2C_s\alpha_1^{k-3}\left[1-\left(-\alpha_1^{-1}\right)^{k-2}\right]}{1+\alpha_1^{-1}}+(-1)^k(b_2-a_2)$$

$$\hat{b}_k+\hat{a}_k=\frac{4C_s\beta_1^{k-3}\left[1-\left(-\beta_1^{-1}\right)^{k-2}\right]}{1+\beta_1^{-1}}+(-1)^k(b_2+a_2)$$

解方程组，可得到区间灰数$\hat{\otimes}(t_k)$上界和下界的模拟及预测公式：

$$\hat{a}_k=\frac{F_w\beta_1^{k-3}\left[1-\left(-\beta_1^{-1}\right)^{k-2}\right]-F_s\alpha_1^{k-3}\left[1-\left(-\alpha_1^{-1}\right)^{k-2}\right]}{2}+(-1)^k a_2$$

$$\hat{b}_k=\frac{F_s\alpha_1^{k-3}\left[1-\left(-\alpha_1^{-1}\right)^{k-2}\right]-F_s\beta_1^{k-3}\left[1-\left(-\beta_1^{-1}\right)^{k-2}\right]}{2}+(-1)^k b_2$$

其中，

$$F_s=\frac{2C_s}{1+\alpha_1^{-1}},\ F_w=\frac{2C_w}{1+\beta_1^{-1}}$$

$$C_s=s(1)(\alpha_1-1)+\alpha_2,\ C_w=w(1)(\beta_1-1)+\beta_2$$

（2）基于信息分解法的区间灰数预测模型 IGPM-P(1,1)

分别构建基于实部（也称“白部”）序列和灰部序列的 DGM(1,1) 模型，并在此基础上通过推导区间灰数上界及下界的模拟表达式，实现区间灰数预测模型的构建。具体模型建立参照前面的 DGM(1,1) 模型，可以得到白部序列和灰部序列的预测模型：

$$\hat{a}_{k+1}=\left[a_1(\varphi_1-1)+\varphi_2\right]\cdot\varphi_1^{k-1}$$

$$\hat{h}_{k+1}=\left[h_1(\phi_1-1)+\phi_2\right]\cdot\phi_1^{k-1}$$

由 $\hat{h}_{k+1}=b_{k+1}-\hat{a}_{k+1}$ 可得

$$\hat{a}_{k+1}=\left[a_1\left(\varphi_1-1\right)+\varphi_2\right]\cdot\varphi_1^{k-1}$$

$$\hat{b}_{k+1}=\left[h_1\left(\phi_1-1\right)+\phi_2\right]\cdot\phi_1^{k-1}+\left[a_1\left(\varphi_1-1\right)+\varphi_2\right]\cdot\varphi_1^{k-1}$$

（3）基于灰色属性法的区间灰数预测模型 IGPM-D(1,1)

通过“核”序列为基础建立 DGM(1,1) 预测模型，实现对未来区间灰数“核”的预测；然后以“灰度不减公理”为理论依据，以“核”为中心拓展得区间灰数的上界和下界，在不破坏区间灰数独立性和完整性的前提下，实现区间灰数的模拟和预测。

核序列具体模型建立参照前面的 DGM(1,1) 模型，可以得到核序列的预测模型

$$\hat{\tilde{\otimes}}\left(t_{k+1}\right)=\left[\tilde{\otimes}\left(t_1\right)\left(\beta_1-1\right)+\beta_2\right]\beta_1^{k-1}$$

灰度不减原理：两个灰度不同的区间灰数进行和、差、积、商运算时，运算结果的灰度不小于灰数较大的区间灰数的灰度，即

$$g^{\circ}\left(\hat{\otimes}\left(t_{k+1}\right)\right)=\max\left\{g^{\circ}\left(\hat{\otimes}\left(t_1\right)\right),g^{\circ}\left(\hat{\otimes}\left(t_2\right)\right),\ldots,g^{\circ}\left(\hat{\otimes}\left(t_n\right)\right)\right\}$$

$$\Rightarrow g^{\circ}\left(\hat{\otimes}\left(t_{k+1}\right)\right)=g^{\circ}\left(\hat{\otimes}\left(t_x\right)\right)$$

其中 $x=1,2,\cdots,n$，则

$$\hat{b}_{k+1}-\hat{a}_{k+1}=b_{x-}a_x$$

$$\hat{a}_{k+1}+\hat{b}_{k+1}=2\hat{\tilde{\otimes}}\left(t_{k+1}\right)$$

总的来说，灰色理论的特点是对现实中大量存在的少许信息已知、另外大部分信息未知的样本对象进行研究，这些对象已知信息少，并且内部关系复杂不确定，灰色理论通过对这些已知对象信息的分析、挖掘，生成并提取出它们之间的规律，从而达到对样本对象未来行为的估计和推测。其优点是不需要大量样本且样本不需要有规律性分布，计算工作量小，定量分析结果与定性分析结果不会不一致，不仅可用于短期，还可用于中长期预测，且预测准确度较高。缺点是仅考虑安全态势本身，对其影响因素不予考虑，只能初步大体地估计态势未来的走势。

10.3 时间序列预测

时间序列预测法是一种统计预测方法，是以时间序列⊖所能反映的社会经济现象的发展

⊖ 时间序列也叫时间数列、历史复数或动态数列，是将某种统计指标的数值按时间先后顺序排列所形成的数列。

过程和规律性进行引申外推，预测其发展趋势的方法。它研究预测目标与时间过程的演变关系，根据统计规律性构造拟合 $X(t)$ 的最佳数学模型，浓缩时间序列信息，简化时间序列的表示，并用最佳数学模型来进行未来预测。

其中，时间序列是把客观过程的一个变量或一组变量 $X(t)$ 进行度量，在时刻 $t_1<t_2<\cdots<t_n$ 上得到以时间 t 为自变量、离散化的有序集合：$X(t_1)$，$X(t_2)$，…，$X(t_n)$，自变量 t 可以有不同的物理意义，如长度、温度或其他物理量等。时间序列的波动是许多因素共同作用的结果。

需要注意的是，时间序列中的时间概念是一种广泛意义下的时间概念，除了表示通常意义下的时间外也可以用其他变量来代替。

10.3.1　时间序列分析的基本特征

时间序列分析有以下两个基本特征。

一是时间序列分析根据过去的变化趋势预测未来的发展，它的前提是假定事物的过去延续到未来。时间序列分析正是根据客观事物发展的连续规律性，运用过去的历史数据，通过统计分析以进一步推测未来的发展趋势。事物的过去会延续到未来这个假设前提包含两层含义：①不会发生突然的跳跃变化，即以相对小的步伐前进；②过去和当前的现象可能表明现在和将来活动的发展变化趋向。这就决定了在一般情况下时间序列分析法对于短、近期预测比较显著，但对于延伸到更远的将来，就会出现很大的局限性，导致预测值偏离实际较大而使决策失误。

二是时间序列数据变动存在着规律性与不规律性。时间序列中的每个观察值大小是影响变化的各种不同因素在同一时刻发生作用的综合结果，从这些影响因素发生作用的大小和方向变化的时间特性来看，这些因素造成的时间序列数据的变动分为四种类型。

- 趋势性：某个变量随着时间进展或自变量变化，呈现一种比较缓慢而长期的持续上升、下降、停留的同性质变动趋向，但变动幅度可能不相等。
- 周期性：由于外部影响随着自然季节的交替出现高峰与低谷的规律。
- 随机性：个别为随机变动因素，整体呈现统计规律。
- 综合性：实际情况为几种变动的叠加或组合。在预测时应当设法过滤除去不规则变动，突出反映趋势性和周期性变动。

10.3.2　时间序列及其类型

时间序列是同一现象在不同时间上的相继观察值排列而成的序列，其要素主要包括研究对象所属的时间范围和采样单位，以及与各个时间相匹配的、关于研究对象的观察数据。

按照是否有参照，可将时间序列分为以下三种类型。

- 相对时间序列：构成时间序列的数据是关于某一个观察值为基准值的相对值，它反映了某种现象随时间变化的对比情况。
- 绝对时间序列：就是实实在在的观察值，没有参照某个基准值。
- 平均时间序列：是指有关数据是与研究对象相关的平均值，它能反映被研究对象的平均发展水平，平均时间序列的数据不能相加。

按照是否存在趋势，可将时间序列分为平稳序列和非平稳序列两种类型。

- 平稳序列（Stationary Series）是基本上不存在趋势的序列。这类序列中的各观察值基本上在某个固定的水平上波动，虽然在不同的时间段波动的程度不同，但并不存在某种规律，其波动可以看作随机的。
- 非平稳序列（Non-stationary Series）是包含趋势、季节性或周期性的序列，它可能只包含其中的一种成分，也可能是几种成分的组合。因此，非平稳序列又可分为有趋势的序列、有趋势和季节性的序列、几种成分混合而成的复合型序列。时间序列中除去趋势、周期性和季节性之后的偶然性波动称为随机性，亦称为不规则波动。

由上可得，时间序列的成分可分为 4 种，即趋势（T）、季节性或季节变动（S）、周期性或循环波动（C）、随机性和不规则波动（I）。传统时间序列分析的一项主要内容就是把这些成分从时间序列中分离出来，并将它们之间的关系用一定的数学关系式予以表达，而后进行分析。按 4 种成分对时间序列的影响方式不同，时间序列可分解为多种模型，如加法模型、乘法模型，其中较常用的是乘法模型。

采用加法的时间序列模型为：$Y=T+S+C+I$

采用乘法的时间序列模型为：$Y=T \cdot S \cdot C \cdot I$

10.3.3　时间序列预测的步骤

在对时间序列进行预测时，其计算步骤如下：

（1）平稳性检验

首先验证时间序列的平稳性，以便进行建模。这里使用游程检验法对序列进行检验，如果序列本身不平稳，则求出它的差分序列再进行平稳性检验，以此类推，直到某阶差分序列平稳为止。

设序列 X_t 的均值为 $\bar{X}$，对序列中比 $\bar{X}$ 小的数记“－”号，其余的记“+”号，这样就将原序列转化为一个记号序列。其中每一段连续相同的记号序列就叫作一个游程。设序列长度为 N ⊖，$N=N_1+N_2$，游程总数为 r。对于随机序列，可以证明：当 N_1 和 N_2 均不超过 15（小样本）时，游程总数服从 r 分布

$$E(r)=\frac{2N_1N_2}{N}+1$$

$$D(r)=\frac{2N_1N_2(2N_1N_2-N)}{N^2(N-1)}$$

当 N_1 和 N_2 大于 15（大样本）时，统计量

$$Z=\frac{r-E(r)}{\sqrt{D(r)}}:N(0,1)$$

因此，对所检验序列可以计算出 r 或 Z 的值，在给定显著水平 α 下，若 $r_L<r<r_U$ ⊖或者 $|Z|<1.96$，则认为该序列是平稳序列，否则是非平稳序列。

（2）模型识别

在得到平稳序列后，进行模型的初步识别与定阶。初步识别需要计算样本自相关函数（ACF）和偏自相关函数（PACF），根据 ACF 和 PACF 的拖尾或截尾性质，确定采用的时间序列模型及其阶数。若样本自相关系数和偏自相关系数在最初的值明显大于 2 倍标准差，而后几乎 95% 的系数都落在 2 倍标准差范围内，且非零系数衰减为小值波动的过程非常突然，则通常视为 k 阶截尾；若有超过 5% 的样本相关系数大于 2 倍标准差，或非零系数衰减为小值波动的过程比较缓慢或连续，通常视为拖尾。在 SAS 软件中，可通过自相关和偏自相关函数图来判断。

平稳序列的模型选择如表 10.1 所示。若 ACF 与 PACF 均截尾，则用 BIC 准则确定阶数。

表 10.1　平稳序列的模型选择

模型	AR（p）	MA（q）	ARMA（p,q）
ACF	拖尾	q 阶截尾	拖尾
PACF	p 阶截尾	拖尾	拖尾

⊖ N_1 和 N_2 分别是记号序列中“+”序列与“－”序列出现的次数。

⊖ r_L 和 r_U 为 r 的下限和上限，通过查 r 分布表可得。

（3）参数计算

通过上一步可确定时间序列的模型和阶数，为了得到模型的表达式，还需要计算模型的参数。这里使用参数估计法，一般选取最小二乘估计，该方法充分利用了每一个观测值，因此估计精度高。最小二乘估计值是使残差平方和达到最小的那组参数值。

（4）残差检验

通过上一步确定了时间序列的表达式，为了检验所建模型的正确性，需要对模型的残差序列进行白噪声检验。如果残差序列是白噪声序列，则说明建立的模型是正确的，可利用模型表达式对时间序列进行预测，否则就需要对模型进行修改。

时间序列分析法的优点是反映了序列的自相关性，在预测时考虑了时间序列的随机和周期性等因素，适合短期预测。缺点是计算量大，过程复杂，运行过程中需要较多的人工操作，对中长期预测误差较大。

10.3.4　时间序列分析方法

根据分析方法的不同，时间序列分析方法可分为以下类型：简单序时平均数法、加权序时平均数法、移动平均法、趋势预测法、指数平滑法等。

简单序时平均数法也称简单平均法。它是对过去已有的 t 期观察值通过简单平均，来预测下一期的数值。设时间序列已有的 t 期观察值为 $Y_1,Y_2,\cdots,Y_t$，则 $t+1$ 期的预测值为

$$F_{t+1}=(Y_1+Y_2+\cdots+Y_t)/t=\sum_{i=1}^{t}Y_i/t$$

这种方法基于的假设为“过去这样，今后也将这样”，把近期和远期数据等同化和平均化，因此只能适用于事物变化不大、较为平稳的时间序列的趋势预测。如果事物呈现某种上升或下降的趋势，则不宜采用此法。

加权序时平均数法就是把各个时期的历史数据按近期和远期影响程度进行加权，求出平均值，作为下期预测值。

移动平均法是通过对时间序列逐期递移，求得平均数作为预测值的一种预测方法，主要包括简单移动平均法和加权移动平均法。前者是将最近的 k 期数据加以平均，作为下一期的预测值。设移动间隔为 k，则 t 期的移动平均值，即 $t+1$ 期的简单移动平均预测值为：$F_{t+1}=\overline{Y}_t=Y_{t-k+1}+Y_{t-k+2}+\cdots+Y_{t-1}+Y_tk$，后者则是将简单移动平均数进行加权计算。在确定权数时，近期观察值的权数应该大些，远期观察值的权数应该小些。

上述几种方法虽然简便，可迅速求出预测值，但由于没有考虑整个社会经济发展的新

动向和其他因素的影响，所以准确性较差。应根据新的情况，对预测结果做必要的修正。

指数平滑法是通过对过去的观察值加权平均，进行预测的一种方法，最适合用于简单的时间序列分析，该方法使 $t+1$ 期的预测值等于 t 期的实际观察值与 t 期的预测值的加权平均，消除历史统计序列中的随机波动，找出其中的主要发展趋势。指数平滑法是加权平均的一种特殊形式，观察时间越远，其权数也跟着呈指数下降。根据平滑次数的不同，指数平滑法有一次指数平滑、二次指数平滑、三次指数平滑等类型，前两者常见，越往高次越不常用。

其中，一次指数平滑是以前期的预测值与观察值的线性组合作为 $t+1$ 期的预测值，其预测模型为：$F_{t-1}=\alpha Y_t+(1-\alpha)F_t$，其中 Y_t 为 t 期实际观察值，F_t 为 t 期预测值，α 为平滑系数。使用指数平滑时，关键的问题是确定一个合适的平滑系数——α。一般而言，当时间序列有较大的随机波动时，宜选用较大的 α，才能跟上近期的变化；当时间序列比较平稳时，宜选用较小的 α。

一般来说，时间序列的趋势可以分为线性趋势和非线性趋势两大类。因此相应的**趋势型序列**预测方法有线性趋势预测、非线性趋势预测和自回归模型预测等。线性趋势是指现象随着时间的推移而呈现出的稳定增长或下降的线性变化趋势。非线性趋势预测则不同，若序列呈现出某种非线性趋势，则需要拟合适当的趋势曲线，常用的趋势曲线有：

- 指数曲线：指数曲线预测法是用指数函数曲线拟合预测对象的历史统计数据，从而建立能描述其发展过程的预测模型，然后以模型外推进行预测的方法。其适用条件是预测对象的增长趋势近似于指数函数曲线，而且判断它在预测期限内不会出现突然的变化。指数曲线预测模型一般形式为 $y=a\mathrm{e}^{bt}$，式中，y 为预测值；t 为时间；a、b 为模型参数；e 为自然对数。
- 修正指数曲线：它在一般指数曲线的基础上增加一个常数 K，其参数求法为三和法，基本思路是将时间序列观察值等分为 3 个部分，每部分有 m 个时期，从而根据预测值的 3 个局部总和分别等于原序列观测值的 3 个局部总部来确定 3 个系数。
- Gompertz 曲线：该曲线特点是初期增长缓慢，以后逐渐加快，当达到一定程度后增长率又逐渐下降，最后接近一条水平线。
- Gompertz 曲线的指数式和对数式如下

$$Y=KGax$$
$$\lg Y=\lg K+(\lg G)ax$$

式中 X 为自变量，Y 为应变量，其他均为拟合曲线的常数。

- 多阶曲线：K 阶曲线函数的一般形式为 $\hat{y}_t=b_0+b_1t_1+b_2t_2+\cdots+b_kt_k$，将上述形式线性化，即可按多元回归分析中的最小二乘法来求得其系数。

复合型序列预测是指对含有趋势、季节、周期和随机成分的序列进行预测的方法。通常是将时间序列中的各个元素依次分解出来，然后再进行预测。由于周期成分的分析需要有多年的数据，较难获得，一般采用的分解模型为：$Y_t=T_t\times S_t\times I_t$，这一模型表示时间序列中含有趋势成分、季节成分和随机成分。对这类序列的预测方法主要有季节性多元回归模型、季节性自回归模型和时间序列分解法预测等。其预测步骤一般为：

1）确定并分离季节性成分：

- 计算季节指数。季节指数刻画了序列在一个年度内各月份或季度的典型季节特征。在乘法模型中，季节指数的构成前提条件是平均数等于100%，它反映了某一月份或季度的数值占全年平均数值的大小。季节变动的程度是根据各季节与其平均数（100%）的偏差程度来测定的。季节指数的计算方法有多种，常用的移动平均趋势剔除法主要步骤有三步：一是求出中心化移动平均值；二是计算季节比率，将序列的各观察值除以相应的中心化移动平均值；三是调整季节指数，即将第二步的每个季节的平均值除以它们的总平均值。
- 分离季节性成分。将各实际观察值分别除以相应的季节指数，将季节性成分从时间序列中分离出去。

2）建立预测模型并进行预测：按趋势型序列进行建模预测。

3）计算最后的预测值：将上一步得到的回归预测值乘以相应的季节指数，即得到最后的预测值。

基于时间序列来预测态势主要是通过时间序列的历史数据来揭示态势随时间变化的规律，将这种规律延伸到未来，从而对态势的未来做出预测。在网络安全态势预测中，将根据态势评估获取的网络安全态势值 x 抽象为时间序列 t 的函数，即 $x=f(t)$，此态势值具有非线性的特点。网络安全态势值可以看作一个时间序列，假定有网络安全态势值的时间序列 $x=\{x_i|x_i\in \mathrm{R},\ i=1,2,\cdots,N+M\}$，预测过程就是通过序列的前 N 个时刻的态势值，预测出后 M 个态势值。

总的来说，时间序列分析不研究事物的因果关系，不考虑事物发展变化的原因，只是从事物过去和现在的变化规律来推断事物的未来变化，其本质就是分析数据序列与时间因子的关系，生成主体随时间变化的动态模型。该方法实际应用起来比较方便，可操作性较好，但是要想建立精度相当高的时序模型不仅要求出模型参数的最佳估计，而且模型阶数也要合适，建模过程较为复杂。

10.4 回归分析预测

基于因果关系进行态势预测是近年来的一个研究热点，因果关系法的特点是由若干变量的观测值来确定这些变量之间的依赖关系，从而由相关变量的未来值和寻找到的变量间的依赖关系来对某个变量进行预测。回归分析就是因果关系法的一个主要类别，是一种统计学上分析数据的方法。基于回归分析预测态势的方法是在分析各种因变量与自变量之间关联关系的基础上，确定自变量[⊖]（态势值）和因变量[⊖]（评估指标）之间的逻辑、函数关系式，达到预测态势的目的。

10.4.1　回归分析的定义和思路

现实世界中，每一种事物都与它周围的事物相互联系、相互影响，反映客观事物运动的各种变量之间也就存在着一定的关系，变量之间的关系大体可分为两类：函数关系和相关关系。前者是客观事物之间的确定性关系，可以用一个确定的数学表达式来反映；后者则是反映事物之间的非严格、不确定的线性依存关系，难以用函数精确表达，对于这类关系，我们常常采用回归分析和相关分析来进行测度。相关分析是研究两个或两个以上随机变量之间线性依存关系的紧密程度的方法，通常用相关系数表示，而回归分析则是研究某一随机变量（因变量）与其他一个或几个普通变量（自变量）之间数量变动关系的方法，它有着明确的自变量和因变量，这是与相关分析显著不同之处。

回归分析是确定两种或两种以上变量间相互依赖的定量关系的一种统计分析方法，其基本思路是：从一组样本数据出发，确定变量之间的数学关系式，对这些关系式的可信程度进行各种统计检验，并从影响某一特定变量的诸多变量中找出哪些变量的影响显著、哪些不显著。然后利用所求的关系式，根据一个或几个变量的取值来预测或控制另一个特定变量的取值，并给出这种预测或者控制的精确程度。

10.4.2　回归模型的种类

回归模型是对统计关系进行定量描述的一种数学模型。按照不同的标准，可以将回归模型分成不同类型。

根据回归分析涉及的自变量的多少，回归模型可以分为一元回归模型和多元回归模型。前者只包含一个自变量和一个因变量，而后者可以有多个自变量和因变量。

根据模型中自变量和因变量之间的关系是否为线性，可以分为线性回归模型和非线性回归模型。如果回归分析中自变量和因变量的关系可以用一条直线近似表示，或者说两类变量数据分布大体上呈直线趋势，那么这种回归模型称为线性回归模型，如果自变量和因变量的关系无法用一条直线近似表示，则为非线性回归模型，也称为曲线回归模型。

⊖ 在相互联系的现象之间存在着一定的因果关系，把其中起着影响作用的现象具体化，通过一定的变量反映出来，这样的变量称为自变量。

⊖ 由于受到自变量的变动的影响而发生变动的变量称为因变量。

根据回归模型是否带有虚拟变量，回归模型可以分为普通回归模型和带虚拟变量的回归模型。顾名思义，普通回归模型中没有虚拟变量，带虚拟变量的回归模型中则含有虚拟变量。

10.4.3　回归分析预测的步骤

回归分析预测法是在分析自变量和因变量之间相关关系的基础上，建立变量之间的回归方程，并将回归方程作为预测模型，根据自变量在预测期的数量变化来预测因变量的变化。它是一种重要的、行之有效的、实用价值较高的预测方法，不仅常用于市场现象的预测，还可以作为态势预测的方法，通过提取影响态势预测对象的主要因素并获得足够的数据资料，对网络安全态势进行预测。回归分析预测法的一般步骤如下所示。

- **根据预测目标确定自变量和因变量。**明确预测的具体目标，也就确定了因变量，如预测具体目标是攻击行为趋势，那么攻击行为趋势就是因变量。通过数据采集和态势提取，寻找与预测目标相关的影响因素，即自变量，并从中选出主要的影响因素。
- **建立回归预测模型。**根据自变量和因变量的历史统计数据进行计算，在此基础上建立回归分析方程，也就是回归分析预测模型。
- **进行相关分析。**回归分析是对具有因果关系的影响因素（自变量）和预测对象（因变量）所进行的数理统计分析处理，只有当自变量与因变量确实存在某种关系时，建立的回归方程才有意义。因此，作为自变量的因素与作为因变量的预测对象是否有关、相关程度如何，以及判断这种相关程度的把握性多大，就成为进行回归分析必须要解决的问题。进行相关分析，一般需要求出相关关系，以相关系数的大小来判断自变量和因变量的相关程度。
- **检验回归分析预测模型，计算预测误差。**回归分析预测模型是否可用于实际预测，取决于对回归分析预测模型的检验和对预测误差的计算。回归方程只有通过各种检验，且预测误差较小，才能将回归方程作为预测模型进行预测。
- **计算并确定预测值。**最后，利用回归分析预测模型计算预测值，并对预测值进行综合分析以确定最后的预测值。

10.4.4　回归分析预测方法

回归分析预测方法多种多样，这些技术大体来说都有三个度量指标，即自变量的个数、因变量的类型以及回归线的形状。

1. 线性回归

线性回归是最常见的建模技术之一，也是人们在学习预测模型时首选的技术之一。在这种技术中，因变量是连续的，自变量可以是连续的也可以是离散的，回归线的性质是线性的。线性回归使用最佳的拟合直线（也就是回归线）在因变量（Y）和一个或多个自变量（X）之间建立一种关系。

一元线性回归只研究一个自变量和一个因变量之间的统计关系，可表示为：

$$y=\beta_0+\beta_1 x+\varepsilon$$

其中，β_0 和 β_1 为模型的参数，或者是直线的斜率；ε 是随机误差项，也为随机干扰项。

多元线性回归是对两个或两个以上自变量的回归，涉及多个自变量的多元线性回归模型可表示为：

$$y=\beta_0+\beta_1 x_1+\beta_2 x_2+\cdots+\beta_m x_m+\varepsilon$$

由于总体回归参数 β_0，β_1，…，β_m 是未知的，要利用样本数据估计。可以用样本统计量 b_0，b_1，…，b_m 代替回归方程中的未知参数，则可得到估计的回归方程为：

$$y=b_0+b_1 x_1+b_2 x_2+\cdots+b_m x_m$$

2. 逻辑回归

逻辑回归用来计算“事件 =Success”和“事件 =Failure”的概率。当因变量的类型属于二元（1/0，真 / 假，是 / 否）变量时，就可以使用逻辑回归。这里，Y 的值为 0 或 1，它可以用下方程表示：

$$\begin{aligned}&\text{odds}=p/(1-p)\\&\text{In}(\text{odds})=\text{In}\left(p/(1-p)\right)\\&\text{logit}(p)=\text{In}\left(p/(1-p)\right)=b_0+b_1X_1+b_2X_2+b_3X_3+\cdots+b_kX_k\end{aligned}$$

其中，p 表述具有某个特征的概率。公式中使用对数 log 是因为使用的是二项分布（因变量），需要选择一个对这个分布最佳的连接函数，即 logit 函数。在上述方程中，通过观测样本的极大似然估计值来选择参数，而不是最小化平方和误差。

3. 多项式回归

在一个回归方程中，若自变量的指数大于 1，那么它就是多项式回归方程。例如：

$$y=a+b\,x^2$$

这就是一个多项式回归方程。在这类回归方法中，最佳拟合线不是直线，而是一个用于拟合数据点的曲线。

4. 逐步回归

在处理多个自变量时，可使用这种形式的回归。在该种方法中，自变量的选择是在一个自动过程中完成的，其中包括非人为操作。通过观察统计的值，来识别重要的变量。逐步回归通过同时添加或者删除基于指定标准的协变量来拟合模型。常用的逐步回归方法有：

- 标准逐步回归法：一般包括两步，即增加和删除每个步骤所需的预测。
- 向前选择法：从模型中最显著的预测开始，然后为每一步添加变量。
- 向后剔除法：与模型的所有预测同时开始，然后在每一步消除最小显著性变量。

这种回归预测方法的目的是使用最少的预测变量数来最大化预测能力，它也是处理高维数据集的一种方法。

5. 岭回归

当数据之间存在多重共线性，也就是自变量高度相关时，就需要使用岭回归分析。当存在多重共线性时，尽管最小二乘法测得的估计值不存在偏差，它们的方差也会很大，从而使得观测值与真实值相差甚远。岭回归通过给回归估计值添加一个偏差值，来降低标准误差。

在线性等式中，预测误差可划分为两种分量，一个是偏差造成的，另一个是方差造成的。预测误差可能会由这两者或两者中的任何一个造成。我们重点考虑由方差所造成的误差，采用岭回归通过收缩参数 λ 解决多重共线性问题，如下式：

$$L_2 = \arg\min_{\beta \in R^P} \|y - X\beta\|_2^2 + \lambda \|\beta\|_2^2$$

该式由两个部分组成，一个是最小二乘项，另一个是 β 平方的 λ 倍，其中 β 是相关系数向量，与收缩参数一起添加到最小二乘项中，这样就可以得到一个非常低的方差。

6. 套索回归

类似于岭回归，套索回归也会就回归系数向量给出惩罚值项。此外，它能够减少变化程度并提高线性回归模型的精度。下式是一个套索回归公式：

$$L_1 = \arg\min_{\beta \in R^P} \|y - X\beta\|_2^2 + \lambda \|\beta\|_1$$

与岭回归所不同的是，套索回归使用的惩罚函数是 L1 范数，而不是 L2 范数。这导致惩罚值（或等于约束估计的绝对值之和）使得一些参数估计结果等于零，使用惩罚值越大，进一步估计会使得缩小值越趋近于零，这就需要从给定的 n 个变量中选择变量。如果预测的一组变量是高度相关的，套索回归会选出其中一个变量并且将其他的收缩为零。

7. ElasticNet 回归

ElasticNet 是岭回归和套索回归技术的混合体。它使用 L1 来训练并且 L2 优先作为正则化矩阵。当有多个相关的特征时，ElasticNet 很有用。套索回归会随机挑选其中的一个，而 ElasticNet 则会选择两个。其公式如下：

$$\hat{\beta} = \arg\min_{\beta}\left(\|y - X\beta\|^2 + \lambda_2\|\beta\|^2 + \lambda_1\|\beta\|_t\right)$$

交叉验证是评估预测模型的好方法。ElasticNet 回归将数据集分成两部分，一部分用于训练，一部分用于验证，通过使用观测值和预测值之间的一个简单均方差，来衡量模型预测精度。

岭回归、套索回归和 ElasticNet 回归都是回归正则化方法，能够在高维和数据集变量之间多重共线性情况下良好地运行。

10.5　总结

以上方法是常见且典型的网络安全态势预测方法，但现实的情况是，网络攻击的随机性和不确定性决定了安全态势的变化是一个复杂的非线性过程，利用简单的统计数据预测非线性过程随时间变化的趋势必然存在很大的误差，如时间序列分析法，其根据系统对象随时间变化的历史信息对网络的发展趋势进行定量预测，在处理具有非线性关系、非正态分布特性的宏观网络态势值所形成的时间序列数据时，效果并不理想，已逐渐不能满足网络安全态势预测的需求。

未来的态势预测必然会采用更多的智能算法和模型，如目前研究比较广泛的模式识别方法，它为态势预测算法奠定了理论基础，我们可以结合模式识别的理论，将其应用于网络安全态势的预测中。还有属于人工智能领域的神经网络预测方法，它具有良好的函数拟合性以及对目标样本的自学习功能，且具有并行处理、高度容错和极强的函数逼近能力等特性，也常用于态势智能预测。我们将在下一章详细介绍几种重要的网络安全态势智能预测方法。

第11章

网络安全态势智能预测

人工智能将成为终极搜索引擎，可以理解网络上的一切信息。它会准确地理解你想要什么，给你需要的东西。我们现在还远远没有做到这一点。然而，我们能够逐渐接近，我们目前正在为此努力。

——拉里·佩奇，科技革新者、美国企业家

11.1 引言

要想真正实现主动防御的思想，其中最重要的一环就是要加入安全预警技术，即根据当下已检测到的报警信息预测未来即将发生的攻击行为，真正建立动态的响应机制，以检测、预测、响应、防护为组成过程，为网络系统的安全提供实时、动态、快速响应且主动的安全屏障。网络安全态势的预测是指根据网络安全态势的历史信息和当前状态对网络未来一段时间的发展趋势进行预测，它是态势感知的一个基本目标。由于网络攻击的随机性和不确定性，使得以此为基础的安全态势变化是一个复杂的非线性过程，采用传统预测模型方法已经逐渐不能满足需求，越来越多的研究正在朝智能预测方法发展。这里的智能与人工智能相关，又不限于此，其不仅包括通过建立机器的自动感知和自学习机制，使其具有思维能力和行为能力，还包括对复杂复合式网络攻击行为的识别和预测。

人工智能的方法对非线性时间序列数据具有很强的逼近和拟合能力，许多研究人员将其应用于非线性时间序列的预测中并取得了较好的效果，典型的如神经网络、支持向量机、遗传算法等智能预测方法。此类方法的优点是具有自学习能力，中短期预测精度较高，需要较少的人为参与。但是也存在一定的局限，如神经网络存在泛化能力弱，易陷入局部极小值等问题；支持向量机的算法性能易受惩罚参数、不敏感损失参数等关键参数的影响；而遗传算法的进化学习机制较为简单等。本章将对几种常见的人工智能用于态势预测的方法进行介绍和说明。

对网络攻击态势的预测集中体现了主动防御的概念，是主动防御技术中的关键所在。由于复合式攻击已成为当前网络攻击行为中的主流方式，且在未来相当长一段时期内有继续增长扩大的趋势，因此针对复合式攻击的识别与预测是网络安全态势感知领域面临的一个重要问题，也是本章关注的内容之一。

11.2　神经网络预测

神经网络预测是目前最常用的网络安全态势预测方法之一，神经网络预测模型属于人工智能领域，它是一种机器学习工具，具有良好的函数拟合性、对目标样本的自学习和自记忆功能，还具有并行处理、高度容错和极强的函数逼近能力等特性，可以获取复杂非线性数据的特征模式。利用神经网络预测态势的原理为：首先以一些输入输出数据作为训练样本，通过网络的自学习能力调整权值，构建态势预测模型；然后运用模型，实现从输入状态到输出状态空间的非线性映射。

11.2.1　人工神经网络概述

神经网络全称为人工神经网络，它是一种模拟大脑神经突触联结的结构进行信息处理的数学模型，是对人脑的抽象和简化，进而反映人脑的基本特征。人工神经网络即大量并行分布的处理机，由简单的处理单元（或称神经元⊖）所组成，这种处理机具有存储和应用经验知识的自然特性，不仅可以通过学习过程，利用神经网络从外部环境中获取知识，其内部神经元还可用来存储获取的知识。神经网络具有很强的自学习能力，可为新的输入产生合理的输出，具有在学习过程中不断完善自己和创新的特点。神经网络具有非线性、很强的鲁棒性和容错性，善于联想、概括、类比和推广，而且局部的损伤不会影响整体结果。人工神经网络由大量神经元相互连接构成。一个典型的人工神经元模型由输入 $\boldsymbol{X}=(x_1, x_2,\cdots, x_n)$、网络权值 $\boldsymbol{W}=(w_1, w_2,\cdots, w_n)$、阈值 θ、求和单元 $\sum$、激励函数 f、输出 out 组成。如图 11.1 所示。

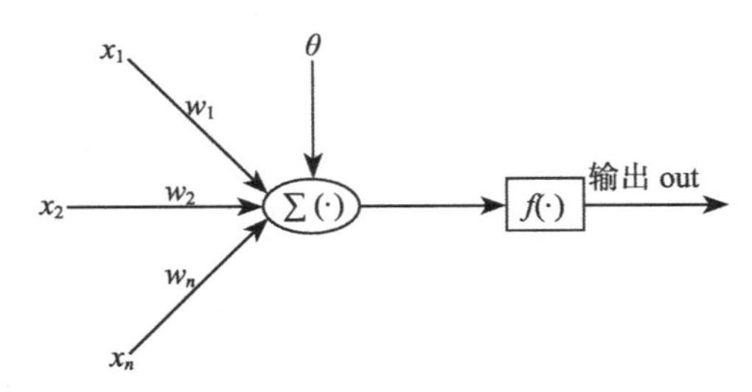

图 11.1　典型人工神经网络模型

⊖ 连接机制结构的基本处理单元，与神经生理学类比，往往称为神经元，每个神经元模型模拟一个生物神经元。

人工神经网络的互联方式主要包括前向网络、有反馈的前向网络、层内相互结合的前向网络、相互结合型网络（包括全互联和部分互联类型）等类型。在人工神经网络中，神经元处理单元可表示不同的对象，如特征、字母、概念或者一些有意义的抽象模式。网络中处理单元的类型分为三类：输入单元、输出单元和隐单元。输入单元接收外部世界的信号与数据；输出单元实现系统处理结果的输出；隐单元则是处于输入和输出单元之间，不能由系统外部观察的部分。神经元间的连接权值反映了单元间的连接强度，信息的表示和处理体现在网络处理单元的连接关系中。

人工神经网络是涉及神经科学、思维科学、人工智能、计算机科学等多个领域的交叉学科。它在不同程度和层次上模仿人脑神经系统的信息处理功能，克服了传统的基于逻辑符号的人工智能在处理直觉、非结构化信息方面的缺陷，具有自适应、自组织和实时学习的特点。

11.2.2　神经网络的学习方法

神经网络对信息的处理一般都需要学习阶段和执行阶段结合，才能实现合理的处理过程。神经网络对信息的学习是为了取得对信息的适应特性或信息的特征，而神经网络对信息的执行过程则是对特征的检索或者是对信息的分类过程。学习和执行是神经网络不可缺少的两个处理和功能，神经网络的各种有效的行为和作用都是通过这两个关键过程来实现的。通过学习阶段，可以把神经网络训练成对某种信息模式特别敏感，或者具有某种特征的动力学系统；通过执行阶段，可以用神经网络识别有关信息模式或特征。

神经网络的学习规则可以粗略分为以下三类：

- 第一类是相关学习规则。这种规则只根据连接间的激活水平来改变权系数，常用于自联想网络，如 Hopfield 网络。
- 第二类是纠错学习规则。这种规则根据输出节点的外部反馈来改变权系数。它与梯度下降法等效，按局部改善最大的方向一步步进行优化，从而最终找到全局优化值。感知器学习就采用这种纠错学习规则，如 BP 算法，以及用于统计性算法的模拟退火算法。
- 第三类是无教师学习规则。它是一种对输入检测进行自适应的学习规则。网络的自组织学习算法即属于这一类。

在神经网络学习中，最基本和最常用的方法为感知器学习法，其原理如图 11.2 所示。

该方法的学习过程为：首先输入部接收外来的输入样本，由训练部进行网络的权系数 $\boldsymbol{W}$ 调整，然后由输出部输出结果。在此过程中，期望的输出信号可作为教师信号输入，由该教师信号与实际输出进行比较，其产生的误差用于控制修改权系数 $\boldsymbol{W}$。输入样本信号 x_i

可以取离散值“0”或“1”。输入样本信号通过权系数作用，再产生输出结果$\sum w_i x_i$，即：

$$u = \sum w_i x_i = w_1 x_1 + w_2 x_2 + \cdots + w_n x_n$$

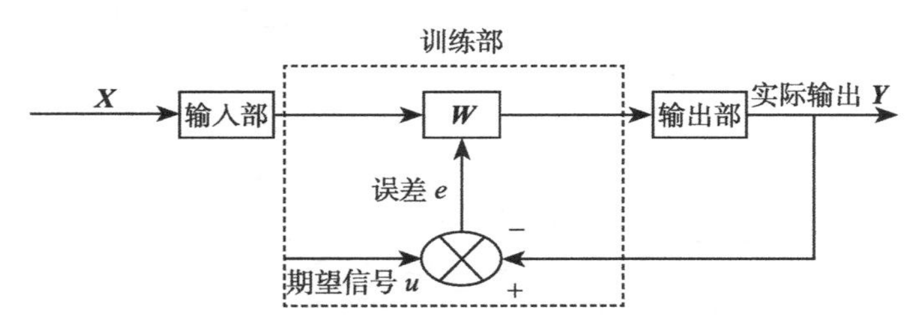

图 11.2　感知器学习法的学习原理

再将实际输出信号 Y 和 u 进行比较，从而产生误差信号 e。即权值调整机构根据误差 e 对学习系统的权系数进行修改，修改方向应使误差 e 变小，不断进行下去，直到误差 e 为 0，此时实际输出值 u 和期望输出值 Y 完全一样，则学习过程结束。

11.2.3　神经网络预测模型类型

1. 线性神经网络

线性神经网络由一个或多个线性神经元组成，是一种层次性前向网络，其传递函数为线性函数，学习算法为“最小均方（LMS）算法”。如果定义预测训练样本为 $\{p_1, t_1\}$，$\{p_2, t_2\}$，…，$\{p_q, t_q\}$，其中，p_q 为网络输入，t_q 为相应的期望输出，则算法中定义的训练误差为：

$$\text{MSE} = 1/q\sum_{k=1}^{q} e(k)^2 = 1/q\sum_{k=1}^{q}\left(t(k) - p(k)\right)^2$$

LMS 也就是最小二乘法算法，是通过调整线性神经网络的权重和阈值，使均方差最小。线性神经网络适用于对线性关系的数据进行预测。

2. BP 神经网络

BP 神经网络全称为 Back-Propagation Neural Network，即反向传播网络，是指基于误差反向传播算法的多层前向神经网络，它是 D. E. Rumelhart 及其研究小组在 1986 年研究提出的，是目前应用最广泛的神经网络模型之一。

BP 神经网络通常采用基于 BP 神经元的多层前向神经网络结构形式，由输入层、若干个隐含层和输出层所构成，各层次之间的神经元形成全互联连接，各层次内的神经元之间没有连接。当供给网络一组学习样本后，神经元的激活值从输入层经过各隐含层向输出层传播，输出层的神经元获得输出。然后以期望输出和实际输出的误差为反方向，由输出层经过各隐含层到输入层，调节、修正网络连接权值。随着这种根据误差逆向传播来不断修正权值，网络对输入模式的适应性不断上升。典型的三层 BP 网络模型如图 11.3 所示。

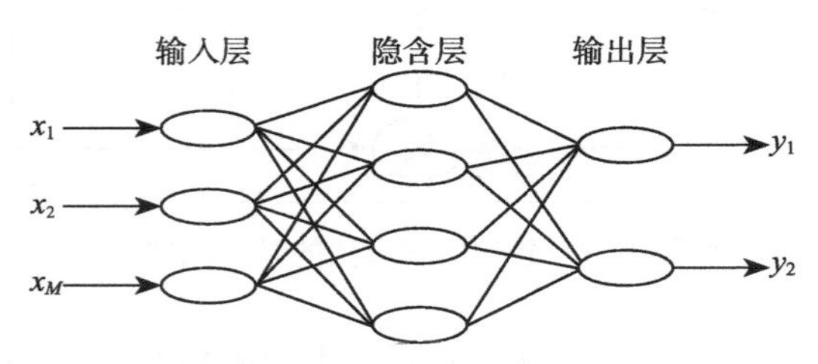

图 11.3　典型 BP 神经网络模型

BP 神经网络是前向网络的核心部分，体现了神经网络最精华、最完美的内容。BP 神经网络可以实现输入和输出的任意非线性映射，可以实现自学习且结构简单，这使得它在预测领域得到广泛应用。其缺点是收敛速度慢、易陷入局部最优以及初始网络参数不易确定等缺点，访问认证机制中包含严重缺陷使其很容易受到攻击。

3. Elaman 神经网络

Elaman 神经网络是 Elaman 于 1990 年提出的，是一种层次性反馈网络，一般分为四层：输入层、中间层（隐含层）、承接层和输出层，传递函数可以采用线性或非线性函数，各层连接类似于前向网络。承接层用来记忆隐含层单元前一时刻的输出值，可视为一个一步延时算子。其特点是隐含层的输出通过承接层的延迟与存储，自联到隐含层的输入，这种自联方式使其对历史状态的数据具有敏感性，内部反馈网络的加入增强了网络本身处理动态信息的能力，从而达到动态建模的目的。

Elaman 神经网络的非线性状态空间表达式为：

$$\begin{cases} y(k) = g(w_3\, x(k)) \\ x(k) = f\,(w_l x_c\,(k) + w_2\,(u\,(k-1))) \\ x_c(k) = x(k-1) \end{cases}$$

式中 $\boldsymbol{y}$、$\boldsymbol{x}$、$\boldsymbol{u}$、$\boldsymbol{x}_c$ 是 m 维输出节点向量、n 维中间层节点单元向量、r 维输入向量和 n 维反馈状态向量；w_3、w_2、w_1 为中间层到输出层、输入层到中间层、承接层到中间层的连接权值，$g(x)$ 为输出神经元的传递函数，是中间层输出的线性组合；$f(x)$ 是中间层神经元的传递函数，常采用 Sigmoid 函数。

由于 Elaman 神经网络的内部加入了网络本身处理动态信息的能力，因此把该网络用作流量中非线性关系数据预测的网络单元可以保证流量的非平稳性特征。

4. Hopfield 神经网络

Hopfield 神经网络是由 J. Hopfield 于 1982 年提出的一种循环神经网络，它可用作连接存储器的互连网络。它从输出到输入是有反馈的连接，主要可分为离散型和连续型两种类型。

由于其输出端到输入端是有反馈的，所以 Hopfield 网络在输入的激励下会产生不断变化的状态。当有输入之后，可以求得输出，这个输出反馈到输入再产生新的输出，循环往复。如果 Hopfield 网络是一个能收敛的稳定网络，那么这个反馈与迭代的计算过程所产生的变化会越来越小，一旦到达稳定平衡状态，网络就会输出一个稳定的恒值。对于一个 Hopfield 网络来说，关键在于确定它在稳定条件下的权系数。

Hopfield 最早提出的网络是二值神经网络，当时神经元的输出只取 1 和 0 这两个值，所以它也称为离散神经网络。在离散 Hopfield 网络中采用的神经元是二值神经元，因此所输出的离散值 1 和 0 分别表示神经元处于激活和抑制状态。

5. Kohonen 神经网络

参照大脑对信号处理的特点，T. Kohonen 于 1981 年提出了一种神经网络模型，也就是自组织特征映射（SOM）模型[⊖]。Kohonen 模型的思想在本质上是希望解决有关外界信息在人脑中自组织地形成概念的问题。对于一个系统来说，就是要解决一个系统在受外界信息作用时在内部自组织地形成对应表示形式的问题，这其中涉及神经网络的权系数调整。

神经元之间的信息交互方式有很多种，不过研究表明邻近的神经元之间的局部交互方式主要是侧向交互，这种侧向交互方式遵从的规则是：以发出信号的神经元为圆心，对近邻的神经元的交互作用表现为兴奋性侧反馈；同时以发出信号的神经元为圆心，对远邻的神经元的交互作用表现为抑制性侧反馈。这种规则说明近邻者相互激励，而远邻者相互抑制。自组织特征映射网络学习正是以此为理论基础而产生的。

自组织特征映射网络的学习过程如图 11.4 所示。首先对于输入层输入模式 X，找出在输出层中与它匹配的神经元 C，C 表示输入模式属于神经元所对应的类别。因为这种映射是通过无监督的自适应过程完成的，所以也称为自组织特征图。

⊖ SOM 全称为 Seif-Organizing feature Map。

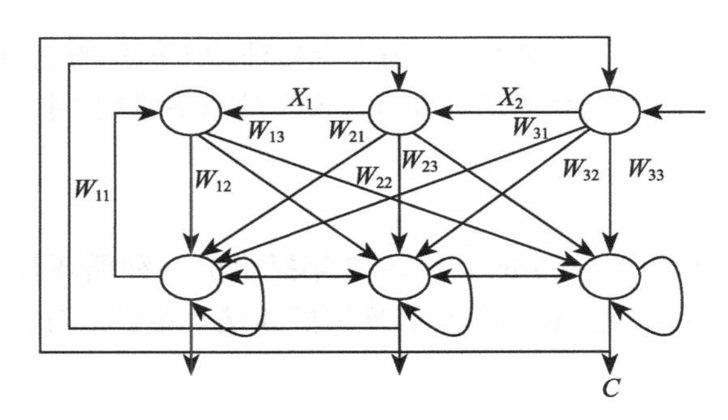

图 11.4　自组织特征映射网络学习图

在学习结束时，每个权系数向量 $\boldsymbol{W}_j$ 都近似落入由神经元 j 所对应类别的输入模式空间的中心，可以认为权系数向量 $\boldsymbol{W}_j$ 形成了这个输入模式空间的概率结构。所以，权系数向量 W_j 可作为这个输入模式的最优参考向量。

自组织特征映射网络由于有上述作用，因此适用于数据的量化，故也称作学习向量量化器。

11.2.4　BP 神经网络结构和学习原理

在上面介绍的几种模型中，BP 神经网络是目前应用最广泛的神经网络模型。据统计，90% 的神经网络模型采用的是 BP 神经网络。它是一个有隐含层的多层前向网络。如果网络的输入节点数为 M，输出节点数为 N，则此神经网络可看成从 M 维欧氏空间到 N 维欧氏空间的映射，这种映射是高度非线性的。

BP 的学习算法是非循环多级网络的训练算法，其基本思想是利用最小二乘法，即 LMS 算法，并采用梯度搜索技术，使网络的实际输出值与期望输出值之间的误差均方值最小。网络学习过程是一种误差向后传播同时修正权系数的过程。这个过程实际上包含了正向和反向传播两个阶段。在正向传播过程中，输入信息从输入层经隐含层逐层处理，并传向输出层，每一层神经元的状态只影响下一层神经元的状态。如果在输出层不能得到期望的输出，则转入反向传播，将误差信号沿原来的连接通路返回，通过修改各层神经元的权值，使得误差信号最小。该算法属于全局逼近算法，具有较好的泛化能力。

BP 网络的网络节点是非线性单元，BP 算法是一种有监督的学习过程，它根据给定的样本进行学习，并通过调整网络连接权值来体现学习的效果。在学习阶段，将学习样本加入输入端，沿前向在各层神经元按输入和激励函数产生输出，再将实际输出值和期望值之差逆向传到各层神经元，并根据误差和符号调整权值，直到误差缩小到规定范围。在仿真阶段，将待测样本输入到已经建立的神经网络中，从而在输出端产生所求的解答。其结构如图 11.5 所示。

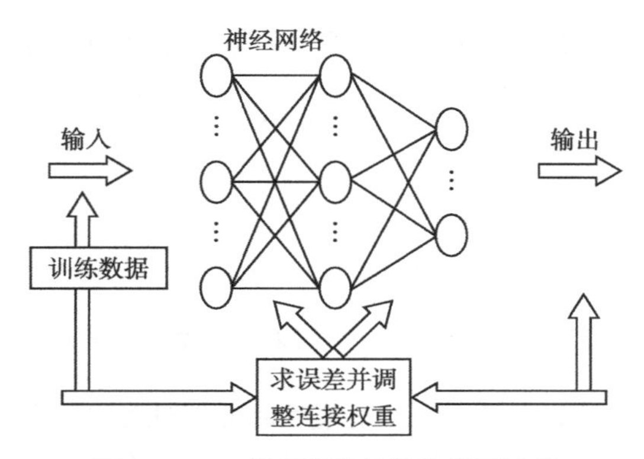

图 11.5　BP 神经网络结构和学习过程

BP 算法训练过程的基本步骤可描述如下：

1）对输入层到隐含层单元的连接权值 v_{hi}、隐含层到输出层单元的连接权值 w_{ij}，以及隐含层单元的阈值 θ_i、输出层单元的阈值 v_j 赋 [−1,+1] 区间的随机值。

2）输入样本并使用事先确定的激励函数，计算各节点的实际输出值，即 $f(\omega x)$，其中 f 为神经元激励函数，要求处处可导，通常应用最普遍的一类激励函数是 Sigmoid 函数，[0,1] 上的 Sigmoid 函数表达式及导数为：

$$fl(x)=\frac{1}{1+\mathrm{e}^{-\lambda x}}$$

$$fl'(x)=\lambda fl(x)\left[1-fl(x)\right]$$

3）用以下误差函数公式来计算网络性能的均方差。

$$E(w)=1/2\sum_{k\in \text{outputs}}\left(t_k-o_k\right)^2$$

其中，$t_k(k = 1,2, \cdots, n)$ 是样本的期望输出值，o_k 是输出层第 k 个节点的实际输出值。

4）计算输出层中每个输出节点的误差项：

$$\delta_k = o'_k(t_k - o_k) = o_k(1-o_k)(t_k-o_k)$$

5）计算隐含层中每个隐含节点的误差项：

$$\delta_k = o'_k\sum_{k\in \text{outputs}} w_{kh}\delta_k = o_k\left(1-o_k\right)\sum_{k\in \text{outputs}} w_{kh}\delta_k$$

6）计算各连接权的修正值，其中 η 是学习率，较小的 η 可以保证训练能更稳定地收敛，较大的 η 可以在某种程度上提高收敛速度，x_{ji} 是节点 i 到节点 j 的输出。

$$\Delta w_{ji} = \eta \delta_j x_{ji}$$

7）按下式调整各连接权的权值：

$$w_{ji} = w_{ji} + \Delta w_{ji}$$

8）返回第一步，不断循环直到误差变得足够小，或者循环次数达到上界为止。

总的来说，神经网络具有自学习、自适应性和非线性处理等优点。神经网络内部神经元之间复杂的连接和可变的连接权值矩阵使得模型运算中存在高度的冗余，因此网络具有良好的容错性和稳健性。虽然神经网络也有局限性，如在学习样本数量有限时，学习过程误差易收敛于局部极小点，学习精度难以保证；当学习样本数量很多时，又陷入维数灾难，泛化性能不高，但利用神经网络方法进行网络安全态势预测，仍不失为一种较好的方法。

11.3　支持向量机预测

支持向量机预测是一种基于统计学习理论[⊖]的模式识别方法，专门研究小样本情况下机器学习的规律，它由 Vapnik 于 1995 年首次提出。其基本原理是通过一个非线性映射将输入空间向量映射到一个高维特征空间，并在此空间上进行线性回归，从而将低维特征空间的非线性回归问题转换为高维特征空间的线性回归问题来解决。与其他方法相比，支持向量机预测绝对误差小，保证了预测的正确趋势率，能准确预测网络安全态势。支持向量机是目前网络安全态势预测的研究热点。

11.3.1　支持向量机方法的基本思想

1995 年，统计学习理论的发明者 Vapnik 首次提出了支持向量机这一概念，它是一种基于统计学习理论的模式识别方法，主要应用于模式识别领域。由于当时研究尚不十分完善，在解决模式识别问题中往往趋于保守，这些研究一直没有得到充分的重视。直到 20 世纪 90 年代，统计学习理论的实现和神经网络等较新兴的机器学习方法的研究遇到一些困难，例如如何确定网络结构的问题、过学习与欠学习问题、局部极小点问题等，使得支持向量机迅速发展和完善，并在许多领域都取得了成功应用。

支持向量机方法的基本思想基于 1909 年 Mercer 的核展开定理，通过非线性映射，把样本空间映射到一个高维乃至于无穷维的特征空间，使得在特征空间中可以应用线性学习

⊖ 统计学习理论是一种专门研究小样本情况下机器学习规律的理论。Vapnik 等人从 20 世纪六七十年代开始致力于此方法的研究，1981 年，Vapnik 和他的合作者提出了统计学习理论的重要基础理论——VC 维。

机的方法，以解决样本空间中的高度非线性分类和回归等问题。支持向量机是统计学习理论中最实用的一部分，也是统计学习理论的核心和重点。它通过建立一个最优决策超平面，使得该平面两侧距平面最近的两类样本之间的距离最大化，从而对分类问题提供良好的泛化能力。支持向量机的关键在于核函数。低维空间向量集通常难于划分，解决的方法是将它们映射到高维空间。但该办法带来的困难就是计算复杂度的增加，而核函数正好巧妙地解决了这个问题。也就是说，如果选用适当的核函数，就可以得到高维空间的分类函数。

支持向量机是一种新颖的小样本“机器”学习方法，比较适合解决本质上非线性的回归问题。其本质是通过对各种典型空间的充分描述，来表征因子群与预报对象之间的关系，可以说是一种基于事实的推理，具有从海量信息中自动识别并提取关键信息的特点。

11.3.2　支持向量机的特点

支持向量机是在统计学习理论基础上新发展的一种通用学习方法，是解决非线性分类、函数估算、密度估算等问题的有效手段。它在有限训练样本的学习精度和泛化能力之间取得了良好的平衡，从而获得较好的推广能力。它主要针对两类分类问题，其目的是找到一个超平面将样本空间中的训练样本分成两部分，此时支持向量机超平面的错分误差最小。即划分后的两部分满足如下条件：一是将尽可能多的同类型的训练样本归在同一部分；二是划分后的两部分距离要尽可能大。

支持向量机的主要特点是：

- 它是专门针对有限样本情况的，其目标是得到现有信息下的最优解，而不仅仅是样本数趋于无穷大时的最优值。
- 它是结构风险最小化原则[⊖]的具体实现，因此具有良好的推广能力。
- 其算法最终将转化为一个二次优化问题。从理论上说，得到的将是全局最优解，从而解决了神经网络中无法避免的局部最小化问题。
- 其算法将实际问题通过非线性变换转换到高维的特征空间，在高维空间中构造核函数来实现原空间中的非线性判别函数，使得学习机器有较好的推广能力，同时它巧妙地解决了维数问题，其算法复杂度与样本维数无关。
- 支持向量机存在唯一极值点。

上述特点中提到它是基于结构风险最小化理论的具体实现，不同结构的支持向量机有一个不同的对应算法，而这个算法由一系列符合结构风险最小化理论的函数组成。统计学习理论中的结构风险最小化原则描述如下。

⊖　结构风险最小化原则是 Vapnik 于 1982 年提出的具有划时代意义的理论。

假设有 m 个训练样本，每个训练样本由一组向量 $\boldsymbol{x}$ 组成：$x_i \in \mathbf{R}^n (i = 1,2, \cdots, m)$ 且每个 x_i 都有一个 y_i 与之对应。

假设在这些均匀分布的训练样本中存在一些未知分布的 $F(x, y)$，$F(x, y)$ 都是独立同分布的。

一个学习机器的任务就是找到 $x_i \rightarrow y_i \in \{+1, -1\}$ 的映射关系。因此，学习机器可定义为一系列 $x \rightarrow f(x, \alpha) \in \{+1, -1\}$ 的集合，其中 α 是可变参数。对于一个给定的输入 x 和被选择的参数 α，学习机器的输出保持不变，都为 $f(x, \alpha)$。不同的 α 有与之相对应的一个样本训练器。学习机器预期的预测误差，即期望风险 R 为：

$$R(\alpha)=\int Q\big(y,f(x,\alpha)\big)\mathrm{d}F(x,y)$$

期望风险是判断一个学习机器质量好坏的最重要标准，但要依赖联合概率的信息，而实际问题中无法得到，于是引入经验风险来近似表示期望风险。经验风险表示的是训练集上能测量到的误差，公式为：

$$R_{\text{emp}}(\alpha)=\frac{1}{m}\sum_{i=1}^{m}Q\big(y_i,f(x_i,\alpha)\big)$$

根据统计学习理论中关于函数集的推广性的界的结论，期望风险和经验风险之间至少以不小于 $1-\eta$（$0 \leqslant \eta \leqslant 1$）的概率存在：

$$R(\alpha)\leqslant R_{\text{emp}}(\alpha)+\sqrt{\frac{h\big(\log(2m/h)+1\big)-\log(\eta/4)}{m}} \equiv R_{\text{emp}}(\alpha)\sqrt{\frac{h(\eta)}{m}}$$

其中，h 是函数 $f(x, \alpha)$ 的 VC 维数，m 为训练样本数。

神经网络是基于 $R_{\text{emp}}(\alpha)$ 最小化的，它满足对已有训练数据的最佳拟合，在理论上可通过增加算法的规模使得 $R_{\text{emp}}(\alpha)$ 不断降低以至为 0。但是，这样使得算法的复杂度增加，VC 维数 h 增加，从而使 $\sqrt{\dfrac{h(\eta)}{m}}$ 增大，导致实际风险 $R(\alpha)$ 增加，引起过学习问题。通过选择合适的维，使维数与经验风险取得平衡，以避免过学习。结构风险最小化原则 $\min\left(R_{\text{emp}}(\alpha)+\sqrt{\dfrac{h(\eta)}{m}}\right)$ 就是用来解决这个问题的。

11.3.3　支持向量回归机的分类

之前介绍过，回归就是估计出自变量和因变量之间的函数关系，然后根据这个函数，把待预测的样本输入进去就可以得到未来的预测值。支持向量机用于回归估计问题时称为支持向量回归机，它是基于支持向量机理论建立的一种回归技术。支持向量机在回归算法的研究方面有极好的性能。支持向量回归机主要有两种类型：线性支持向量回归机和非线性支持向量回归机。

1. 线性支持向量回归机

已知一个样本集 $T=\{(x_1,y_1),\cdots,(x_l,y_l)\}\in(X,Y)^l$，其中第 i 个输入数据 $x_i\in\mathbf{R}^n$，$y_i\in\mathbf{R}$。支持向量机在分类问题中 $y_1\in Y=\{-1,1\}$，回归问题中不限定取 +1 或者 −1，可取任意实数。寻找一个实值函数 $f(x)$ 以便用 $y=f(x)$ 来推断任意 x 对应的 y 值，也就是寻找一个实值函数 $f(x)$，以便用 $y=f(x)$ 使得该函数能表达 y 对于 x 的依赖关系。

用线性回归函数估计样本数据 $T=\{(x_1,y_1),\cdots,(x_l,y_l)\}\in(X,Y)^l$，其中，第 i 个输入数据 $x_i\in\mathbf{R}^n$，$y_i\in\mathbf{R}$。回归方程为 $f(x)=\langle\omega\cdot x\rangle+b$，其中 $\omega\in\mathbf{R}^n$, $x\in\mathbf{R}^n$, $\langle\cdot\rangle$ 表示内积运算，$b\in\mathbf{R}$ 是偏置。于是线性回归问题就转化为求下面的优化问题：

$$\min\frac{1}{2}\|\omega\|^2$$

约束条件为

$$\left|\langle\omega.x\rangle+b-y_i\right|\leqslant\varepsilon,\ i=1,2,\cdots,l$$

于是这成为一个二次规划问题，通常不直接求解，而是求解它的拉格朗日对偶问题。选择损失函数为 $\varepsilon-$不敏感损失函数 $c(x,y,f(x))=|y-f(x)|_g$，其中，$|y-f(x)|_g=\max\{0,|y-f(x)|-\varepsilon\}$，里面的 ε 是事先取定的一个正数。通过增加或减小 ε 的值，可以控制支持向量的个数。为此，引入拉格朗日函数：

$$L(\omega,b,\alpha,\alpha^*)=\frac{1}{2}\|\omega\|^2-\sum_{i=1}^{l}\alpha_i\left(\varepsilon-y_i+\langle\omega\cdot x_i\rangle+b\right)-\sum_{i=1}^{l}\alpha_i^*\left(\varepsilon-y_i+\langle\omega\cdot x_i\rangle-b\right)$$

其中，α_i, $\alpha_i^*\geqslant 0$, $i=1,2,\cdots,l$, $\|\omega\|^2$ 是描述函数 f 复杂度的项。拉格朗日对偶问题为：

$$\max_{\alpha,\alpha^*}\min_{\omega,b}L(\omega,b,\alpha,\alpha^*)$$

利用 kuhn-tucker 条件，函数 L 的极值应当满足以下条件：

$$\frac{\partial L}{\partial \omega}=0 \rightarrow \omega=\sum_{i=1}^{l}\left(\alpha_i-\alpha_i^*\right)x_i,\quad \frac{\partial L}{\partial b}=0 \rightarrow \sum_{i=1}^{l}\left(\alpha_i-\alpha_i^*\right)=0$$

于是得到原优化问题的对偶形式：

$$\min_{\omega,b}\frac{1}{2}\sum_{i,j=1}^{l}\left(\alpha_i^*-\alpha_i\right)\left(\alpha_j^*-\alpha_j\right)\left(x_i-x_j\right)+\varepsilon\sum_{i=1}^{l}\left(\alpha_i^*+\alpha_i\right)-\sum_{i=1}^{l}y_i\left(\alpha_i^*-\alpha_i\right)$$

约束条件为

$$\sum_{i=1}^{l}\left(\alpha_i-\alpha_i^*\right)=0,\ \alpha_i,\alpha_i^*\geqslant 0,\ i=1,2,\cdots,l$$

求解该对偶问题，得到线性回归函数 $f\left(x\right)=\sum_{i=1}^{l}\left(\alpha_i^*-\alpha_i\right)\left(x_i,x_j\right)+b$ 。

其中，$\alpha_i-\alpha_i^*$ 不等于零对应的样本数据就是支持向量。最后计算 b，由非线性规划的条件，可得：

$$b=y_i-\langle\omega\cdot x_i\rangle-\varepsilon\qquad \alpha_i\in[0,C]$$
$$b=y_i-\langle\omega\cdot x_i\rangle+\varepsilon\qquad \alpha_i^*\in[0,C]$$

2. 非线性支持向量回归机

对于非线性回归，首先使用一个非线性映射 $\phi(\cdot)$ 将样本的输入 x_i 由输入空间 $\boldsymbol{X}$ 映射到高维特征空间 $\boldsymbol{H}$ 中，并在特征空间 $\boldsymbol{H}$ 构造线性支持向量回归机，这样在高维特征空间中的线性回归就对应于低维输入空间中的非线性回归。其具体实现是通过由映射函数 $\phi(\cdot)$ 在满足 Mercer 条件下构成的核函数 $K(x_i,x_j)=(\phi(x_i)\cdot\phi(x_j))$ 来实现的，这样就免去了在高维空间中计算复杂的点积运算，从而避免维数灾难。

另外，考虑到可能存在误差，引入两个松弛变量：

$$\xi_i,\xi_i^*\geqslant 0,\ i=1,2,\cdots,l$$

这时优化方程为

$$\min\frac{1}{2}\|\omega\|^2+C\sum_{i=1}^{l}\left(\xi_i+\xi_i^*\right)$$

其约束为

$$\langle\omega\cdot x\rangle+b-y_i\leqslant\xi_i+\varepsilon,\ i=1,2,\cdots,l$$

$$y_i - \langle \omega \cdot x \rangle + b \leqslant \xi_i^* + \varepsilon,\ i = 1,2,\cdots,l$$
$$\xi_i, \xi_i^* \geqslant 0,\ i = 1,2,\cdots,l$$

目标函数的第一项使函数更为平坦，从而提高泛化能力，第二项则能减少经验风险。

为了求解该二次规划问题，引入拉格朗日函数

$$L\left(\omega,b,\alpha,\alpha^*\right)\frac{1}{2}\|\omega\|^2 + C\sum_{i=1}^{l}\left(\xi_i+\xi_i^*\right) - \sum_{i=1}^{l}\alpha_i\left(\xi_i+\varepsilon-y_i+\left\langle\omega\cdot\phi\left(x_i\right)\right\rangle+b\right)$$
$$-\sum_{i=1}^{l}\alpha_i^*\left(\xi_i^*+\varepsilon-y_i-\left\langle\omega\cdot\phi\left(x_i\right)\right\rangle-b\right)-\sum_{i=1}^{l}\eta_i\left(\xi_i+\xi_i^*\right)$$

其中，$\alpha_i, \alpha_i^* \geqslant 0,\ i = 1,2,\cdots,l$；$C$ 用于控制模型的复杂度和逼近误差的折中，越大则对数据的拟合程度越高；ε 用于控制回归逼近误差和模型的泛化能力。

函数 L 的极值应满足条件：

$$\frac{\partial L}{\partial\omega}=0\rightarrow\omega=\sum_{i=1}^{l}\left(\alpha_i^*-\alpha_i\right)\phi\left(x_i\right)$$
$$\frac{\partial L}{\partial b}=0\rightarrow\sum_{i=1}^{l}\left(\alpha_i^*-\alpha_i\right)=0$$
$$b=y_i-\sum_{j=1}^{l}\left(\alpha_j-\alpha_j^*\right)K\left(x_i,x_j\right)-\varepsilon\quad\alpha_i\in\left[0,C\right]$$
$$b=y_i-\sum_{j=1}^{l}\left(\alpha_j-\alpha_j^*\right)K\left(x_i,x_j\right)+\varepsilon\quad\alpha_i^*\in\left[0,C\right]$$

于是得到原优化问题的拉格朗日对偶问题为：

$$\min_{\alpha_i,\alpha_i^*}\frac{1}{2}\sum_{i=1}^{l}\sum_{j=1}^{l}\left(\alpha_i-\alpha_i^*\right)\left(\alpha_j-\alpha_j^*\right)K\left(x_i,x_j\right)-\sum_{i=1}^{l}y_i\left(\alpha_i-\alpha_i^*\right)+\varepsilon\sum_{i=1}^{l}\left(\alpha_i+\alpha_i^*\right)$$

约束条件为

$$\sum_{i=1}^{l}\left(\alpha_i-\alpha_i^*\right)=0,\ 0\leqslant\alpha_i,\ \alpha_i^*\leqslant C,\ i=1,\cdots,l$$

通过求解该对偶问题，得到最优解 $\bar{\alpha}=\left(\bar{\alpha}_1,\bar{\alpha}_1^*,\cdots,\bar{\alpha}_L,\bar{\alpha}_L^*\right)^{\mathrm{T}}$，最优解中非零向量 $\bar{\alpha}_i$ 或 $\bar{\alpha}_i^*$ 所对应的样本点（x_i, y_i）的输入 x_i 为支持向量，从而构造非线性回归函数 $f(x)=$

$\sum_{\text{支持向量}}\left(\bar{\alpha}_i-\bar{\alpha}_i^*\right)K\left(x_i,x_j\right)+b$。支持向量机实现的就是包含一个隐含层的多层感知器，每个基函数中心对应一个支持向量，隐含层节点数和输出权值都是由算法自动确定的。

总的来说，支持向量回归就是通过用内积函数定义的非线性变换，将输入空间变换到高维空间，并在该高维空间中解决回归函数的学习过程。它在形式上类似于神经网络，输出是中间节点的线性组合，每个中间节点对应一个支持向量，其权值即为对应的拉格朗日乘子，支持向量机结构如图 11.6 所示。

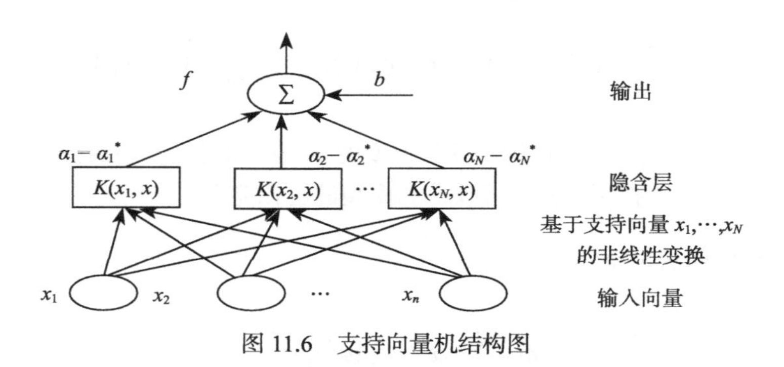

图 11.6　支持向量机结构图

11.3.4　支持向量机核函数的选取

选取适当的核函数是用支持向量机解决回归问题的一个关键因素，也是支持向量机理论研究的核心问题。经证明，只要满足 Mercer 条件的对称函数即可作为核函数。核函数的作用就是使样本投影到一个高维的空间中以将其转化为一个线性回归问题，因此核函数的选取直接影响了模型的泛化能力。在实际应用中，最常用的核函数有以下几种。

1. 多项式核函数

多项式核函数是最常用的一种非线性映射核函数，公式如下：

$$K(x, x') = ((x, x')+c)^d,\ c \geqslant 0,\ d = 1,2,\cdots$$

当 $c > 0$ 时为非齐次多项式核，当 $c = 0$ 时则变成齐次多项式核。

$$K(x, x') = (x, x')^d,\ d = 1,2,\cdots$$

非齐次多项式核应用更为普遍，因为它避免了 Hessian 矩阵为零的情况。

2. 高斯径向基核函数

径向基函数一般都使用其高斯形式，公式如下：

$$K(x,x')=\exp\left(-\frac{\|x-x'\|^2}{2\sigma^2}\right)$$

3. Sigmoid 核函数

Sigmoid 核函数是一种特殊的半正定核函数：

$$K(x,x')=\tanh\left[u(x,x')-r\right],\ u>0,\ r<0$$

除了以上常用的核函数外，还有 B 样条核等类型。

参数对支持向量机解决回归问题影响重大，支持向量机回归问题的推广性能取决于一组好的参数，如正则化参数 C、不敏感参数 ε 以及核参数 σ 等。

- 正则化参数 C 的影响：该参数能够在模型的复杂度和训练误差之间进行折中，以使模型有较好的推广能力。不同数据的子空间中最优的 C 值不同。在确定的数据子空间中，如果参数 C 取得太小，则对样本数据中超出 ε 不敏感带的样本惩罚就越小，使训练误差变大，出现“欠学习”现象；如果 C 取得太大，相应地，$\frac{1}{2}\|\omega\|^2$ 的权重就小，系统的泛化能力变差，出现“过学习”现象。在每个数据子空间寻找一个合适的 C 值，才能使得支持向量机推广性能最好。
- 不敏感参数 ε 的影响：该参数控制 ε 不敏感带的宽度，影响着支持向量的数目。ε 值选得太小，回归估计精度高，但支持向量数增多。ε 值选得太大，回归估计精度降低，支持向量数减少，支持向量机的稀疏性大。因此，在标准支持向量机中，参数 ε 和 C 通过不同的方式控制着模型的复杂度。
- 核参数 σ 的影响：该参数反映了训练样本数据的分布或范围特性，它确定了局部邻域的宽度。较大的 σ 意味较低的方差。

综上所述，支持向量机性能优良与否，同模型中参数 C、ε 和 σ 等有很大关系。对于应用者来说，主要问题是如何根据训练样本集选择合适的模型参数，以保证建立模型有很好的推广性能。在固定核函数情况下，模型参数的调整与确定成为支持向量回归机设计的关键环节。

11.4 人工免疫预测

人工免疫就是研究、借鉴和利用生物免疫学原理、机制而发展起来的各种信息处理技术、计算技术及其在工程和科学中应用而产生的各种智能系统的统称，其研究涉及医学免疫学、计算机科学、人工智能、系统工程、模式识别、控制工程等学科，是典型的交叉学科。目前，人工免疫系统已发展成为人工智能研究领域的重要分支。与上述智能方法相比，人工免疫系统具有全局优化、收敛速度快等优点。它继承了生物免疫系统的自学习、自适应、自组织和免疫记忆等优化学习机理，适合于解决网络安全态势预测问题，其拟合和预测结果都能较好地克服网络安全态势时间序列大幅度变化的影响。

11.4.1　人工免疫系统概述

生物的免疫系统是一个高效的分布式系统，具有极其复杂的运行机制来抵御病原体的入侵，它能够有效地区分"非自体"抗原和"自体"组织，采取一些措施清除"非自体"并保持生物体内环境的稳定。从计算科学的角度看，免疫系统具有高度分布、高度并行、自适应和自组织等特性，有良好的记忆、识别、信息处理、学习和特征提取的能力。这些能力引起专家学者的注意并对其进行深入研究，然后提出了一个免疫系统计算模型——人工免疫系统。

人工免疫系统是进行数据处理、分类、推理和表述的方法学，它遵循一个有争议的生物学范例——生物体的免疫系统，包含若干智能方法，根据生物免疫系统的原理解决实际工程应用中的问题。人工免疫系统主要分为模型和算法两部分：模型主要包括形态空间模型、免疫细胞模型等。免疫算法是学者借鉴生物免疫系统的运行机制（如否定选择原理、克隆选择原理）而提出的，主要包括否定选择算法、克隆选择算法、免疫进化算法等。

免疫系统具有完善的机制来抵御病原体的入侵，具有强大的信息处理能力，尤其是能够在完全并行和分布的方式下实现复杂的功能。借鉴其运行机理的人工免疫系统，经过研究人员的深入研究，已经运用到实际的工程领域中，用以解决许多复杂的现实问题并取得了良好的效果，如网络安全、模式识别、组合优化、机器学习、数据挖掘与分析领域。在网络安全态势感知研究中需要解决的一个关键问题是知识的自动获取与智能预测，数据挖掘技术能够很好地解决这个问题。数据挖掘就是从大量、异构的数据中找出隐含的、深层次模式信息，可以看作一个系统自动获取知识的过程，而免疫系统所具有的高效的复杂信息处理能力对数据挖掘有很好的借鉴意义，应用人工免疫系统原理可以对训练数据进行建模，对数据的模式空间域有泛化能力，并能对得到的进化网络提供更好的解释，获取更多的有用信息，对态势进行更精准的预测。

11.4.2　人工免疫模型相关机理

人工免疫系统是模仿自然免疫系统功能的一种智能方法，它实现了一种受生物免疫系统启发、通过学习外界物质的自然防御机理的学习技术，提供了噪声忍耐、自组织、无教师学习、记忆等进化学习机理，结合了分类器、神经网络和机器推理等系统的优点，因此提供了解决问题的新颖方法和途径。为了适应环境的复杂性和异敌的多样性，生物免疫系统采用单纯冗余策略，这是一种具有高稳定性和可靠性的方法。免疫系统是由各免疫子网络构成的一个大规模网络，机理很复杂，尤其是其所具有的信息处理与机体防御功能为工程应用提供了新的概念、理论和方法。人工免疫模型相关机理如下所示。

1. 记忆学习

免疫系统的记忆作用是广为人知的，如患了一次麻疹后，第二次感染了同样的病毒就不会发病。这种记忆作用是由记忆 T 细胞和记忆 B 细胞所承担的，在一次免疫响应后，如果受同类抗原再次刺激，在短时间内免疫系统具有识别各种抗原并将特定抗原排斥掉的学习记忆机制。免疫系统有着与神经网络不同的记忆机制。

2. 反馈机理

细胞免疫和体液免疫之间的关系如图 11.7 所示，抗原、抗体、细胞、辅助细胞和抑制细胞之间的反应体现了免疫反馈机理。

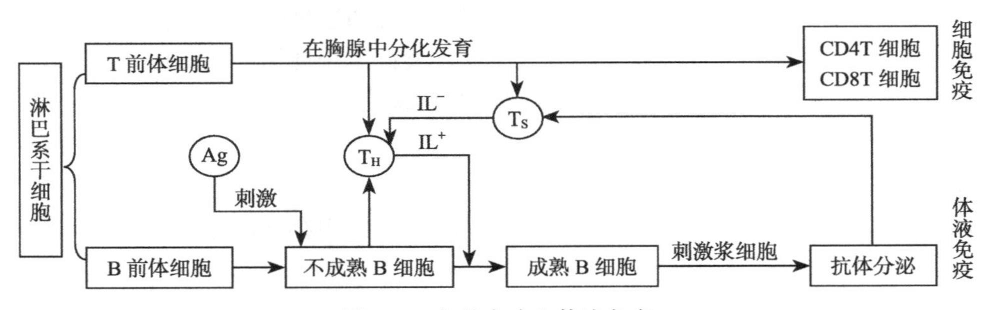

图 11.7　细胞免疫和体液免疫

在图 11.7 中，IL^+ 表示 T_H 细胞分泌白细胞介素，IL^- 表示 T_S 细胞分泌白细胞介素。当抗原进入机体并经周围细胞消化后，将信息传递给 T 细胞，即传递给 T_H 细胞和 T_S 细胞，T_S 细胞用于抑制 T_H 细胞的产生，然后共同刺激 B 细胞。经过一段时间后，B 细胞产生抗体以清除抗原。当抗原较多时，机体内的 T_H 细胞也较多，而 T_S 细胞却较少，从而产生的 B 细胞会多些。随着抗原的减少，体内 T_S 细胞增多，它抑制了 T_H 细胞的产生，则 B 细胞也随之减少。经过一段时间后，免疫反馈系统便趋于平衡。利用这一机理，可提高进化算法的局部搜索能力，突生出具有特异行为的网络，从而提高个体适应环境的能力。

接着，简化处理上述反馈机理，定义在第 k 代的抗原数量为 $\varepsilon(k)$，由抗原刺激的 T_H 细胞的输出为 $T_H(k)$，T_S 细胞对 B 细胞的影响为 $T_S(k)$，则 B 细胞接收的总刺激为

$$S(k) = T_H(k) - T_S(k)$$

式中，$T_H(k) = k_1 \varepsilon(k)$；$T_S(k) = k_2 f[\Delta S(k)] \varepsilon(k)$。$f[\cdot]$ 是一个选定的非线性函数。对于控制系统，若将抗原数量 $\varepsilon(k)$ 作为偏差，B 细胞接收的总刺激 $S(k)$ 作为控制输出 $\mu(k)$，那么其反馈控制规律则是：$\mu(k) = \{k_1 - k_2 f[\Delta\mu(k)]\} \varepsilon(k)$，从而构成了一个参数可变的比例调节器。

3. 克隆选择机理

遗传和免疫细胞在增殖中的基因突变形成了免疫细胞的多样性，这些细胞的不断增殖形成无性繁殖系。细胞的无性繁殖称为克隆。在机体内免疫细胞的多样性能达到这种程度，以至于当每一种抗原侵入机体，都能在机体内选择出能识别和消灭相应抗原的免疫细胞克隆，使之激活、分化和增殖，进行免疫应答以最终清除抗原，这就是克隆选择。但是，克隆即无性繁殖中父代与子代间只有信息的简单复制，而没有不同信息的交流，无法促使进化。因此，需要对克隆后的子代进行进一步处理。

4. 多样性遗传机理

免疫系统中抗体的种类要远远大于已知抗原的种类，解释抗体的多样性有种系学说和体细胞突变学说。其主要原因可能是受基因片段多样性的连接以及重链和轻链配对时等复杂机制所控制。该机理可以用于搜索的优化，它不尝试于全局优化，而是进化地处理不同抗原的抗体，从而提高全局搜索能力，避免陷入局部最优。

5. 其他机理

免疫系统所具有的无中心控制的分布自治机理、自组织存储机理、免疫耐受诱导和维持机理以及非线性机理均可用于建立人工免疫系统。

11.4.3　人工免疫相关算法

人工免疫算法主要分为两大类，一是基于群体的免疫算法，二是基于网络的免疫算法。在基于群体的免疫算法构成的系统中，构成元素和系统所处的环境之间可以直接联系，构成元素之间只能间接地发生联系；而在基于网络的免疫算法构成的系统中，构成元素的全体都能够直接相互作用。下面介绍几种用于网络异常检测的典型算法，如基于群体的免疫算法中的否定选择算法和克隆选择算法，以及基于网络的免疫网络算法。

1. 否定选择算法

1994 年，美国新墨西哥大学 Forrest 教授基于生物免疫中 T 细胞培育的否定选择机理提出了否定选择算法，其在处理异常检测问题时表现较好。下面来看看它在异常检测处理时的算法过程。否定选择算法主要包括两个阶段，第一阶段为检测器生成阶段，如图 11.8

所示。首先通过随机的方式产生字符串，作为候选检测器，然后将候选检测器与自体集合进行匹配。如果能够与自体集合中的任意一个“自我”的亲和力大于预设的亲和力阈值，那么就认为这个候选检测器能够匹配自我，将其从检测器集合中删除；如果候选检测器不能与自体集合中的任意“自我”匹配，则说明该检测器对自体耐受，将其添加到有效检测器集合中。

第二阶段为检测阶段，如图 11.9 所示。对输入系统的任何一个被检测字符串，与所有有效检测器进行匹配。如果能够与其中任意一个检测器的亲和力超过预设的亲和力阈值，就认为该串成功匹配了检测器，被检测为入侵；如果这个字符串与检测器集合中任意检测器都不匹配，则说明该串属于自体。

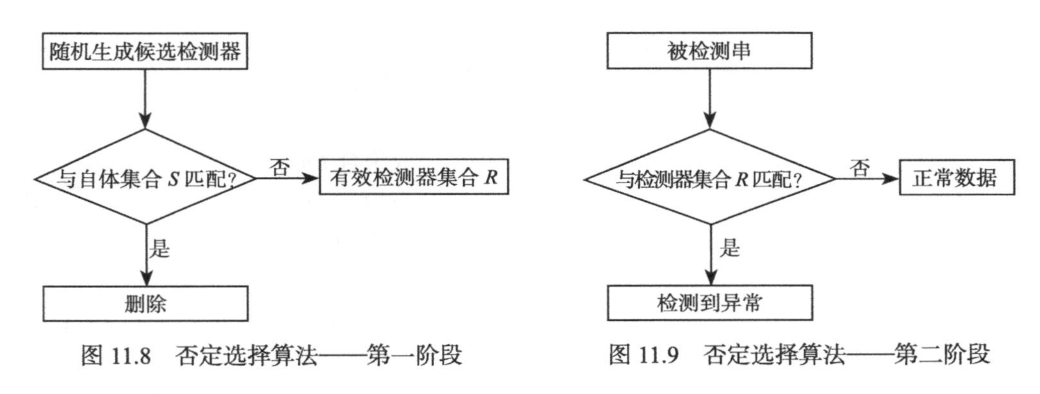

图 11.8　否定选择算法——第一阶段　　图 11.9　否定选择算法——第二阶段

否定选择算法的实现步骤如下：

- 在有限的字符集合上用长度为 L 的等长字符串定义自体集合 S，S 代表了系统中所有正常与合法的行为模式。
- 随机生成长度为 L 的候选检测器，用这个新生成的候选检测器与自体集合 S 匹配。
- 若该候选检测器能够与 S 中任意串匹配成功，则删除该检测器；否则，将其加入有效检测器集合 R 中。
- 重复前两步的过程，直到 R 中的检测器数量达到给定的值。
- 利用经过耐受的检测器集合 R 对受保护的数据进行检测。

否定选择算法生成的有效检测器不会与代表系统正常行为模式的自体匹配，对自体是耐受的，它不但可以检测到未知的入侵行为，而且检测具有分布式特点，易于系统的扩展和升级。该算法的优点是简便、易于实现，但主要问题是其以随机方式生成候选检测器存在很大的盲目性，产生检测器的质量不高，大量的候选检测器因不能通过自体耐受而“死亡”，而且当自体集合增大时，需要随机产生的候选检测器的数量将会呈指数级增长，时空复杂度较高，处理复杂问题时表现不佳。

2. 克隆选择算法

克隆选择原理描述了免疫系统是如何与抗原对抗的。免疫细胞在抗原刺激下产生克隆增殖，并通过遗传变异分化成多样性效应细胞和记忆细胞。在整个克隆增殖和遗传变异的过程中，细胞增殖规模与亲和力成正比，与抗原亲和力越高的免疫细胞产生的后代越多；而变异率与亲和力成反比，父代与抗原的亲和力越高，则其变异率越低。

根据克隆选择原理，De Castro 提出了克隆选择算法，并于 2000 年明确提出了该算法在计算机领域的应用。克隆选择算法主要包括以下几个方面：选择与克隆受刺激较大的细胞，删除受刺激程度小的细胞，亲和力克隆的再选择以及高频变异等。算法流程包括以下几个步骤，如图 11.10 所示。

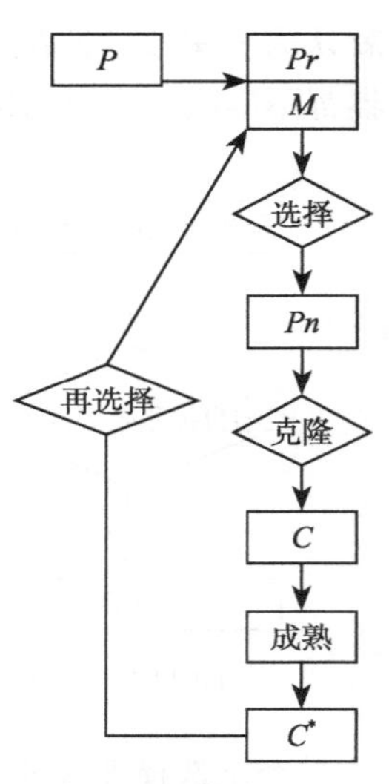

图 11.10 克隆选择算法

- 产生一个候选解集合，记为 P，这个候选解集合由记忆细胞 M 的子集与剩余群体 Pr 组成。
- 从候选解集合 P 中选出亲和力最高的 n 个个体组成集合 Pn。
- 克隆 Pn 中这 n 个最佳个体，产生一个临时的克隆群体 C，克隆规模与亲和力成正比，亲和力越高的个体被克隆的规模就越大。
- 对克隆群体 C 进行变异，变异率与亲和力成反比，亲和力高的进行低频变异，亲和力低的进行高频变异，最终产生一个成熟的抗体群体 C^*。
- 从成熟的抗体群体 C^* 中重新选择个体，组成记忆细胞集合 M，用一部分 C^* 的其他改进成员取代 P 集合中的一些成员。
- 选出 P 中 d 个低亲和力抗体用 d 个新生成的抗体来取代，从而保持群体的多样性。

在实际的异常检测应用中，上述标准克隆选择算法往往要求系统处于相对静止的状态下进行，而计算机网络系统是一个动态的实时变化的系统，适应性较差，阻碍了标准克隆选择算法的应用。为了解决标准克隆选择算法适应性较差的问题，Kim 和 Bentley 在 2002 年提出了动态克隆选择算法，对上述算法进行了改进。

3. 免疫网络算法

免疫网络理论首先由 Jerne 于 1974 年提出，免疫网络理论概括地描述了生物免疫系统中淋巴细胞活动、自然抗体产生及选择、耐受、自体与非自体识别、记忆及免疫系统进化等特点。其主要思想是将整个免疫系统看作由免疫网络中的所有免疫细胞构成的网络，该网络内的免疫细胞可以相互刺激与协调。免疫网络中重要的不仅仅是细胞分子单个个体，还有个体之间的相互作用。目前典型的免疫网络理论模型是 Timmis 等提出的资源受限人工免疫网络模型以及 De Castro 等人提出的 ai Net 人工免疫网络。

Timmis 等人于 2000 年提出了资源受限人工免疫网络学习算法，并将其应用于数据的聚类分析。在 RLAIS 模型中提出了识别球 ARB 的概念，RLAIS 由一些识别球和它们之间的联系构成，每个识别球可获得不定数目的 B 细胞且获得的数量存在上限值，系统中只存在有限数量的 B 细胞，识别球 ARB 通过亲和力值的竞争来获取 B 细胞，而通过竞争仍然无法获得 B 细胞的识别球则会被清除。系统不断地对所接收的数据进行训练，最后被保留下的数据称为记忆识别球，也代表了数据最终的压缩及分类方法。在整个学习过程中，采用了克隆选择和高频变异来提高数据的多样性。整个学习过程可在一定的条件下结束，也可继续不断学习，不断加入新的数据进入系统并进行学习，旧数据集合中的数据重复出现并不会对现有数据的学习产生影响，即一旦一个数据成为记忆数据就不会被清除，这使得整个过程具备持续学习的能力，但也造成了压缩数据过于庞大。

De Castro 提出一种名为 ai Net 的免疫网络。该免疫网络的主要目的是对大型数据集合的聚类及自学习能力进行研究，进而说明人工免疫系统具备强大的数据计算与处理能力，并利用人工免疫理论研究开发出可对大量数据进行处理的计算工具。De Castro 等人提出的 ai Net 是最具影响力的人工免疫网络，应用领域广泛。该网络具有减少数据冗余度、描述数据结构、根据数据特征进行分类等特性。ai Net 免疫网络有一个加权界图，免疫网络中的所有免疫细胞被称为细胞节点集合，节点之间不需要全部连接，节点之间的连接称为节点对，所有节点对的集合称作免疫网络的边界。给每对相连接的边界分配的权值也称为连接强度。ai Net 免疫网络是进化的，它主要通过进化策略对网络的动态及可塑性进行控制；同时，ai Net 也是连接的，因为它需要定义一个免疫网络的连接强度矩阵，并利用所定义的矩阵来衡量免疫网络中免疫细胞之间的亲和力。ai Net 免疫网络把整个免疫系统看成一个由免疫细胞组成的能够相互作用的网络，通过免疫细胞之间的连接相互协作，保持免疫网络中的细胞处于稳定状态。

11.5　复合式攻击预测

复合式攻击行为已成为当下攻击的主流方式，且在未来相当长一段时期内有继续增长扩大的趋势，因此针对复合式攻击的识别与预测是网络安全领域研究面临的一个重要问题。相对于其他网络安全技术，复合式攻击预测方法的研究开展较晚，2005 年以后一批国内外学者对复合式攻击预测开始展开大量研究。总结起来，当前主流的复合式攻击预测方法主要包括以下四类：

- 基于攻击行为因果关系的复合式攻击预测方法。
- 基于贝叶斯博弈理论的复合式攻击预测方法。

- 基于 CTPN 的复合式攻击预测方法。
- 基于意图的复合式攻击预测方法。

11.5.1　基于攻击行为因果关系的复合式攻击预测方法

基于攻击行为因果关系的复合式攻击预测方法的核心思想是：通过提前设定好的攻击步骤（除第一步和最后一步）之间的前驱后继关系，根据已经检测出的攻击步骤，推测在今后一段时间内该攻击者对该 IP 地址要继续实施的攻击步骤以及最终要达到的攻击目的。

该方法的实现过程为：

1）首先建立三张表 *A*、*B*、*C*，如表 11.1 ～表 11.3 所示。它们均存放在攻击事件数据库中，表 *A* 为不变表，存放的是步骤之间的前驱后继关系；表 *B* 为变化表，用来暂时存放步骤的预测结果；表 *C* 为中间表，用来存放算法过程中生成的中间变量。

表 11.1　表 *A*（存放攻击步骤的前驱后继关系）

事件名称	前驱关系	后继关系

表 11.2　表 *B*（暂存预测结果的变化表）

事件名称	源 IP 地址	目的 IP 地址	时间	*B* 表标志	来源

表 11.3　表 *C*（算法过程的中间表）

事件名称	源 IP 地址	目的 IP 地址	时间	*C* 表标志	前驱	后继

2）判断初始状态，处理阈值。分析平台生成的各种事件，如果该事件想要进入事件的预测状态，必须在规定的时间段内达到既定的阈值。假设达到要求的事件为 x，则当得到事件 x 后，判断表 *C* 是否为空，空则执行步骤 3，非空则执行步骤 4。

3）激活事件。在表 *A* 中查找事件 x 的后继关系，若存在，将后继关系加入表 *C* 中，否则该事件为攻击行为的最后一步。

4）进行预测。从表 *A* 中查找表 *C* 中包含的每个元素的后继关系的后继关系。若为空，则将表 *C* 中该元素及其后继关系的相关信息送到响应决策单元和表 *B* 中，并从表 *B* 中删除该元素，继续处理表中的下一个事件，并返回到步骤 2。

5）当预测结果和实际情况相匹配时，进行二次响应。具体为若表 *B* 中存在事件 x，则处理表中的下一个事件并返回步骤 2。

6）检查是否为已被激活的事件。如果在表 *C* 中查找到记录 x，则将 x 的后继关系加入

表 C，从表 C 中删除 x，执行步骤 4。

基于攻击行为因果关系的复合式攻击预测方法不仅能响应当前已经检测到的攻击事件，还能对下一步攻击进行预测。缺点是这种将所有攻击过程、历史记录、发起动机、审计标记等信息全部构造起来的方法开销较大，由于现实中攻击行为和种类过于复杂，攻击过程复杂多变，不可能为每一种攻击行为进行因果关系的构造。

11.5.2　基于贝叶斯博弈理论的复合式攻击预测方法

基于贝叶斯博弈理论的复合式攻击预测方法是基于贝叶斯法则和博弈论的。该方法需要提前将告警信息之间的因果关系映射到贝叶斯网络中，建立基于贝叶斯博弈的复合式攻击预测模型，再根据告警信息识别攻击者的攻击意图并预测攻击，然后根据攻击者已经实施的攻击行为，依照贝叶斯法则不断修正攻击行为节点上的概率值，最后以上述概率值为基础分析攻击者和防御者双方的收益，预测理性的攻击者在下一个博弈阶段选择攻击的概率和防御者在下一个博弈阶段选择防御的概率。

采用贝叶斯博弈理论预测复合式攻击的原因主要为：

- 贝叶斯博弈是一种非合作的不完全信息博弈，这种方式恰好可以模拟真实世界中攻击者的攻击特征和防御者的防御特征。
- 贝叶斯博弈能够根据攻击者已经实施的攻击行为，采用贝叶斯法则不断修正网络中含有恶意行为倾向的节点的概率值。
- 根据博弈理论，攻击者和防御者都会根据当前已经获取的信息进行预测，使自身利益最大化。
- 行为依赖理论不仅是博弈论的研究主体，也是网络信息安全的特征之一。根据当前网络的安全程度，防御者会做出一定的响应，攻击者也会对攻击目标的防御能力进行评估以决定攻击与否。

基于贝叶斯博弈理论的复合式攻击预测模型包含七个元素，它们是博弈者、先验概率、行动空间、收益函数、私有信息、共同知识、后验信息修正，具体含义如下：

- 博弈者：该模型包含 X 和 Y 两个博弈者。
- 先验概率：博弈者 X 认为博弈者 Y 是某种类型的先验概率。
- 行动空间：博弈者 X 或者博弈者 X 和博弈者 Y 依据各自所属类型可以选择的行动。
- 收益函数：根据博弈者的类型和选择的行为，博弈者可获得的收益。
- 私有信息：博弈者 X 知道其自身类型，而博弈者 Y 仅知道自身类型，而不知道博弈者 X 的信息是否为合法节点。

- 共同知识：博弈者 X 知道博弈者 Y 的类型的先验概率、类型依存行动空间及类型依存收益函数。
- 后验信息修正：博弈者 X 根据博弈者 Y 已经实施的攻击行为，对博弈者 Y 是某种类型的后验概率进行修正。

根据上述七元组的表述，基于贝叶斯博弈理论的复合式攻击预测模型示意图如图 11.11 所示。

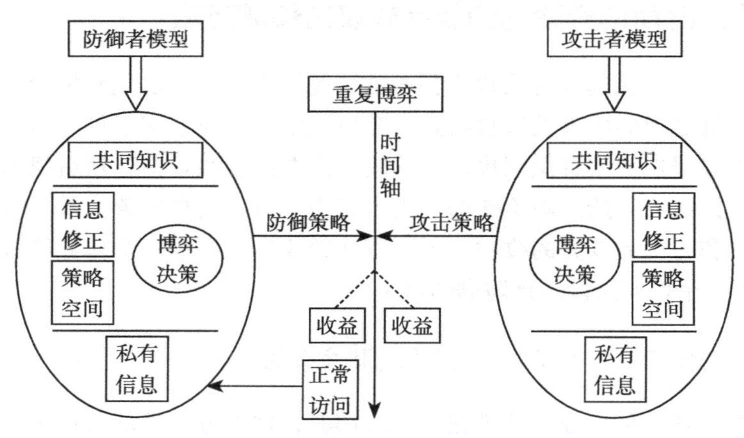

图 11.11 基于贝叶斯博弈理论的复合式攻击预测模型

该方法建立了有效的复合式攻击预测模型，为主动预测和主动防御的研究和实现奠定了基础。该方法能够根据攻击者已经实施的攻击行为，预测当前网络存在攻击的可能性。但是该方法的局限性在于，目前研究只建立在一对一的攻击防御模式，也就是二人博弈模型上，对现实中存在的多对一和一对多攻防模式并不适用。

11.5.3 基于 CTPN 的复合式攻击预测方法

CTPN 全称为 Colored Time Petri Net，即着色赋时 Petri 网，它是在传统的着色 Petri 网中加上了时序逻辑，将时间阈值引入 CPTN 的变迁引发序列中。CTPN 由一个九元组构成，格式为 CTPN($\sum, P, D, A, N, C, G, E, I$)，九元组中参数的含义如下：

- $\sum=\{c_i \mid i=1,2,\cdots,N_c\}$ 为颜色集合，非空有限。
- $P=\{p_i \mid i=1,2,\cdots,N_p\}$ 为状态集合，有限集。
- $D=\{d_i \mid i=1,2,\cdots,N_d\}$ 为变迁集合，有限集。
- A 为有限集，且 $P\cap D=P\cap A=D\cap A$。
- N 为节点函数，且 $N:F\rightarrow P\times T\cup T\times P$。

- C 为颜色函数，且$C: F \to \Sigma$。
- G 为警卫函数，且$G: T \to G(t), \forall t \in T: \begin{bmatrix} \text{Type}(G(t) = \text{Boolean}) \\ \wedge \text{Type}(\text{Var}(E(a))) \subseteq \Sigma \end{bmatrix}$。
- E 为弧函数，且 $E: F \to E(f), \forall a \in F: \begin{bmatrix} \text{Type}(E(a) = C(p(a)))_{\text{MS}} \\ \wedge \text{Type}(\text{Var}(E(a))) \subseteq \Sigma \end{bmatrix}$。其中，$p$ 为 a 链接的库所。
- I 为初始化函数，且 $\forall p \in P: [\text{Type}(I(p)) = C(p)_{\text{MS}}]$。

当且仅当变迁集合 D 同时满足着色 Petri 网的引发条件和逻辑公式这两个条件时，才会将 D 引发。基于 CTPN 的复合式攻击预测方法的攻击过程如图 11.12 所示。

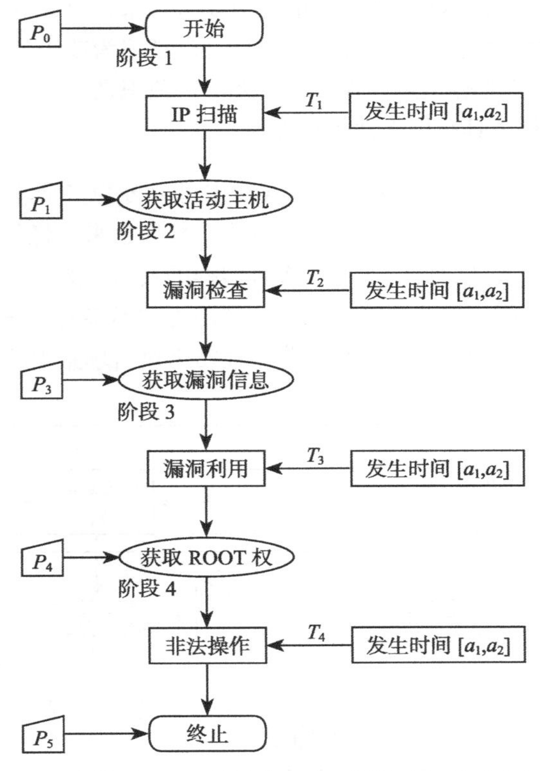

图 11.12　基于 CTPN 的复合式攻击预测方法的攻击过程

在收到告警信息后，对该告警信息背后的意图进行识别，将其转换成形如“Intent_Alert”的形式。变迁 D_i 与意图在复合式攻击的逻辑关系一一对应。当变迁发生的条件和时间要求二者均满足时，D_i 被激活，并且 $R(D_i)$ 中保存着隶属于该意图的告警信息。D_i 被激活后，通过弧库所操作函数，对库所中对应于该 Intent Alert 的不同种类[⊖]的属性进行赋值，存放系统的当前状态。对应 D_i 中的不同 Intent Alert，在 D_i 的 P_j 中也保存着颜色对应的属性值。

基于 CTPN 的复合式攻击预测方法通过对传统 Petri 网的改进，将时间阈值这一属性加入传统的 Petri 网中；通过着色赋时 Petri 网对复合式攻击的攻击场景建模，建立攻击场景图，对告警信息进行关联；实现了对复合式攻击行为的实时性检测，并且能够根据检测的结果对一部分新的攻击场景进行预测。该方法作为一种性能较好的复合式攻击检测方法的同时，也能够对复合式攻击态势进行预测。

11.5.4　基于意图的复合式攻击预测方法

在一个完整的复合攻击过程中，每一个攻击步骤的动机目的有限，但达成这一攻击意图的方法是千变万化的。攻击者为了达到相同的攻击效果，可以有多种方式进行选择，而且不同阶段的步骤之间的攻击方式可以任意组合。正是因为攻击意图相对于攻击行为来说更加概括和易于把握，因此先将意图抽象出来进行单独识别，再对具体的攻击意图进行具体攻击行为的判断就显得更具有操作性和合理性。

在复合式攻击行为的攻击过程中，复合式攻击可以分为多个攻击阶段，虽然攻击阶段不同但是攻击意图相同。若将攻击阶段中隐藏的意图提取出来，将各个阶段达到相同意图的步骤作为攻击意图对应的集合，此时相比于多种多样的攻击行为，攻击意图的数量要少，而且这些攻击意图在一定的时间段内不变。因此，使用为数不多的攻击意图表示攻击场景，就会使问题的解决变得简单。攻击意图和攻击行为在整个攻击场景中的关系如图 11.13 所示。

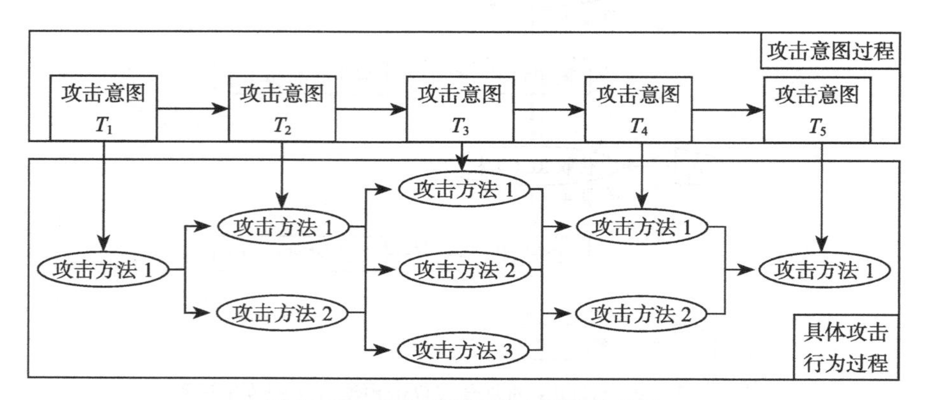

图 11.13　攻击意图和攻击行为的关系

⊖ 即不同颜色，种类与颜色相对应，不同 Intent Alert 的相同属性的值分别与相应颜色的不同颜色值对应。

攻击意图是指攻击者进行恶意行为所要达到的目的。单步攻击是指某一攻击 A 行为不可直接达成，但可分为若干子攻击行为，且每个子攻击不可再分解，并能够唯一对应攻击 A。复合式攻击是指对于最终目标 T，攻击者无法直接进行最终操作，但为了达到目的可将攻击分为若干个步骤（T_1，T_2，T_3，T_4，T_5），每个步骤称为单步攻击，每一单步攻击不仅有着自身局部的目标，又与其他单步攻击有着一定的因果关联，并共同达成最终的攻击目标 T。

基于意图的复合式攻击预测方法对攻击行为进行预测是通过“图”这一数据结构来实现的。首先定义攻击逻辑关系图，该图 G 为一个六元组，格式为 $G = \{V(G), E(G), R(G), W(G), H(G), L(G)\}$，每个参数具体含义如下：

- $V(G) = \{v_1, v_2,\cdots, v_n\}$ 为顶点集合（顶点：攻击类型 = 1:1）。
- $E(G) = \{e_1, e_2,\cdots, e_n\}$ 为有向边集合（顶点对：有向边 = 1:1）。
- $R(G) = \{R(v_1), R(v_2), \cdots ,R(v_n)\}$（$R(G)$ 中元素：$V(G)$ 中的元素 = 1:1）。
- $W(G) = \{ w_1, w_2,\cdots, w_n \}$ 为顶点加权值（$W(G)$ 中元素：$V(G)$ 中的元素 = 1:1）。
- $H(G) =\{ h_1, h_2,\cdots, h_n \}$ 为顶点间的关联关系（$H(G)$ 中元素：$E(G)$ 中的元素 = 1:1）。
- $L(G) =\{ l_1, l_2,\cdots, l_n \}$ 为真值表达式的集合，表示指向相同顶点的边的关系（$L(G)$ 中的元素：$V(G)$ 中的元素 = 1:1）。

基于意图的复合式攻击预测方法将原始的有向图加属性扩展，描述了不同的攻击类型间的逻辑关系；根据逻辑关系，对攻击事件的下一步骤进行预测。该方法的局限在于攻击效用的参数设定缺乏标准性，且该方法难以确定复合式攻击的匹配度。

以上四类主流的复合式攻击预测方法的性能对比如表 11.4 所示。

表 11.4　复合式攻击预测方法性能对比

复合式攻击预测方法	优点	缺点
基于攻击行为因果关系的复合式攻击预测方法	不仅能响应当前已经检测到的攻击事件，还能对下一步攻击进行预测，及时发现不必要的响应	由于复合式攻击行为的复杂性和多样性以及攻击步骤的繁复性，致使算法过程中临时表容量变大，算法效率变低。将每一种复合式攻击行为都用前驱后继关系来表示是不现实的，实现难度大
基于贝叶斯博弈理论的复合式攻击预测方法	能够预测出在下一个博弈阶段理性的攻击者选择攻击的概率和防御者选择防御的概率，将被动检测及响应变为主动有针对性的预测，体现了主动防御的思想	在算法实现过程中，设置参数时具有一定程度的主观性，且目前该方法的研究只建立了一对一博弈模型，在实际应用中多为多人博弈模型，所以该方法在实际预测方面具有一定局限性
基于 CTPN 的复合式攻击预测方法	通过对传统的 Petri 网的改进，实现了随着攻击过程的发生对攻击行为中非法过程的实时性检测，并且能根据检测的结果对新的攻击场景进行部分预测	该方法是一种性能较优的攻击行为检测方法。该方法的重点是对攻击行为进行检测，预测只是其副产品
基于意图的复合式攻击预测方法	在原始有向图中加入其他属性，描述不同攻击类型之间的逻辑关系，能够根据逻辑关系进行预测	该方法中攻击效用的参数设定缺乏标准性，而该参数对实现结果的影响较大，此外，难以确定复合式攻击的匹配度

第12章

其　　他

读书使人充实，思考使人深邃，交谈使人清醒。

——富兰克林，美国政治家、物理学家

12.1 引言

在本书第 1 ～ 11 章里，我们对网络安全态势感知的三个阶段——提取、理解和预测进行了详细的阐述和说明。下面即将介绍的两个主题——安全人员和威胁情报，也是与网络安全态势感知密切相关的内容，由于难以将它们归类到某个具体的阶段中，所以单独成章对其进行探讨。“人”永远是安全的核心，所以我们首先会谈到网络安全人员需要具备的技能和能力；威胁情报与态势感知并驾齐驱，都是大数据驱动安全的重要体现，为组织安全运营保驾护航。

12.2 网络安全人员

之前，我们就已经明确指出“人”在网络安全态势感知中的重要性，甚至可以毫不夸张地说，有时人工分析是态势感知的决定性因素，是一个组织进行网络安全防护的关键所在。因为很多时候，数据自身不会“说话”，尽管有大数据平台加持，以及各类数据处理和安全分析工具辅助，但真实的情况是，仍然需要人工通过一系列的调查取证、安全分析（如恶意代码分析），才能准确判断某些网络安全事件的发生和严重程度。这的确是一个无奈的现实，尽管随着网络攻防对抗的不断演进，各种攻击工具推陈出新，安全对抗的实质还是人类智力的对抗，我们必须认识到这一点。

12.2.1 网络安全人员范围

随着网络安全问题和事件频发，全世界大部分国家都越来越重视网络安全，因为它关系到国家安全和社会稳定，其重要程度正随着全球信息化步伐的加快而不断提升。在网络工程中，安全技术的运用占据着非常重要的地位，于是出现了一类人，可以统称为网络安全人员，它们专门从事网络安全方面的工作，解决网络安全问题。

从大的方面来看，根据网络攻防的特点不同，我们常常把网络安全人员划分为进攻型人才和防御型人才，一个是矛，一个是盾，两者互相较量、互相促进。

- **进攻型人才**常常是那些对网络安全有浓厚兴趣的人，具有非常好的逆向思维和突破创新能力，以及极强的动手能力，喜欢并乐于尝试各种新颖的攻击手段，传说中的黑客往往来自于这群人当中。
- **防御型人才**则显得更为稳健和有责任心，同样具有快速学习能力和很强的动手能力，但更重要的是能够忍受长期枯燥乏味、不出成绩的状态且乐在其中，比如不停地对着屏幕、盯着各种告警，试图从中发现异常，或者对着海量日志数据进行分析和攻击行为提取。

从小的方面看，根据网络安全人员从事的工作内容和就业职位的不同，大致可以将网络安全人员分为网络安全工程师、网络安全分析师、网络构架工程师、网络集成工程师、网络安全编程工程师和数据恢复工程师等。事实上，网络安全人员的有些工作与网络工程师（包括运维工程师）的工作内容也有一定的交叉，但前者侧重安全，后者侧重网络本身的部署、管理运营和使用。

- **网络安全工程师**的主要工作是分析网络现状，对网络系统进行安全评估和安全加固，设计安全的网络解决方案。
- **网络安全分析师**的主要工作是在出现网络攻击或安全事件时，通过调查取证、安全分析，帮助客户分析当前安全状况和面临的风险，并提出合适的安全解决方案。这类人也是网络安全态势感知过程中最需要的对象。
- **网络构架工程师**的主要工作是针对客户的网络架构，建议合理的网络安全解决方案。
- **网络集成工程师**的主要工作是排障和管理网络，协调解决方案的客户化实践、部署和开发，推动解决方案上线，并协调网络安全项目的管理、售前和售后支持。
- **网络安全编程工程师**的主要工作是负责网络安全编程，除了熟练使用编程工具之外，还涉及系统编程，如使用 C 或者 C++ 来实现 Socket 编程、注册表编程、定时器编程等。
- **数据恢复工程师**的主要工作是利用所掌握的专业知识和经验，采用专业软硬件工具，对出现问题的存储介质进行检测处理，能够恢复上面的有效文件数据。

12.2.2 需要具备的技能

作为一名安全人员，尤其是网络安全态势感知最需要的网络安全分析师，具备一些基本技能是毋庸置疑的，这是作为其进行安全分析的基础。同时，还应根据专业领域不同和岗位能力要求差别具备一些专业领域的技能，这些专业技能可能跨好几个领域，但至少应当能熟练掌握其中一个领域的技能。

基本技能如下：

- 具备网络安全态势感知基础知识
- 具备大数据基础知识
- 具备计算机应用基础知识
- 具备操作系统和编译汇编原理
- 熟悉网络 TCP/IP 协议
- 熟悉常见的应用层协议
- 熟悉抓包和数据包分析
- 掌握安全数据采集方法和工具
- 掌握基础恶意软件分析技能
- 掌握基础分析判断方法
- 至少掌握 PHP/Python/C/C++/Perl/Java/Shell 等其中一种语言
- 了解主流网络和安全设备的使用，如路由器、防火墙、入侵检测系统、反病毒软件等的配置和使用
- 善于表达沟通、诚实守信、责任心强，讲求效率，具有良好的团队协作精神

专业技能如下：

网络安全分析师需要具备的专业特长可能是一个，也可能是几个，主要包括以下几种：

- 进攻类技能：擅长这一类技能的安全分析师更多是从网络进攻的角度，通过采用与攻击者类同的手段渗透到网络内部，提权进而获得网络访问权限。这样做的目的是“以攻促防”，只有了解对手的方法和手段，才能更好、更快地识别出攻击者的行为活动，进而发现网络中存在的脆弱点，开展安全防护工作。此类技能较多体现在渗透测试和安全评估两个方向，具体涉及的知识和技能包括网络侦察、端口扫描、漏洞扫描和利用、程序漏洞分析检测、权限管理、入侵和攻击分析追踪、网络渗透、病毒木马的使用等。
- 防御类技能：这是从防御角度看安全分析师需要的专业技能。安全分析师须不断跟进了解最新的网络防御工具和研究成果，并评估这些工具是否能够引入网络安全态势感知系统中进行使用，这往往需要安全分析师具有良好的工具开发能力和分析能力。此类技能较多体现在检测和分析两个方面，具体涉及的知识和技能包括深度掌握网络通信和各类协议、擅长网络攻击检测、掌握攻击行为分析、熟悉各种安全数

据分析方法和技巧，最好能结合大数据的方法进行安全分析。

- 系统管理技能：在网络安全行业中，对系统管理技能的要求可能会高于普通 IT 行业，因为网络安全的系统管理不仅仅包括对普通网络设备、安全设备和系统平台的配置、管理，还涉及传感器部署、安全数据的采集、情报收集等，尤其在网络安全态势感知中，还需要掌握一些对安全数据的处理、分析和态势理解等方面的知识和技能，因此系统管理人员要求知识面广，动手能力强，有宏观安全视角。
- 编程开发技能：编程开发几乎是 IT 领域必备的技能，尤其是在 IT 技术的顶尖应用领域——网络安全中。精通编程开发的安全分析师能够快速编写需要的工具以进行安全分析和检测，对于大数据编程也会较快掌握，因此能很好地处理海量数据，编写相应的数据处理和分析工具辅助其进行安全分析。具体涉及的知识和技能包括精通至少一门编程语言（可以是解释型语言也可以是编译语言），对系统编程和网络编程也要有一定的掌握，尤其是 Linux 环境下的编程。
- 取证和追踪技能：随着大数据时代的到来，取证和追踪技术受到了广泛的重视，在网络上有各种证据来源，如路由器、交换机、防火墙、应用服务器、日志服务器等，在主机上也有很多资产和属性类信息可以捕获，这就需要专人来对各类证据来源和情报进行收集、取证和追溯，从而产生对网络安全态势感知有价值的信息。具体涉及的知识和技能包括情况摸查、内存取证、流量采集、流量分析、上机取证、硬盘和文件系统取证、重要易失性数据收集、数据恢复、Rootkit 检测、追踪溯源等。
- 恶意软件分析技能：网络安全态势感知过程中常常需要收集已知或未知的恶意软件样本，因此少不了对恶意软件样本的分析。恶意软件分析一般有两种方法，即静态分析和动态分析。前者是在没有运行恶意软件时对其进行分析，后者则需要运行恶意软件。因此，从事这个方向的安全分析师需要具备这两种恶意软件分析技能。在很多时候，这种技能对于重视安全的组织来说非常有价值。

12.2.3　能力级别分类

对网络安全人员的能力级别进行分类在不同组织有不同的方法，有些是按照年龄和工作时间长度进行划分，有些则是有更为具体详尽的职级分类表（比如 360 公司将网络安全人员分为 T1 ～ T7 级），且对每个职级都有相应的技能要求。这里我们综合了多种分类方式，采用了简单且不失可操作性的方法，以安全分析师为例，将其分为三个级别：初级、中级和高级，从而为安全分析人员的职业规划提供参考。

- **初级安全分析师**：由于处于入门阶段，对初级安全分析师的要求是拥有之前提到的基本技能，对相关知识有一定掌握，但无法解决需要专业特长技能的问题。初级安全分析师最重要的工作就是盯着屏幕看大量的告警、日志、数据包等各类网络安全数据。因为只有对原始数据熟悉，才能处理更复杂的问题。责任心和耐心是或不可缺的，不厌其烦地看数据是安全分析师职业生涯必须经历的过程。

- **中级安全分析师**：经历了初级阶段的训练，中级安全分析师已经可以牢固掌握各项基本技能了，并且也至少已选择一个专长来发展自己。当然，看数据仍然是其本职的基础性工作，只是除此之外，还应当在专业特长领域提升自己的技能。中级安全分析师应当具备制定一个网络安全态势感知计划的能力，而且通过参与团队建设规划，结合其他人的工作以及自身一定的安全分析能力，寻找潜在安全事件和风险，给出一定的安全建议。
- **高级安全分析师**：作为安全分析师的最高级别，高级安全分析师往往是组织内部某方面的领导（比如首席信息官、首席安全官、首席风险官等），不但牢固掌握各项基本技能，还精通某个专长的技能。高级安全分析师大多不再在审查数据上花时间，其主要精力会更多地放在组建和管理团队，为每个成员分配任务并提供指导，以及开发新的工具和提供培训等方面。当然，他也应当具备更为高级的安全分析能力，以处理更为复杂的安全事件，提供更全面有效的安全解决方案。

12.2.4 安全团队建设

网络安全是人类智力的较量，也是时间的较量，对它进行投入不一定马上见效，但不投入绝对是不明智的。一个攻击者想实现他的目标，可能需要一个星期，但安全人员的目标就不那么明确了。我们必须认识到，不能以是否发生安全事件来衡量安全的有效性，因为入侵是挡不住的，而应当以安全人员如何快速、有效地监测各类安全数据，进行分析和预警来衡量，这也正是网络安全态势感知所要做的。网络安全态势感知项目是一个长期持续性的工作，不是一朝建成就可以停止投入的事情，衡量它成功与否的标准更多是在建成后的长期监测、分析、响应和升级上，这不仅仅是平台系统建设和工具软件的投入问题，更需要投入大量的人力才能做好，因此安全团队的建设和管理尤为重要。具体来说，一个高效健康的安全团队应该具备以下特点：

- 充分的团队协作
- 服务型领导带领
- 强烈的责任心驱动
- 良好的学习氛围
- 明晰的成长路径
- 公平的奖惩机制
- 善于总结经验教训

无论你属于哪个层次的安全人员，无论你是否从事安全管理工作，都需要具备一些团队建设方面的知识，因为与他人合作才能快速成长，才能更好、更高效地完成各种艰难的任务。

12.3　威胁情报分析

在过去几年里，“威胁情报”迅速地出现在信息安全领域，许多安全厂商都努力地为消费者提供威胁情报服务，使得“威胁情报”逐渐成为安全生态圈中必不可少的一环，它也常常与“态势感知”一起被誉为“知己知彼，百战不殆”的两大重要手段，其中，知己靠的是“态势感知”，知彼就要靠“威胁情报”。“未知攻，焉知防”。威胁情报即研究敌情，刻画的是攻击者的面貌，试图弄清是谁实施的攻击，攻击目标、攻击目的、攻击手段是什么，攻击程度、攻击现象、攻击后果如何以及如何补救。要想获得高质量的威胁情报，离不开对漏洞利用、恶意代码两大类攻击工具的研究和分析。威胁情报的质量、外部数据的质量和价值对整个网络安全态势感知能力落地非常关键，对海量威胁情报数据的理解和处理也是网络安全态势感知能力落地的基础之一。

12.3.1　网络威胁情报

“情报”一词历史颇为悠久，在军事和政治领域有着重要的应用。美国中央情报局（CIA）将情报定义为：我们所处世界的知识和预判。情报处理过程往往涉及漫长细心和枯燥耗时的对事实的收集、分析、评估和判断，然后形成“产品”，并且不时地传递给消费者。这个消费者大至一个国家和政府军队，小至关注信息安全的组织机构或个人。

威胁情报是指通过各种来源获取环境所面临威胁的相关知识。2013 年 5 月，Gartner 分析师 Rob McMillan 对网络威胁情报做出了较为贴切的解释：基于证据、关于资产所面临的现有或潜在威胁及风险的认识，包括环境、机制、指标、推论（可能结果）与可付诸行动的建议，这些知识可以为威胁或风险响应提供决策依据。这个解释也体现出情报是可以付诸行动的，网络安全团队可以采取一些手段获取威胁情报，进行分析并实施相应的保护措施。定义里的“环境”不仅仅指威胁环境，还包括对所要保护资产所处的环境。定义里的“指标”并不是收集来的原始数据和信息，它必须经过分析处理，进而提炼为与目标网络威胁相关的指标。

任何组织如果要打造自己的安全团队，提升自己的网络安全状况，威胁情报都是不可或缺的。早发现、早预防安全事件是威胁情报的总体目标。每当相关方（业务合作对象、相似组织）发生了网络安全事件，都会让大多数组织感受到网络安全威胁近在眼前。成熟的安全团队常常将威胁情报视为环境的必备保护手段，提醒组织对于已知和未知威胁提前做好准备。一个组织是否能够有效防范外来攻击，不仅仅看其安防工具是否齐全、持续监控是否有力，它还要关注威胁情报，并且将威胁情报融入到防御措施中，只有这样才能更有效地防范和阻挡内外部攻击。

12.3.2 威胁情报来源

我们从网络威胁情报定义里的“环境”可以解读出威胁情报来源主要来自两个方面：一个是内部，一个是外部。

- **内部威胁情报来源**：内部威胁情报来源可以参考网络安全态势感知的安全数据来源，因为它们无论从数据源、数据范围，还是采集获取方法都很类似。这其中涉及要保护的资产和环境属性类数据、各种内部设备和系统上的日志数据、告警数据、捕获来的数据包信息、统计信息、元数据等。换句话说，网络安全态势感知收集到的被保护网络中的各类安全数据和信息可以作为威胁情报的来源之一。如果是这样的话，是不是可以认为威胁情报分析涵盖了安全态势感知？不完全是，因为二者的目标、处理方法和管理机制是不同的。安全态势感知重在了解自己，保护自己；而威胁情报重在了解对手，摸清敌人。但了解自己其实不妨碍了解对手，了解对手也有助于了解自己，所以二者结合起来是最佳的实践方案。
- **外部威胁情报来源**：外部威胁情报来源相对更为复杂，也显得更为重要。因为外部的威胁实在是太多了，网络攻击可以来自全世界任何一个角落，如果没有合适的情报平台和供应商的支持，单单靠组织自身根本无法一一捕获。从第三方来源收集数据，并将这些数据与内部威胁情报来源收集来的数据相关联，最终能够建立服务于组织专用的、完备的、可行动的情报。这里必须注意的是，在第三方来源提供的信息确实能够付诸行动之前，它只是数据，只有与被保护对象有关的时候才能够称之为情报。如果某个组织收集外部威胁情报是通过订阅外部数据源的方式获取的，那么安全团队中应当有相应的成员负责维护这些信息源，并且推送到组织内部相关的部门。其中必须明确以下问题：一是这些数据源应当部署到组织内部哪个部门；二是数据源中包含的信息是否要求重新配置边界防御措施，以检测特定攻击等。如果组织希望深入了解外来威胁及其采取的技术、原理过程和策略，那么安全团队还应当采用一定的技术手段以准确定位潜在攻击方的位置、攻击意图、攻击方法以及下一步可能的攻击计划，这就是更高级的威胁情报形式了，适合于应对高级攻击者的进攻。

跟踪敌方，了解他们的战术、技术和规程以及基础设施，这需要大量的专业技能。对于普通组织来说很难做到，所以大部分组织都是选择购买网络威胁情报，而不是自行收集。具体来说，典型的如漏洞情报，可以在资产和漏洞管理上使用平台列举（CPE）和通用漏洞披露（CVE）等标准，加上其他供应商或组织内部的漏洞库，从而建立引入外部威胁情报的中心点；还有基于指标的情报，主要包括与特定活动相关的 IP 地址、与敌方相关的域名、URL 和文件散列等，以及某些安全服务提供商提供的告警信息，也能分析出一些与敌方相关的情报。

还有一些出色的开源情报提供者，这些提供者通常依赖“众包情报”，也就是说它可以从全世界的众多用户中得到情报输入，其好处是来源广泛、情报众多，坏处是存在大量

“误报”和垃圾数据，精准度欠佳。比较有名的开源威胁情报数据来源包括 Emerging Threats（www.emergingthreats.net）、Abuse.ch（www.abuse.ch）、Blocklist.de（www.blocklist.de）和 spamhaus（www.spamhaus.org）。当然，最好的开源威胁情报项目往往专注于单一类型的威胁或者某一种恶意软件，这种项目集中力量跟踪特定目标，所以能生成更为准确的情报。

12.3.3 威胁情报管理

无论是从内部采集的信息，还是从外部获取的信息，最后都将被收集并融合起来，由安全人员进行统一分析处理。因为多个来源的数据很容易产生关联，从而发现攻击者的行为踪迹并帮助安全人员做出更好的决策。这个工作依靠传统的网络安全运维平台和新兴的网络安全态势感知系统来处理是不够的，因为威胁情报数据采用的语言、标准和架构框架往往与上述平台有所差异，难以实现共享，这时就需要一种相对较新的安全系统来提供支持，那就是“威胁情报管理平台”⊖。这种平台能够对威胁情报进行融合、分析处理，包括对威胁情报的关联，可很好地支持符合威胁情报标准和多种语言、框架的数据输入与分析。值得称道的是，威胁情报管理平台还能够使用来自传统的网络安全运维平台和新兴的网络安全态势感知系统的数据（反之则不行），威胁情报数据与其他安全数据一起被安全人员分析、理解和评估，从而形成一个最终的判断报告，威胁情报管理平台还能将这些信息反馈给网络安全运维平台和网络安全态势感知系统，这样就形成了良性的互动循环。需要注意的是，有很多情报数据在收集的过程中会产生重复和交叉，因此组织最好引入一个中央存储库，使用标准化的语言构建情报信息并控制交付的位置和去处，避免大量的剪切、粘贴和备注工作干扰真正的工作目标。这也是在搭建威胁情报管理平台时需要考虑的。

大数据驱动安全无处不在。网络安全态势感知目前正在与大数据紧密结合，提升全面感知能力，与此类似，威胁情报也能够与大数据结合起来分析，因为随着攻击事件的频发，威胁情报也是来源众多、具有高容量等特点的大数据，而安全人员又必须对这些海量信息进行快速操作、处理，并及时返回处理结果。大数据解决方案能够处理各种结构化和非结构化数据，这个优势非常适合威胁情报的处理。大数据解决方案以原始方式输入数据，围绕这些数据构建对象，不仅可以输入结构化数据，还允许输入无结构数据，这意味着可以不受数据结构的限制。更让安全人员欣慰的是，其并不一定要成为数据工程师并掌握更多的数据库管理知识，提供大数据安全分析解决方案的供应商一般会给数据库提供一个前端，以管理许多可能有安全价值的典型关系型查询。在此基础上，大多数供应商为这些查询提供外包的专业能力，帮助安全人员根据网络中特定安全系统和组织的安全目标创建定制化的规则集。此外，大数据安全分析能够提升对异常事件的检测能力，这也成为其应用于威胁情报管理的优势所在。

⊖ 威胁情报管理平台，简称 TIMP，这个名字来源于 Gartner。

12.3.4　威胁情报共享

互联网时代大家都知道共享的好处，威胁情报更是如此。没有一个组织能够对互联网上所有的攻击都了如指掌或做好充足的防范准备，无论对各类攻击研究得多深入，仍然会有一些攻击突破进来。因此与其他组织进行协作共享是一个明智的选择，能让大家一同改进对威胁的感知，更好地提升威胁态势感知能力。共享数据有不同的方法，共享的数据也有不同的类型，因此也产生了不同类型的用于共享和传播威胁情报的安全组织，常见的有以下三种：

- **计算机应急响应机构（计算机安全事故响应机构）**：这类机构通过寻找大面积影响其用户的广泛安全事件来协调和传播网络安全信息，具有较高的权威性，它是影响大批个人和组织很好的安全信息来源，其受众可以是一个国家、一个省、一个公司甚至全世界。例如我国的国家互联网应急中心⊖，它是国家级网络安全监测中心、预警中心、应急中心，负责协调我国各政府机构、企业和个人计算机用户的网络安全信息，提供安全警报、漏洞信息和有助于保护组织或个人用户的提示，在协调国内安全应急组织共同处理互联网安全事件方面发挥重要作用。
- **信息共享和分析中心**：不同于计算机应急响应机构的受众往往是大面积的，信息共享和分析中心更多聚焦于某个行业，成员们可以共享网络安全信息。而且，信息共享和分析中心不只专注于网络安全威胁，它还会监控行业内实际的和其他潜在的威胁，因为它是为增强围绕关键基础设施的威胁态势感知而建立的。该类机构的主要目的是作为成员的信息交换中心，提供与威胁及漏洞相关的行业特定警报和情报。它还能够作为安全通信平台，让其成员之间共享各类信息，并从其他成员那里得到反馈。其工作人员不仅仅需要理解网络安全整体形势，还需要理解特定方向上的威胁，如美国的工业控制系统（ICS）ISAC 就是负责国家关键基础设施的安全信息共享和分析的机构。
- **情报共享社区**：不同于计算机应急响应机构的广泛影响力，也不同于信息共享和分析中心用于特定行业和专业，情报共享社区更为聚焦，其共享范围更小，最典型的如在组织、行业或者互信的分析师群体通过一个共同的安全平台实现安全信息共享。在这个社区里可以与信任的合作伙伴共享威胁情报信息，这些伙伴可以来自一个组织或行业，也可以来自不同的组织或行业，他们之间的信息共享和相互沟通有助于改善涉及所有组织的安全响应，增强安全人员跟踪真正网络威胁的能力，并协作找出面对共同威胁的解决方案。

⊖ 国家互联网应急中心的全称是国家计算机网络应急技术处理协调中心，英文是 National Internet Emergency Center，缩写为 CNCERT 或者 CNCERT/CC，成立于 2002 年 9 月，是中国工业和信息化部领导下的国家级网络安全应急机构。

参考文献

[1] G Tadda, et al. Realizing situation awareness within a cyber environment[C]. Multisensor, Multisource Information Fusion: Architectures, and Applications, 2006.

[2] M Endsley. Toward a theory of situation awareness in dynamic system[J]. Human Factors Journal, 1995,37(1).

[3] D S Alberts, J J Garstka, R E Hayes, et al. Understanding information age warfare[C]. DoD Command and Control Research Program Publication Series, 2001.

[4] J Antonik. Decision management[C]. Military Communication Conference, 2007.

[5] Sushil Jajodia, Peng Liu, Vipin Swarup, et al. Cyber Situational Awareness Issues and Research[C]. Springer , 2014.

[6] BASS T, ARBOR A. Multisensor data fusion for next generation distributed intrusion detection system[C]. Proceeding of IRIS National Symposium on Sensor and Data Fusion, 1999.

[7] 杨义先，钮心忻 . 安全简史：从隐私保护到量子密码 [M]. 北京：电子工业出版社，2017.

[8] 克里斯·桑德斯，杰森·史密斯 . 网络安全监控——收集、检测和分析 [M]. 李柏松，李燕宏，译 . 北京：机械工业出版社，2016.

[9] 林子雨 . 大数据技术——原理与应用 [M] . 北京：人民邮电出版社，2017.

[10] Tom White. Hadoop 权威指南——大数据存储与分析 [M] . 王海，华东，刘喻，等译 . 北京：清华大学出版社，2017.

[11] 朱洁，罗华霖 . 大数据架构详解——从数据获取到深度学习 [M]. 北京：电子工业出版社，2017.

[12] 张俊林 . 大数据日知录——架构与算法 [M]. 北京：电子工业出版社，2016.

[13] Jared Dean. 大数据挖掘与机器学习 [M]. 林清怡，译 . 北京：人民邮电出版社，2016.

[14] Yoram Orzach. Wireshark 网络分析实战 [M]. 古宏霞，孙余强，译 . 北京：人民邮电出版社，2016.

[15] 理查德·贝特利奇 . 网络安全监控实战——深入理解事件检测与响应 [M]. 蒋蓓，姚领田，等译 . 北京：机械工业出版社，2015.

[16] Sherri Davidoff, Jonathan Ham. 黑客大追踪——网络取证核心原理与实践 [M]. 崔孝晨，陆道宏，等译 . 北京：电子工业出版社，2015.

[17] 范明，孟小峰 . 数据挖掘——概念与技术 [M]. 北京：机械工业出版社，2015.

[18] 陈为，沈则潜，陶煜波 . 数据可视化 [M] . 北京：电子工业出版社，2016.

[19] 赵争业 . 面向网络空间态势的多源数据融合技术研究 [D]. 长沙：国防科技大学，2012.

[20] 王娟，张凤荔，等 . 网络态势感知中的指体系研究 [J]. 计算机应用，2007，27（8）.
[21] 薛静锋，祝烈煌，阎慧 . 入侵检测技术 [M]. 北京：人民邮电出版社，2015.
[22] 杨义先，钮心忻 . 入侵检测理论与技术 [M]. 北京：高等教育出版社，2006.
[23] 张云英，努尔不力，等 . 入侵容忍综述 [J] . 吉林大学学报（信息科学版），2019.
[24] Michael Sikorski, Andrew Honig. 恶意代码分析实战 [M]. 诸葛建伟，姜辉，张光凯，译 . 北京：电子工业出版社，2015.
[25] 苗科 . 基于指标提取的网络安全态势感知技术研究 [D]. 北京：北京邮电大学，2014.
[26] 孙德衡 . 基于指标融合的网络安全态势评估模型研究 [D]. 西安：西北大学，2012.
[27] 王志平 . 基于指标体系的网络安全态势评估研究 [D]. 长沙：国防科技大学，2010.
[28] 张兴园 . 多层联合的面向服务网络安全态势评估方法 [D]. 哈尔滨：哈尔滨工程大学，2012.
[29] 罗俊海，王章静 . 多源数据融合和传感器管理 [M]. 北京：清华大学出版社，2015.
[30] 席荣荣，云晓春，等 . 网络安全态势感知研究综述 [J]. 计算机应用，2007，32（1）.
[31] 杰·雅各布，鲍布·鲁迪斯 . 数据驱动安全——数据安全分析、可视化和仪表盘 [M]. 薛杰，王占一，张卓，等译 . 北京：机械工业出版社，2015.
[32] 王雪 . 基于时间序列分析的网络安全态势预测模型研究 [D]. 北京：北京邮电大学，2012.
[33] 陈雷 . 网络安全态势评估与预测关键技术研究 [D]. 郑州：解放军信息工程大学，2015.
[34] 李超 . 基于自适应遗传算法的 BP 神经网络预测研究及应用 [D]. 临汾：山西师范大学，2012.
[35] 邢婷 . 认知网络中一种基于神经网络预测模型的负载均衡算法 [D]. 北京：北京交通大学，2010.
[36] 肖轩 . 灰色神经网络与支持向量机预测模型研究 [D]. 武汉：武汉理工大学，2009.
[37] 董雁萍 . 支持向量机预测模型的构建及其应用 [D]. 西安：西安理工大学，2010.
[38] 马力波 . 基于人工免疫的入侵检测与防火墙联动系统的研究与设计 [D]. 武汉：武汉理工大学，2008.
[39] 季翠翠 . 基于人工免疫的网络入侵检测系统研究 [D]. 青岛：中国石油大学，2010.
[40] 张艳雪 . 基于模糊 – 隐马尔可夫模型的复合式攻击预测方法研究 [D]. 石家庄：河北师范大学，2014.
[41] 耿宁 . 一种引入量子计算的复合式攻击预测方法研究 [D]. 石家庄：河北师范大学，2015.
[42] 艾伦·利斯卡 . 防患未然——实施情报先导的信息安全方法与实践 [M]. 姚军，吴冲华，译 . 北京：机械工业出版社，2016.

推荐阅读

统计机器学习导论

作者：[日] 杉山将 译者:谢宁 李柏杨 肖竹 罗宇轩 等 ISBN：978-7-111-59679-0 定价：89.00元

统计机器学习导论（英文版）

作者：[日] 杉山将 ISBN：978-7-111-58678-4 定价：119.00元

机器学习使得计算机具备了自主学习和模式识别的能力，而数理统计知识与机器学习的有效结合，使其成为一个更加有力的工具，广泛用于基础科学和工程领域中的各类数据分析和挖掘任务。

本书对机器学习的关键知识点进行了全面讲解，帮助读者顺利完成从理论到实践的过渡。书中首先介绍用于描述机器学习算法的统计与概率的知识，接着详细分析机器学习技术的两类主要方法——生成方法和判别方法，最后深入研究了如何使机器学习算法在实际应用中发挥更大的作用。

本书特色

基础知识全面。涵盖理解机器学习所必需的基础知识，例如数理统计、概率论、线性代数和微积分等。

重点内容突出。着力于讲解统计模式识别的生成方法以及统计机器学习的判别方法，数学推理清晰，案例详实。

程序代码支持。提供MATLAB/Octave程序源代码，通过对书中算法进行测试，帮助读者提高数据分析的实践能力。

推荐阅读

Web安全之深度学习实战

作者：刘焱 编著 ISBN：978-7-111-58447-6 定价：79.00元

本书从深度学习的基本概念、常用工具入手，展示了在错综复杂的Web安全中如何智能化地掌控信息安全。本书作者在安全领域有多年的研发经验，对数据驱动的安全检测技术有丰富的经验，他在书中用风趣幽默的语言，描述了11个Web安全问题如何用深度学习方式来解决，每个案例都使用互联网公开的数据集并配有基于Python的代码，代码和数据集可以在本书配套的GitHub网站下载，能帮助入门读者降低学习成本，快速进入深度学习的技术实践中。

Web安全之机器学习入门

作者：刘焱 编著 ISBN：978-7-111-57642-6 定价：79.00元

本书从机器学习的基本概念入手，展示了在错综复杂的Web安全中如何智能化地掌控信息安全。机器学习算法丰富多彩，在形形色色的应用场景中有着各自独特的价值，只有熟悉并用好这些算法，才能在安全领域的实战中游刃有余。本书作者在安全领域有多年的研发经验，对数据驱动的安全检测技术有丰富的经验，他在书中用风趣幽默的语言诠释了超过15种的机器学习算法，收集整理了大量或知名、或在真实环境下出现过的案例，并一一给出了使用机器学习算法进行分析的方法。书中还包含了丰富的数据集以及大量的实例，能帮助读者降低学习成本，快速进入技术实践中。